Leitfaden der Rechtswissenschaft
Band 3

Bürgerliches Gesetzbuch
Zweites Buch

Das Recht der Schuldverhältnisse

II. Hälfte

Besonderer Teil

von

Dr. Richard Lehmann, Berlin

Berlin 1948

Walter de Gruyter & Co.

vormals G. J. Göschen'sche Verlagshandlung — J. Guttentag, Verlagsbuchhandlung
Georg Reimer — Karl J. Trübner — Veit & Comp.

Archiv-Nr. 231548/3

8385 (895) Druck: A. W. Hayn's Erben, Berlin SO 36, Schlesische Str. 26

Inhaltsverzeichnis

Siebenter Abschnitt

Einzelne Schuldverhältnisse (§§ 433—853)

I. Veräußerungsverträge

A. Der Kauf und Tausch

§ 1. Begriff und Abschluß des Kaufvertrages 8
§ 2. Allgemeine Leistungspflichten aus dem Kaufvertrag 11
§ 3. Die Gefahrtragung beim Kaufvertrag 13
§ 4. Nutzungen und Lasten, Verwendungen und Kosten 16
§ 5. Die Haftung des Verkäufers für Rechtsmängel 17
§ 6. Die Haftung des Verkäufers für Sachmängel 20
§ 7. Besondere Arten des Kaufes 33
§ 8. Der Tausch und sonstige entgeltliche Veräußerungsgeschäfte .. 40

B. Die Schenkung

§ 9. Begriff und Abschluß des Schenkungsvertrages 41
§ 10. Die Rechtsstellung des Schenkers 44
§ 11. Besondere Arten der Schenkung 46

II. Gebrauchsüberlassungsverträge

A. Die Miete

§ 12. Begriff und Abschluß des Mietvertrages 48
§ 13. Die Leistungspflichten des Vermieters 53
§ 14. Die Leistungspflichten des Mieters 58
§ 15. Das Pfandrecht des Vermieters............................ 62
§ 16. Die Beendigung des Mietverhältnisses nach dem BGB 64
§ 17. Das Mieterschutzgesetz 68
§ 18. Der Einfluß der Veräußerung der Mietsache a. d. Mietverhältnis 71

B. Die Pacht

§ 19. Allgemeine Vorschriften über den Pachtvertrag 73
§ 20. Die Pacht von Grundstücken, insbesondere landwirtschaftlichen 75

C. Sonstige Verträge auf Gebrauchsüberlassung

§ 21. Die Leihe 79
§ 22. Das Darlehn.. 81
§ 23. Die Vorlegung von Sachen 84

III. Auf eine Arbeitsleistung oder Geschäftsbesorgung gerichtete Verträge

§ 24. Der Dienstvertrag 85
§ 25. Der Werkvertrag 92
§ 26. Der Mäklervertrag 99
§ 27. Die Auslobung 102
§ 28. Der Auftrag 103
§ 29. Die Geschäftsführung ohne Auftrag 108
§ 30. Die Verwahrung 111
§ 31. Die Einbringung von Sachen bei Gastwirten 114

IV. Gesellschaft und Gemeinschaft

§ 32. Begriff und Errichtung der Gesellschaft 116
§ 33. Die Rechtswirkung der Gesellschaft nach innen und außen 118
§ 34. Das Gesellschaftsvermögen und die Gesellschaftsschulden 122
§ 35. Die Beendigung der Gesellschaft 124
§ 36. Ausscheiden und Eintritt eines Gesellschafters 126
§ 37. Die Gemeinschaft 127

V. Gewagte Verträge

§ 38. Die Leibrente 131
§ 39. Spiel und Wette, Differenzgeschäft 133

VI. Verträge auf Sicherung und Klarstellung einer Verpflichtung

§ 40. Die Bürgschaft 135
§ 41. Der Vergleich 140

VII. Abstrakte Verträge

§ 42. Schuldversprechen und Schuldanerkenntnis 143
§ 43. Die Anweisung 145
§ 44. Die Schuldverschreibung auf den Inhaber 150
§ 45. Unvollkommene Inhaberpapiere und Legitimationspapiere 155

VIII. Ungerechtfertigte Bereicherung

§ 46. Der Grundtatbestand der Bereicherung 157
§ 47. Die Sondertatbestände der Bereicherung 160
§ 48. Gegenstand und Umfang des Bereicherungsanspruchs 163

IX. Unerlaubte Handlungen

§ 49. Allgemeine Grundlagen des Rechts der unerlaubten Handlungen 167
§ 50. Die allgemeinen Unrechtstatbestände 170
§ 51. Die besonderen Unrechtstatbestände 174
§ 52. Die Haftung für Tiere 178
§ 53. Die Amtspflichtverletzung 180
§ 54. Die Haftung für andere und die Haftung von mehreren 184
§ 55. Inhalt und Umfang der Ersatzpflicht 188
§ 56. Die Unterlassungsklage 192
§ 57. Die Gefährdungshaftung nach Sondergesetzen 194

Abkürzungsverzeichnis

§ (ohne Zusatz)	=	Paragraph des Bürgerlichen Gesetzbuches (BGB), in den Nebengesetzen u. U. dieser Gesetze.
AnfGes	=	Gesetz betr. die Anfechtung von Rechtshandlungen außerhalb des Konkursverfahrens vom 20. 5. 1898.
DRZ	=	Deutsche Rechtszeitung.
GewO	=	Gewerbeordnung.
HGB	=	Handelsgesetzbuch.
h. L.	=	herrschende Lehre.
JW	=	Juristische Wochenschrift.
KFG	=	Kraftfahrzeuggesetz vom 3. 5. 1909.
KO	=	Konkursordnung.
KontrG	=	Kontrollratsgesetz.
LohnpfVO	=	Lohnpfändungsverordnung vom 30. 10. 1940.
LVG	=	Luftverkehrsgesetz vom 1. 8. 1922.
MDR	=	Monatszeitschrift für Deutsches Recht.
MschG	=	Mieterschutzgesetz vom 15. 12. 1942.
PatG	=	Patentgesetz vom 5. 5. 1936.
RGZ	=	Amtl. Sammlung der Entscheidungen des Reichsgerichts in Zivilsachen.
RLG	=	Reichsleistungsgesetz vom 1. 9. 1939.
RVO	=	Reichsversicherungsordnung in der Fassung vom 15. 12. 1924.
SJZ	=	Süddeutsche Juristenzeitung.
StGB	=	Strafgesetzbuch.
str.	=	streitig.
st. R.	=	ständige Rechtsprechung.
StVZO	=	Straßenverkehrs-Zulassungsordnung vom 15. 11. 1937.
UWG	=	Gesetz über den unlauteren Wettbewerb v. 7. 6. 1909.
VersVertrG (VVG)	=	Versicherungsvertragsgesetz vom 30. 5. 1908.
VglO	=	Vergleichsordnung vom 26. 2. 1935.
WG	=	Wechselgesetz vom 21. 6. 1933.
WZG	=	Warenzeichengesetz vom 5. 5. 1936.
ZPO	=	Zivilprozeßordnung.
ZVG	=	Gesetz über die Zwangsversteigerung und die Zwangsverwaltung vom 24. 3. 1897.

Die übrigen Abkürzungen sind im Text erklärt.

Siebenter Abschnitt

Einzelne Schuldverhältnisse (§§ 433—853)

Vorbemerkung

Während das BGB in dem ersten bis sechsten Abschnitt des II. Buches die allgemeinen Lehren des Schuldrechts behandelt, werden in dem siebenten Abschnitt einzelne Arten der vertraglichen und gesetzlichen Schuldverhältnisse dargestellt. Die Aufzählung dieses Abschnittes will und kann nicht erschöpfend sein. Einmal sind auch auf sonstigen Rechtsgebieten, z. B. im Sachen-, Familien- und Erbrecht (BGB III.—V. Band), im Handels- und Versicherungsrecht (HGB, VVG) sowie im Recht des geistigen Schaffens (Urhebergesetze, Verlagsges.), weitere Schuldverhältnisse geregelt. Zum anderen gestattet der Grundsatz der Vertragsfreiheit, von dem das BGB beherrscht ist, den Abschluß auch solcher Verträge, die ihre Regelung nicht im Gesetz gefunden haben.

Beispiel: Trödelvertrag (Ueberlassung einer Sache mit der Verabredung, nach Ablauf einer bestimmten Frist entweder die Sache zurückzugeben oder eine bestimmte Geldsumme zu zahlen), Verpfändungsvertrag (Uebernahme der Verpflichtung, ein Pfandrecht zu bestellen), Schiedsrichtervertrag (Einsetzung eines Schiedsrichters zur Entscheidung eines zwischen den Parteien bestehenden Rechtsstreits).

Gleichwohl enthält der siebente Abschnitt die für das tägliche Leben wichtigsten und häufigsten Grundformen der Schuldverhältnisse. Es ist Sache der praktischen Rechtsanwendung, für den jeweils vorliegenden Sachverhalt den passenden Gesetzestyp aufzufinden. Dabei können häufig bei einem Lebensvorgang mehrere Vertragstypen zusammentreffen (sog. gemischte Verträge), und es muß dann nach Lage des Einzelfalles entschieden werden, die Vorschriften welchen Vertragstyps für die zur Entscheidung stehende Frage heranzuziehen sind (vgl. Teil I Seite 46).

Für die Anordnung der einzelnen Schuldverhältnisse stellt das BGB nicht auf ihren rechtsgeschäftlichen oder gesetzlichen Entstehungsgrund, sondern auf ihren sachlichen Inhalt ab. Die vorliegende Darstellung folgt darin im wesentlichen dem Gesetz, wobei einander verwandte Schuldverhältnisse in Gruppen zusammengefaßt werden.

I. Veräußerungsverträge

Die schuldrechtlichen Veräußerungsverträge umfassen den Kauf und Tausch als entgeltliche und die Schenkung als unentgeltliche Verträge.

A. Der Kauf und Tausch

§ 1

Begriff und Abschluß des Kaufvertrages

Der Kauf ist ein gegenseitiger Vertrag, der auf den Austausch von Sachen oder Rechten gegen Geld gerichtet ist (§ 433).

I. Grundsätzliches.

1. Der Kaufvertrag ist das wichtigste rechtliche Mittel zur Bedarfsdeckung im Wirtschaftsverkehr. Als schuldrechtlicher Vertrag stellt er aber die entgeltliche Veräußerung noch nicht selbst dar, sondern bereitet sie nur vor. Er begründet gegenseitige Verpflichtungen der Parteien: der Verkäufer wird zur Uebereignung des Kaufgegenstandes, der Käufer zur Zahlung des Kaufpreises verpflichtet. Um den Eigentumserwerb herbeizuführen, ist daher stets noch ein besonderes dingliches Rechtsgeschäft erforderlich. Bei beweglichen Sachen bedarf es dazu regelmäßig der Einigung und Uebergabe (§§ 929 ff.), bei Grundstücken der Auflassung des Grundstückes und der Eintragung des Eigentümers in das Grundbuch (§§ 925 ff.). Wird eine Forderung verkauft, so ist zur Durchführung des Kaufvertrages noch ihre Abtretung (§§ 398 ff.) erforderlich.

Auch bei dem sog. Bar- oder Handkauf des täglichen Lebens (z. B. Kauf einer Zeitung bei einem Straßenhändler, Kauf einer Kinokarte, Automatenkauf) muß zwischen dem zugrunde liegenden Schuldverhältnis (Kauf) und dem dinglichen Erfüllungsgeschäft (Uebereignung) unterschieden werden. Der Barkauf hat nur die Besonderheit, daß schuldrechtliches und dingliches Geschäft zusammenfallen. Er stellt also nicht einen bloß tatsächlichen Austausch von Leistungen ohne Verpflichtung dar. Zwischen den Parteien entstehende Streitigkeiten, z. B. bei Hingabe falschen Geldes oder Lieferung mangelhafter Ware, sind daher nach Kaufrecht zu beurteilen.

2. Aus der rein schuldrechtlichen Beziehung zwischen Käufer und Verkäufer folgt, daß der Verkauf einer Sache an einen Käufer, den anderweitigen Verkauf an einen Dritten nicht ausschließt.

Uebereignet der Verkäufer dem Dritten die Sache, so hat der (Erst)Käufer nur Ansprüche wegen Nichterfüllung des Kaufvertrages gegen den Verkäufer, grundsätzlich nicht aber gegen den Dritten. Nur wenn der Dritte planmäßig mit dem Verkäufer zum Nachteil des Käufers zusammenwirkt, kann ein unmittelbarer Anspruch des Käufers gegen ihn begründet sein (§ 826).

II. Der Gegenstand des Kaufvertrages.

1. Verkauft werden können nach § 433 nur Sachen und Rechte, in ausdehnender Anwendung auch jedes verkehrsfähige Gut.

Beispiel: Verkauf eines Unternehmens, Geschäftsgeheimnisses oder einer Reklameidee, der Praxis eines Arztes oder Rechtsanwaltes. — Auch der elektrische Strom wird nach der Verkehrsauffassung in Lieferverträgen wie eine (bewegliche) Sache behandelt.

2. Auch künftige Sachen oder Rechte können verkauft werden.

a) Die Sache soll nur verkauft sein, wenn sie entsteht; der Vertrag ist dann unter der aufschiebenden Bedingung der Sachentstehung geschlossen (sog. emptio rei speratae), wobei der Käufer i. Zw. das Risiko der Qualität und Quantität der entstandenen Sache trägt.

Beispiel: Verkauf der Ernte eines Ackers, der Ausbeute eines Bergwerkes.

b) Es wird nur die Chance der Entstehung einer Sache verkauft (Hoffnungskauf, emptio spei). Hierbei trägt der Käufer auch das Risiko der Entstehung der Sache. Der Kauf ist daher unbedingt, und der Käufer muß den Kaufpreis auch bei Nichtentstehung des Gegenstandes zahlen.

Beispiel: Kauf eines Fischzuges (Kaufpreis ist auch zu zahlen, wenn nichts in den Netzen bleibt). Der Kauf eines Lotterieloses ist Kauf einer bestimmten Sache, welche die Gewinnaussicht verkörpert (vgl. OLG Frankfurt, JW 35, 3054).

3. Der Verkäufer kann nicht nur eigene, sondern auch fremde Sachen und Rechte verkaufen. Der Verkäufer ist dann jedoch zur Beschaffung der verkauften Sache verpflichtet. Vermag er dies nicht, so ist er dem Käufer wegen (persönlichen) Unvermögens schadenersatzpflichtig (vgl RGZ 97, 328).

Der Verkauf einer Sache, die dem Käufer bereits gehört, ist wegen Unmöglichkeit der Uebereignung (§ 306) nichtig. Der Vertrag kann aber gültig sein, wenn sich der Käufer den Besitz der Sache verschaffen (z. B. um einen Prozeß auf Herausgabe zu vermeiden) oder die Sache von dinglichen Lasten befreien will (vgl. §§ 1239 Abs. 1 BGB, 816 Abs. 4 ZPO).

4. Der Kaufgegenstand kann von den Parteien nach einzelnen Merkmalen (Stückkauf) oder nur der Gattung (Gattungskauf) nach bestimmt sein, eine Unterscheidung, die vor allem für die Haftung für Sachmängel von Bedeutung ist (vgl. unten Seite 29).

III. Der Kaufpreis.

Der Kaufpreis muß in Geld bestehen. Besteht das Entgelt für die Beschaffung und Uebereignung eines Gegenstandes in der Leistung eines anderen Gegenstandes, so liegt Tausch vor (vgl. unten Seite 40).

1. Der Kaufpreis muß ernsthaft gemeint sein. Ist der Kaufvertrag formbedürftig, so muß der Kaufpreis richtig angegeben sein, andernfalls der Kaufvertrag als Scheingeschäft nichtig ist (§ 117).

2. Der Kaufpreis muß bestimmt oder zumindest bestimmbar sein.

Häufig wird, wenn eine Vereinbarung nicht vorliegt, der Preis objektiv bestimmbar sein, z. B. Kauf im Laden zu den üblichen Ladenpreisen. Auch kann die Bestimmung des Kaufpreises in das billige Ermessen des Verkäufers gestellt sein (§§ 315 Abs. 1, 316).

3. Die Höhe des Kaufpreises unterliegt nach dem BGB grundsätzlich der freien Vereinbarung. Der Kaufpreis braucht dem Wert der Sache nicht zu entsprechen. Nichtig sind nur solche Vereinbarungen, die den Tatbestand des Wuchers (§ 138) verwirklichen. Durch die Preisvorschriften ist jedoch praktisch die freie Vereinbarung des Preises zur Ausnahme geworden.

Vgl. VO über das Verbot von Preiserhöhungen vom 26. 10. 1936 (RGBl. I, 955), VO über Preisüberwachung und die Rechtsfolgen von Preisverstößen im Grundstücksverkehr vom 7. 7. 1942 (RGBl. I, 451), VO über Gebote in der Zwangsversteigerung vom 30. 6. 1941 (RGBl. I, 354) und VO über Höchstpreise für gebrauchte Waren vom 21. 1. 1942 (RGBl. I, 43). Für Berlin: VO gegen die Preistreiberei vom 28. 9. 1945 (VOBlatt Groß-Berlin 1945, S 122).

Eine Zuwiderhandlung gegen Preisvorschriften für bewegliche Sachen macht den Kaufvertrag nicht nichtig, sondern beschränkt den Kaufpreis auf den zulässigen sog. Stoppreis (vgl. RGZ 88, 250). Bei Grundstückskäufen haben dagegen Preisbeanstandungen durch die Preisbehörde stets Nichtigkeit des Kaufvertrages zur Folge. Das von der Preisbehörde als zulässig bezeichnete Entgelt gilt jedoch dann als vereinbart, wenn der Veräußerer sich dem Erwerber gegenüber damit einverstanden erklärt oder nach Treu und Glauben einverstanden erklären muß oder wenn der Erwerber im Grundbuch eingetragen worden ist (§ 2 der o. a. VO vom 7. 7. 42).

IV. Der Abschluß des Kaufvertrages.

1. Der Kaufvertrag ist geschlossen, sobald sich die Parteien über den Vertragsinhalt einig geworden sind. Eine besondere Form ist im allgemeinen nicht vorgeschrieben.

A u s n a h m e n: Der gerichtlichen oder notariellen Beurkundung bedürfen vor allem der Verkauf des gegenwärtigen Vermögens (§ 311), des gesetzlichen Erbteils oder Pflichtteils (§ 312), der Verkauf eines Grundstücks (§ 313) und einer Erbschaft (§ 2371); vgl. auch §§ 1233, 1273 BGB, 816 ff. ZPO, 66 ff. ZVG (Verkauf einer Pfandsache).

2. Bei Verkäufen in der Zwangsvollstreckung, Pfandverwertung und durch den Konkursverwalter dürfen die zum Verkauf berechtigten und ermächtigten Personen und ihre Gehilfen nicht ohne Zustimmung der Beteiligten als Käufer auftreten. Verbotswidrig getätigte Käufe sind genehmigungsbedürftig. Wird die Genehmigung verweigert, so ist der Kauf und ein etwa bereits vollzogenes dingliches Uebereignungsgeschäft nichtig. Der Käufer hat außerdem für die Kosten eines neuen Verkaufs, der infolge der Verweigerung der Genehmigung vorgenommen werden muß, sowie für einen etwaigen Mindererlös aufzukommen. Ein weiterer Schadenersatzanspruch wird dadurch nicht ausgeschlossen (§§ 456—458, 823 Abs. 2).

§ 2

Allgemeine Leistungspflichten aus dem Kaufvertrag

I. Die Verpflichtungen des Verkäufers.

1. Pflicht zur Besitzübertragung (§ 433).

a) Der Verkäufer einer Sache hat die Verpflichtung, dem Käufer die Sache zu übergeben. Er muß dem Käufer den unmittelbaren Besitz an der Sache einschl. des Zubehörs (§ 314) verschaffen.

Ausreichend ist die bloße Einigung über den Besitzübergang, wenn der Käufer in der Lage ist, die tatsächliche Gewalt über die Sache auszuüben (§ 854 Abs. 2). Die Einräumung des mittelbaren Besitzes (§§ 930, 868) oder die Abtretung des Herausgabeanspruches (§ 931) genügt nur, wenn dies im Vertrage (ausdrücklich) vereinbart ist oder sich der Käufer damit einverstanden erklärt.

Die Pflicht zur Uebergabe wird sowohl beim Stück- wie beim Gattungskauf nur durch Leistung einer mangelfreien Sache erfüllt (h. L.). Der Käufer kann also, ohne in Annahmeverzug zu kommen, die Annahme mangelhafter Sachen von vornherein ablehnen.

b) Der Verkäufer eines Rechts, das zum Besitz einer Sache berechtigt, muß dem Käufer auch den Besitz der Sache verschaffen.

Beispiel: Ueberlassung eines Grundstückes bei Verkauf eines Erbbaurechts (§ 1 Erbbaurechts-VO) oder eines Wohnungsrechtes (§ 1093 Abs. 1).

2. Pflicht zur Rechtsverschaffung (§ 433).

a) Der Verkäufer einer Sache ist weiterhin zur Uebereignung der Sache verpflichtet.

Der Verkäufer muß alle Handlungen vornehmen, die zum Uebergang des Eigentums erforderlich sind. War er selbst nicht Eigentümer, so hat er auch dann den Kaufvertrag erfüllt, wenn der Käufer kraft seines guten Glaubens Eigentümer wird (§§ 892, 932 ff.), die Verschaffung bloßen „Bucheigentums" bei Grundstücksverkäufen reicht aber nicht aus (vgl. RGZ 132, 148).

b) Der Verkäufer eines Rechtes muß dem Käufer das Recht verschaffen.

Regelmäßig erfolgt dies durch formlose Abtretung (§§ 398, 413), doch kann — wie beim Verkauf einer Briefhypothek (§ 1154) — auch die Abgabe einer schriftlichen oder sogar öffentlich beglaubigten Abtretungserklärung und Urkundenübergabe erforderlich sein.

3. Nebenpflichten des Verkäufers.

Neben diesen beiden (Haupt-)Pflichten treffen den Verkäufer vielfach noch eine Reihe von Nebenpflichten, die sich gemäß § 242 aus der besonderen Eigenart des einzelnen Kaufvertrages ergeben.

Beispiel: Der Verkauf eines Geschäftsbetriebes mit Kundschaft kann die Verpflichtung enthalten, ein gleichartiges Unternehmen am gleichen Ort nicht zu betreiben (vgl. RGZ 163, 313).

Der Verkäufer hat ferner häufig, insbesondere gegenüber dem unkundigen Käufer, Offenbarungs- und Aufklärungspflichten.

Beispiel: Aufklärungspflichten bestehen beim Verkauf von Rundfunkapparaten über Gleich- und Wechselstrom, beim Verkauf elektr. Geräte über die Unterschiede in der Stromspannung, beim Verkauf von Wertpapieren über einen etwaigen Spekulationscharakter.

Solange die verkaufte Sache noch nicht übergeben ist, muß der Verkäufer die Sache sorgfältig aufbewahren und erhalten. Der Verkäufer ist außerdem zur Auskunft über die rechtlichen Verhältnisse des verkauften Gegenstandes sowie zur Herausgabe der in seinem Besitz befindlichen Urkunden verpflichtet (§ 444).

II. Die Verpflichtungen des Käufers.

1. Pflicht zur Zahlung des Kaufpreises (§ 433).

Der Käufer ist vor allem zur Zahlung des Kaufpreises verpflichtet. Die Zahlung hat grundsätzlich Zug um Zug gegen Hingabe des verkauften Gegenstandes zu erfolgen (Barkauf).

Die Zahlung kann auch bargeldlos geschehen. Die Mitteilung des Verkäufers von seinem Bank- oder Postscheckkonto enthält in der Regel auch seine Einwilligung zur Ueberweisung auf dieses Konto. Die Zahlung ist mit der Gutschrift bewirkt (vgl. RGZ 114, 139). Hingabe von Wechsel oder Scheck ist meist nur zahlungshalber (§ 364 Abs. 2), doch ist der Verkäufer bei Annahme verpflichtet, für rechtzeitige Vorlegung ggf. für Protest zu sorgen (vgl. RG JW 30, 3754).

2. Pflicht zur Abnahme der gekauften Sache (§ 433).

Der Käufer ist weiterhin verpflichtet, die gekaufte Sache abzunehmen. Die geschuldete Abnahme enthält keine Pflicht zur Billigung der Kaufsache, sondern lediglich zur körperlichen Wegnahme der Sache, die für den Verkäufer Platz schaffen soll. Nimmt der Käufer die angebotene Sache nicht ab, so kommt er nicht nur in Annahmeverzug (Gläubigerverzug), sondern auch in Leistungsverzug (Schuldnerverzug, siehe III 1).

3. Sonstige Pflichten des Käufers.

Im Einzelfall können sich für den Käufer — ähnlich wie beim Verkäufer — noch weitere Pflichten ergeben.

Beispiel: Hängt die Wirksamkeit eines Vertrages von der Genehmigung einer Behörde ab, so muß nicht nur der Verkäufer, sondern auch der Käufer alles in seinen Kräften Stehende tun, um die Genehmigung herbeizuführen. (vgl. RGZ 129, 376).

Bei einem beiderseitigen Handelskauf ist der Käufer verpflichtet, die Ware sofort zu untersuchen, von der Mangelhaftigkeit Anzeige zu machen (§ 377 HGB) und sie einstweilen aufzubewahren (§ 379 HGB).

III. Die Haftung der Vertragsparteien für die Nichterfüllung ihrer Verpflichtungen.

Die Folgen der Nichterfüllung der vertraglichen Pflichten (Unmöglichkeit, Verzug, positive Vertragsverletzung) bestimmen sich nach den allgemeinen Lehren des Schuldrechts. Diese greifen nur insoweit nicht ein, als kaufrechtliche Sondervorschriften bestehen. Derartige Spezialvorschriften beziehen sich vor allem auf die Gefahrtragung (siehe unten) und auf die Haftung des Verkäufers für Rechts- und Sachmängel (siehe unten §§ 5 und 6). Darüber hinaus ist jedoch noch von Bedeutung:

1. Der Gläubiger (je nach Lage als Käufer oder Verkäufer) kann die Rechte aus den allgemeinen Vorschriften (insbesondere §§ 320 ff.) nur bei Verletzung von Hauptpflichten geltend machen. Die Verletzung einer bloßen Nebenpflicht reicht dazu nicht aus.

Diese Unterscheidung hat besonders für die Abnahmepflicht des Käufers praktische Bedeutung. Während die Pflicht des Käufers zur Zahlung des Kaufpreises immer eine Hauptpflicht darstellt, ist die Abnahmepflicht in der Regel nur eine Nebenpflicht. Nimmt der Käufer die Sache nicht ab, so kann der Verkäufer zwar gemäß §§ 283, 286 den Verzugsschaden geltend machen, während ihm das Recht gemäß § 326, Schadenersatz zu verlangen oder vom Vertrage zurückzutreten, im allgemeinen nicht zusteht. Jedoch kann der Vertragszweck ergeben, daß der Verkäufer ein besonderes Interesse an der Abnahme hat (z. B. Verkauf einer Gebäuderuine auf Abbruch, Verkauf ab Schiff oder von Holz auf dem Stamm). Dann ist die Abnahme eine Hauptpflicht, und der Verkäufer hat unbeschränkt auch alle Rechte aus § 326 (vgl. RGZ 92, 270).

2. Eine Ausnahme für das dem Verkäufer gemäß §§ 325 Abs. 2 und 326 zustehende Rücktrittsrecht trifft § 454. Das Rücktrittsrecht des Verkäufers wegen Zahlungsverzug des Käufers ist ausgeschlossen, wenn der Verkäufer den Vertrag erfüllt und dem Käufer den Kaufpreis gestundet hat (Kreditkauf). Dadurch sollen die Verfügungen des Käufers über den Kaufgegenstand geschützt und eine Aufhebung des Kaufvertrages verhindert werden. Der Verkäufer kann hier nur Zahlung des Kaufpreises oder Schadenersatz wegen Nichterfüllung verlangen.

§ 3
Die Gefahrtragung beim Kaufvertrag

Nach der allgemeinen Bestimmung des § 323 trägt jede Partei hinsichtlich der Vergütung für ihre Leistung die Gefahr, bis sie vollständig erfüllt hat: Wird die Leistung durch Zufall vorher unmöglich, so geht der Anspruch auf die Gegenleistung verloren. Für das Kaufrecht gilt aber eine wichtige Ausnahme. Die Vergütungsgefahr geht vom Verkäufer schon dann auf den Käufer über, wenn der Käufer wirtschaftlich über die Sache verfügen kann, ohne daß damit auch eine vollständige rechtliche Erfüllung seitens des Verkäufers verbunden zu sein braucht.

I. Gefahrübergang beim einfachen Sachkauf.

Mit der Uebergabe[1]) des verkauften Gegenstandes geht die Gefahr des zufälligen Unterganges und der zufälligen Verschlechterung auf den Käufer über (§ 446 Abs. 1), und zwar unabhängig vom Eigentumsübergang.

Beispiel: Wird ein verkaufter Kraftwagen vor der Uebergabe an den Käufer bei einem Zusammenstoß durch Zufall zerstört, so verliert der Verkäufer den Anspruch auf den Kaufpreis. Erfolgt der Zusammenstoß unter den gleichen Umständen nach der Uebergabe, so behält der Verkäufer den Anspruch.

1. Der Gefahrübergang ist allein an die Besitzübertragung geknüpft. Er tritt daher auch dann ein, wenn der Verkäufer sich das Eigentum an der verkauften Sache vorbehalten hat.

Beispiel (wie oben): Der Zahlungsanspruch des Verkäufers besteht auch dann, wenn der Verkäufer das Fahrzeug unter Eigentumsvorbehalt verkauft hat und es vor Zahlung des vollen Kaufpreises, aber nach der Uebergabe, bei einem Zusammenstoß durch Zufall zerstört wird.

Ist der Käufer aber vor der Uebergabe mit seinem Einverständnis gemäß §§ 930, 931 Eigentümer der Kaufsache geworden, so ist die Uebereignung für den Gefahrübergang maßgeblich, da damit bereits die volle Erfüllung eingetreten ist.

2. Der Gefahrübergang tritt im gleichen Zeitpunkt bei Stück- wie bei Gattungsschulden ein. Im Gegensatz zu Stückschulden schließen jedoch bei Gattungsschulden Mängel der Ware den Gefahrübergang aus, da durch die Leistung einer mangelhaften Sache eine Beschränkung auf die angebotene Sache gemäß §§ 243 II, 300 nicht erfolgt ist. Läßt aber der Käufer die mangelhafte Ware als Leistung gelten, so geht auch die Gefahr auf ihn über.

II. Sonderregelung beim Versendungskauf.

Versendet der Verkäufer auf Verlangen des Käufers die verkaufte Sache nach einem anderen Ort als dem Erfüllungsort, so geht die Gefahr bereits mit der Ablieferung an die Versandperson auf den Käufer über (§ 447).

Beispiel: Versendet der Verkäufer eine verkaufte Kiste Obstkonserven auf Verlangen des Käufers von Magdeburg nach Berlin und geht diese auf dem Transport (per Bahn oder Lastwagen) verloren, so muß der Käufer trotzdem den Kaufpreis bezahlen (einfacher Versendungskauf).

1. Die Versendung muß auf Verlangen des Käufers geschehen sein, und der Verkäufer damit eine Nebenverpflichtung im Interesse des Käufers erfüllen. Das Verlangen braucht nicht ausdrücklich zu sein, sondern kann sich auch aus den Umständen ergeben.

Erfolgt die Versendung nicht vom Erfüllungsort des Verkäufers, sondern ohne Zustimmung des Käufers von einem auswärtigen Lieferwerk, so ist die Versendung Hauptverbindlichkeit des Verkäufers,

---

[1]) Unberührt bleibt § 324 Abs. 2, wonach bei Annahmeverzug des Gläubigers (Käufers) die Vergütungsgefahr auf ihn übergeht.

der auch die Transportgefahr trägt (vgl. RGZ 111, 25). Eine Versendung auf Verlangen des Käufers ist auch dann nicht gegeben, wenn mit Rücksicht auf die veränderten Umstände die Absendung nicht mehr dem mutmaßlichen Willen des Käufers entsprechen würde, z. B. Versendung unmittelbar vor der alliierten Besetzung (vgl. OLG Braunschweig SJZ 1946, 224 und Sieveking MDR 47, 142 ff.).

2. Die Versendung muß an einen anderen Ort als den Erfüllungsort erfolgen. Der Begriff „Erfüllungsort" ist eng auszulegen und darunter auch die Wohnung oder der Geschäftsraum des Verkäufers zu verstehen, sodaß die Vorschriften des Versendungskaufes auch bei Versendung innerhalb derselben Ortschaft Anwendung finden. Jedoch kann auch die Wohnung des Käufers Erfüllungsort sein, so z. B. bei den Schickkäufen des täglichen Lebens (Zusendung von Lebensmitteln, die in einem Laden gekauft sind).

Ist die Erfüllung an dem anderen Orte ausbedungen (sog. Fernkauf oder qualifizierter Versendungskauf), z. B. am Ort der Niederlassung des Käufers oder an Bord eines Frachters für den Uebersee-Export, so geht die Gefahr erst mit der Uebergabe (§ 446) auf den Käufer über (vgl. RGZ 106, 212).

3. Die Ware muß der Versandperson übergeben sein. Die Gefahr geht aber auch dann auf den Käufer über, wenn der Verkäufer den Transport selbst oder durch seine eigenen Leute ausführen läßt (vgl. RGZ 96, 258 ff. str.). Die Haftung des Verkäufers beschränkt sich immer auf die sorgfältige Auswahl der mit der Versendung betrauten Personen.

4. Der Verkäufer ist schadenersatzpflichtig, wenn er ohne dringenden Grund von einer Anweisung des Käufers über die Art der Versendung abweicht (§ 447 Abs. 2).

Beispiel: Ein Berliner Käufer bestellt bei einem Lieferanten in der britischen Zone Waren mit der ausdrücklichen Anweisung, die Versendung nicht vor Empfang der erforderlichen „Einfuhrerlaubnis" für Berlin auszuführen. Sendet der Lieferant trotzdem die Ware ab und wird sie auf dem Transport wegen Fehlens der erforderlichen Papiere beschlagnahmt, so haftet der Verkäufer auf Schadenersatz.

5. Der Gefahrübergang gemäß § 447 bezieht sich im Unterschied zu § 446 nicht auf jede Gefahr, sondern nur auf die sog. Transportgefahr, d. h. auf all diejenigen Schäden, für die der Transport ursächlich oder mitursächlich ist.

Beispiel: Diebstahl oder Plünderung während des Transports, Vernichtung der Ware durch Abbrennen des Waggons oder Zugunglück, nicht jedoch eine Beschlagnahme der Ware auf Grund allgemeiner Bewirtschaftungsmaßnahmen (vgl. RGZ 93, 332; 106, 16).

III. Gefahrübergang beim Grundstückskauf.

Bei Grundstückskäufen geht die Gefahr auf den Käufer über, wenn er in das Grundbuch eingetragen wird. Erfolgt aber die Uebergabe vor der Eintragung, so ist diese für den Gefahrübergang maßgeblich: Entscheidend ist also stets der frühere Vorgang. Dieselben Rechtssätze wie für

Grundstücke gelten für eingetragene Schiffe oder Schiffsbauwerke (§ 446 Abs. 2).

IV. Sonderfälle.

1. Beim Erbschaftskauf geht die Gefahr bereits mit dem Abschluß des Kaufvertrages auf den Käufer über (§ 2380).

2. In der Zwangsversteigerung geht die Gefahr hinsichtlich des Grundstückes mit dem Zuschlag, hinsichtlich der übrigen Gegenstände mit Schluß der Versteigerung auf den Käufer über (§ 56 ZVG).

§ 4

Nutzungen und Lasten, Verwendungen und Kosten

I. Nutzungen und Lasten.

1. Die Nutzungen gebühren dem Käufer regelmäßig vom Zeitpunkt des Gefahrüberganges, vom gleichen Zeitpunkt an treffen ihn auch die Lasten (§§ 446 Abs. 1 Satz 2, 2380 BGB, 56 ZVG).

Nach der h. L. soll jedoch beim Versendungskauf (§ 447) die tatsächliche Uebergabe maßgeblich sein. So würden z. B. dem Verkäufer eines Kaninchens die auf dem Transport geworfenen Jungen gehören, obwohl der Käufer den Kaufpreis zahlen müßte, wenn das Kaninchen auf dem weiteren Transport verenden würde. Eine abweichende Vereinbarung wird jedoch häufig nach den Umständen angenommen werden.

2. Sobald die Nutzungen dem Käufer gebühren, hat er auch den Kaufpreis zu verzinsen, sofern ihm dieser nicht gestundet ist (§ 452).

II. Verwendungen.

Macht der Verkäufer vor der Uebergabe, aber nach dem Gefahrübergang notwendige Verwendungen auf die Sache, so kann er wie ein Beauftragter Ersatz verlangen. Bei sonstigen (nützlichen) Verwendungen bestimmt sich die Ersatzpflicht des Käufers nach den Vorschriften über die Geschäftsführung ohne Auftrag (§ 450).

III. Kosten.

Die Kosten der Uebergabe, insbesondere des Messens und Wägens, sowie der Versendung nach dem Erfüllungsort fallen dem Verkäufer, die Kosten der Abnahme und Versendung nach einem anderen Ort als dem Erfüllungsort dem Käufer zur Last (§ 448).

Bei Kaufverträgen über Grundstücke oder Rechte an solchen hat der Käufer die Kosten der Auflassung bzw. Rechtsbegründung oder Uebertragung sowie der Eintragung mit Einschluß der zur Eintragung erforderlichen Erklärungen zu tragen. Dem Käufer fallen stets auch die Kosten der Beurkundung des Kaufes zur Last. Entsprechendes gilt auch für Kaufverträge über eingetragene Schiffe oder Schiffsbauwerke (§ 449).

IV. Rechtskauf.

Die Vorschriften über den Gefahrübergang, Nutzungen und Lasten, Verwendungen und Kosten finden entsprechende Anwendung, wenn ein Recht an einer Sache verkauft ist, das zum Besitz der Sache berechtigt (§ 451).

§ 5

Die Haftung des Verkäufers für Rechtsmängel

Die Verpflichtungen des Verkäufers sind dahin zu ergänzen, daß der verkaufte Gegenstand sich in einem vertragsmäßigen Zustande befinden muß. Er darf weder Mängel sachlicher Art[1]) aufweisen noch mit rechtlichen Mängeln behaftet sein, die Dritte gegen den Käufer geltend machen können.

Beispiel: Die verkaufte Uhr ist mit einem Pfandrecht belastet, sodaß der Pfandgläubiger berechtigt ist, sie zu seiner Befriedigung vom Käufer herauszuverlangen (§§ 1227, 985). Ein Geheimverfahren ist nicht ausnutzbar, weil Patente entgegenstehen und der Patentinhaber die Benutzung des Verfahrens oder den Vertrieb der Erzeugnisse nicht gestattet (vgl. RGZ 163, 8).

I. Voraussetzungen der Rechtsmängelhaftung.

1. Der Verkäufer ist verpflichtet, dem Käufer den verkauften Gegenstand frei von Rechten Dritter zu verschaffen (§ 434).

a) Die Haftung erstreckt sich nicht nur auf dingliche Rechte (z. B. Pfandrechte), sondern auch auf solche schuldrechtlichen Ansprüche, die Dritte gegen den Käufer erheben können (z. B. aus Miet- oder Pachtverträgen gem. § 571).

b) Der Verkäufer eines Grundstückes, eingetragenen Schiffes oder Schiffsbauwerkes oder von Rechten an solchen ist verpflichtet, auch die im Grundbuch oder Schiffsregister noch eingetragenen, aber nicht mehr bestehenden Rechte Dritter zur Löschung zu bringen, wenn sie im Falle ihres Bestehens das Recht des Käufers beeinträchtigen würden (§ 435).

Die Löschungsverpflichtung erstreckt sich auf alle Eintragungen, z. B. auch auf eine unwirksame Vormerkung (vgl. RGZ 149, 195).

Eine Haftung des Verkäufers besteht jedoch nicht für die Freiheit des Grundstückes von öffentlichen Abgaben und von sonstigen Lasten, die zur Eintragung in das Grundbuch nicht geeignet sind (§ 436).

Beispiel: Hierhin gehören u. a. die Hauszins- und Grundsteuer, die Straßenanlieger- und Straßenbaukosten; öffentlich-rechtliche Baubeschränkungen gelten dagegen als Sachmängel (vgl. RGZ 131, 348).

2. Der Verkäufer einer Forderung (oder sonst. Rechtes) haftet für den rechtlichen Bestand der Forderung (Verität), nicht aber für die Güte der Forderung (Bonität) (§ 437).

---

1) Vgl. dazu § 6 Die Haftung des Verkäufers für Sachmängel unten S. 20 ff.

a) Damit begründet das Gesetz in Abweichung von § 306 eine Garantiehaftung des Verkäufers für den Bestand der verkauften Forderung. Die Haftung greift u. a. ein, wenn die Forderung bei Vertragsschluß nicht bestand, nie entstanden, erloschen oder gesperrt ist (vgl. RGZ 109, 297).

b) Beim Verkauf von Wertpapieren haftet der Verkäufer auch dafür, daß sie nicht zur Kraftloserklärung aufgeboten sind (§ 437 Abs. 2).

Bei Wertpapieren können Sach- und Rechtsmängel gegeben sein. Sachmängel sind z. B. die äußere Beschädigung der Urkunde, nach RGZ 108, 280 auch Fälschungen beim Verkauf bestimmter Banknoten. Rechtsmängel sind z. B. Formungültigkeit eines Wechsels, bei Schuldverschreibungen das Fehlen der staatlichen Genehmigung (§ 795).

c) Der Verkäufer haftet grundsätzlich nicht für die Güte der Forderung d. h. für die Verwertbarkeit im Hinblick auf die Zahlungsfähigkeit des Schuldners.

Der Verkäufer einer Forderung kann jedoch die Haftung für die Zahlungsfähigkeit des Schuldners besonders übernehmen, dann haftet er jedoch im Zweifel nur für die Zahlungsfähigkeit zur Zeit der Abtretung (§ 438).

II. Umfang der Rechtsmängelhaftung.

1. Ist der verkaufte Gegenstand nicht frei von Rechtsmängeln, so hat der Verkäufer den Vertrag nicht ordnungsgemäß erfüllt. Der Käufer kann dann sämtliche Rechte wegen Nichterfüllung geltend machen, die sich aus den allgemeinen Vorschriften ergeben (§§ 440 Abs. 1, 320—327).

a) Er kann auf Erfüllung klagen und damit verlangen, daß der Käufer den vorhandenen Rechtsmangel beseitigt.

b) Er kann die Einrede des nicht erfüllten Vertrages erheben und damit die Zahlung des Kaufpreises von der Beseitigung des Rechtsmangels abhängig machen.

c) Er kann gemäß §§ 325 und 326 Schadenersatz wegen Nichterfüllung verlangen oder vom Vertrage zurücktreten. Aus der gesetzlichen Gewährleistungspflicht ergibt sich, daß der Käufer den Schadenersatzanspruch auch bei (persönlichem) anfänglichem Unvermögen des Verkäufers zur Leistung hat (vgl. RGZ 73, 211, siehe aber sogleich unter 2).

2. Der Käufer einer beweglichen Sache hat nur dann einen schutzwürdigen Anspruch auf Schadenersatz, wenn er wegen des Rechtsmangels einen wirtschaftlichen Nachteil erleidet. Solange er sich im Genuß der Sache befindet, wäre es unbillig, ihm lediglich deshalb einen Schadenersatzanspruch zu gewähren, weil sich ein Dritter zum Besitz der Sache für berechtigt hält (vgl. RGZ 117, 335).

Der Käufer kann daher gem. § 440 nur Schadenersatz verlangen:

a) Wenn er die Sache dem Dritten mit Rücksicht auf dessen Recht herausgegeben hat.

Der Herausgabe steht es gleich, wenn der Dritte den Käufer oder dieser den Dritten beerbt oder wenn der Käufer das Recht anderweit von dem Dritten erworben oder ihn abgefunden hat (§ 440 Abs. 3).

b) Wenn er die Sache dem Verkäufer zurückgewährt hat. Der Käufer braucht sich also nicht mit dem Dritten auseinanderzusetzen.

c) Wenn die Sache untergegangen ist.

Da nach h. L. die Gefahr des zufälligen Unterganges (§ 446) trotz des Rechtsmangels auf den Käufer übergeht, hat der Verkäufer nur den Schaden zu ersetzen, der mit dem Rechtsmangel unmittelbar zusammenhängt: Hatte der Käufer z. B. die Sache bereits weiterverkauft und mußte er vor deren Untergang seinem Abkäufer wegen des Rechtsmangels Schadenersatz leisten, so kann er dessen Ersatz von dem Verkäufer verlangen.

3. Beweispflichtig für das Vorliegen eines Rechtsmangels ist in allen Fällen der Käufer (§ 442).

III. Ausschluß der Rechtsmängelhaftung.

1. Die Haftung des Verkäufers entfällt,

a) wenn die Parteien vertraglich die Gewährleistung des Verkäufers für Rechtsmängel ausgeschlossen oder beschränkt haben. Die Vereinbarung ist jedoch nichtig, wenn der Verkäufer einen Mangel arglistig verschwiegen hat (§ 443).

Arglistig verschweigt der Verkäufer einen Mangel z. B. dann, wenn er trotz eigener Kenntnis dem unwissenden Käufer den Mangel nicht mitteilt, obwohl er sich sagen muß, daß der Käufer bei Kenntnis des Mangels den Kaufvertrag nicht abschließen würde (vgl. RGZ 62, 152; 75. 437).

b) Wenn der Käufer den Mangel im Rechte kennt (§ 439).

Ausnahme: Ist der Kaufgegenstand mit einer Hypothek, Schiffshypothek, Grund- oder Rentenschuld oder mit einem Pfandrecht belastet, so muß der Verkäufer diese Belastung auch dann beseitigen, wenn der Käufer sie kennt.

c) Wenn der Käufer den Gegenstand durch Pfändung (§ 806 ZPO) oder in der Zwangsversteigerung (§ 56 Satz 3 ZVG) erworben hat.

2) Die praktische Bedeutung der Rechtsmängelhaftung wird durch ihren Ausschluß bei Kenntnis des Käufers in Verbindung mit den Vorschriften über den gutgläubigen Erwerb (§§ 892, 932 ff.) sehr eingeschränkt.

a) Im Grundstücksverkehr schadet wegen des öffentlichen Glaubens des Grundbuchs (§ 892) bei Unrichtigkeit nur die Kenntnis des Erwerbers, dann besteht aber auch keine Rechtsmängelhaftung. Der Verkäufer muß nur dann haften wenn der Käufer erst nach Kaufabschluß, aber vor dem gemäß § 892 Abs. 2 maßgebenden Zeitpunkt von dem Rechtsmangel erfahren hat. Außerdem besteht die Haftung, wenn schuldrechtliche Ansprüche Dritter gegen den Käufer gegeben sind (z. B. aus Miet- oder Pachtverträgen gemäß § 571).

b) Da bei beweglichen Sachen der gutgläubige Erwerb auch ausgeschlossen ist bei grobfahrlässiger Unkenntnis oder wenn die Sache gestohlen, verloren oder sonst abhanden gekommen ist (§§ 932, 935), greift in diesen Fällen die Rechtmängelhaftung ein.

§ 6

Die Haftung des Verkäufers für Sachmängel

Zur vertragsmäßigen Erfüllung des Kaufvertrages gehört weiterhin, daß der verkaufte Gegenstand in seiner körperlichen Beschaffenheit einwandfrei ist. Während jedoch die Haftung für Rechtsmängel im wesentlichen den allgemeinen Vorschriften der Nichterfüllung gegenseitiger Verträge (§§ 320 ff.) folgt, enthält die Haftung für Sachmängel unter weitgehendem Ausschluß dieser allgemeinen Vorschriften eine selbständige Sonderregelung.

Die Vorschriften über die Sachmängelhaftung (§§ 459 ff.) sind nur anwendbar beim Verkauf beweglicher oder unbeweglicher Sachen, nicht aber beim Verkauf von Rechten. Eine entsprechende Anwendung findet jedoch hinsichtlich solcher Güter statt, die im Verkehr als Sachgesamtheit behandelt werden, z. B. beim Verkauf von Handels- und Erwerbsgeschäften (vgl. RGZ 67. 86; 69, 429). Der Verkauf eines Unternehmens wird von den Parteien auch stets beim Verkauf aller Aktien oder G. m. b. H.-Anteile bezweckt sein (vgl. RGZ 120, 287; 150, 401).

I. Die Voraussetzungen der Sachmängelhaftung.

Ein Sachmangel ist gegeben, wenn die verkaufte Sache zur Zeit des Gefahrübergangs mit einem Fehler behaftet ist oder wenn ihr eine zugesicherte Eigenschaft fehlt (§ 459).

1. Haftung für Fehler.

a) Der Verkäufer haftet für solche Fehler, die den Wert oder die Tauglichkeit der Sache zu dem gewöhnlichen oder nach dem Vertrag vorausgesetzten Gebrauch aufheben oder mindern. Es muß der Würdigung des Einzelfalles überlassen bleiben. ob ein solcher Fehler gegeben ist. Entscheidend ist. ob die Sache ungünstig von der Beschaffenheit abweicht, welche die Parteien bei Vertragsschluß vorausgesetzt haben; fehlt es an einer gemeinsamen Zweckbestimmung, hat z. B. nur der Käufer einen bestimmten Gebrauch beabsichtigt, so ist nicht der subjektive Standpunkt einer Partei maßgeblich, sondern die Abweichung von der normalen Beschaffenheit (vgl. RGZ 135, 342; 161, 335).

Beispiel: Sachmängel sind Unechtheit eines verkauften Kunstwerks oder einer Briefmarke, Hausschwamm bei Grundstücken Baufälligkeit eines Hauses, außer wenn es ausdrücklich auf Abbruch verkauft ist; fehlende Zulassungseignung eines Kraftfahrzeuges.

b) Eine unerhebliche Minderung des Wertes oder der Tauglichkeit kommt nicht in Betracht (§ 459 Abs. 1 Satz 2).

Maßgeblich ist die Verkehrsauffassung, im kaufmännischen Leben häufig Handelsbräuche. Unerheblich wird ein Mangel oft dann sein, wenn er nur von kurzer Dauer, leicht erkennbar und leicht und billig zu beseitigen ist (z. B. Feuchtigkeit eines Neubaues, Firnisgeruch gebeizter Möbel).

c) Ein Fehler liegt nicht vor, wenn der Verkäufer die Leistung nur teilweise erbringt (Minus-Lieferung, sog. Quantitätsmangel). Der Käufer kann dann Nachleistung des Restes verlangen oder die Rechte gemäß § 326 Abs. 1 Satz 3 geltend machen.

Beispiel: Der Verkäufer liefert statt der bestellten 1000 Rasierklingen nur 700 Der Käufer kann Nachlieferung der restlichen 300 verlangen oder die Nachlieferung wegen fehlenden Interesses ablehnen.

Ebenfalls ist kein Fehler gegeben, wenn eine andere als die versprochene Sache geliefert ist (sog. aliud-Lieferung, Nämlichkeitsmangel). Der Verkäufer hat dann überhaupt nicht erfüllt, und dem Käufer steht sein ursprünglicher Erfüllungsanspruch noch zu.

Die Abgrenzung von der mangelhaften Ware ist jedoch in der Praxis oft schwieriger als in der Theorie. Selbstverständlich ist es eine aliud-Leistung, wenn die gelieferte Sache zu einer anderen Gattung gehört, z. B. der Verkäufer, statt des geschuldeten Weizens zu liefern, Gerste sendet. Zweifelhaft ist aber häufig, ob eine Sache derselben Gattung dadurch zu einer anderen wird, daß sie andere Eigenschaften als die verkaufte hat, z. B. der Verkäufer liefert Winterweizen statt Sommerweizen (nach h. L. „aliud-Lieferung") oder Haifischfleisch statt Walfischfleisch (nach RGZ 99, 148 nur Mangel bestr.). Die Entscheidung muß jeweils nach dem wirtschaftlichen Zweck des Vertrages erfolgen.

Im Handelsverkehr wird der Unterschied zwischen Fehler und Minus- bzw. aliud-Lieferung praktisch weitgehend aufgehoben, da § 378 HGB auch die Minus- und aliud-Lieferung der unverzüglichen Rügepflicht des Käufers unterwirft, „sofern die gelieferte Ware nicht offensichtlich von der Bestellung so erheblich abweicht, daß der Verkäufer die Genehmigung des Käufers als ausgeschlossen betrachten mußte'

2. Haftung für zugesicherte Eigenschaften.

Der Verkäufer haftet auch dafür, daß die Sache zur Zeit des Ueberganges der Gefahr die zugesicherten Eigenschaften hat (§ 459 Abs. 2).

a) Der Begriff der Eigenschaft geht über den Rahmen derjenigen Umstände hinaus, die den Wert und die Gebrauchstauglichkeit (§ 459 Abs. 1) bestimmen.

„Eigenschaften" sind zunächst alle Merkmale, die sich auf die körperliche. natürliche Beschaffenheit der Sache beziehen.

Beispiel: Baugrund eines zur Bebauung bestimmten Grundstücks.

Weiterhin gehören aber zu den Eigenschaften einer Sache auch alle Verhältnisse, die zufolge ihrer Art und Dauer nach der Verkehrsauffassung Einfluß auf Wertschätzung und Brauchbarkeit der Sache zu üben pflegen (so RG ständig, vgl. RGZ 117, 317).

Beispiel: Eigenschaften von Grundstücken sind u. a. die tatsächliche Lage, etwa an einem See, wodurch das Wohnen besondere Annehmlichkeit bietet, der freie Ausblick auf einen Bergabhang, bzw. die Unbebaubarkeit des dazwischenliegenden Geländes (vgl. RGZ 161, 333). Gemäß § 468 wird auch die Zusicherung einer bestimmten Größe als Zusicherung einer Eigenschaft behandelt.

b) Die Zusicherung muß vom Verkäufer in vertragsmäßig bindender Weise abgegeben werden; dies braucht nicht immer ausdrücklich zu geschehen, sondern kann sich auch aus den Umständen ergeben, nur reicht die bloße Kenntnis des Verkäufers von dem Verwendungszweck des verkauften Gegenstandes nicht aus.

Beispiel: Beim Verkauf hochwertiger Radioapparate wird regelmäßig die Trennschärfe zugesichert sein, bei Ladenkäufen die Neuwertigkeit der gekauften Gegenstände. Die Gebrauchsfähigkeit einer Maschine wird meist als zugesichert gelten müssen, wenn sie zur weiteren Verwendung verkauft ist.

Keine Zusicherungen sind reklamehafte Anpreisungen oder Erklärungen, die über den Kaufgegenstand bei Gelegenheit der Kaufverhandlungen abgegeben wurden.

Ist für den Kauf eine bestimmte Form vorgeschrieben, so wird auch die Zusicherung von der Formvorschrift erfaßt.

Beispiel: Zusicherung einer bestimmten Höhe der Friedensmiete bedarf beim Grundstückskauf der Aufnahme in den gerichtlichen oder notariellen Vertrag (§ 313, vgl. RGZ 132, 76 ff.).

c) Bei Geschäften des täglichen Lebens übernimmt der Verkäufer häufig eine Garantie für den verkauften Gegenstand (sog. „unselbständige Garantie").

Beispiel: „Zwei Jahre Garantie" für verkaufte Uhren, Füllfederhalter, Fahrräder oder Kraftfahrzeuge.

Damit will sich der Verkäufer in der Regel nur verpflichten, Mängel der Kaufsache i. S. von § 459, die während der Garantiezeit ohne Verschulden des Käufers eintreten, unentgeltlich zu beseitigen. Während der Garantiezeit sind dann die Rechte des Käufers, den Kaufvertrag zu wandeln oder den Kaufpreis zu mindern, im Zweifel ausgeschlossen, er muß sich mit der Reparatur begnügen.

Der Verkäufer kann jedoch auf seinem Nachbesserungsrecht nicht mehr bestehen, wenn ihm Gelegenheit zur Beseitigung des Mangels gegeben war und dem Käufer weitere Versuche nicht zugemutet werden können, z. B. der Verkäufer will die verkauften Registrierkassen nach vergeblichen Reparaturversuchen in seine Fabrik zurückschaffen, wodurch sie der Käufer monatelang entbehren müßte (vgl. RGZ 87, 336 ff.).

Im Unterschied zu dieser sog. unselbständigen Garantie setzt ein selbständiger Garantievertrag voraus, daß ein Erfolg gewährleistet wird, der anders und weitergehend ist als die bloße Vertragsmäßigkeit der Leistung (vgl. RGZ 146, 124).

3. Zeitpunkt der Haftung.

Der maßgebende Zeitpunkt für das Vorhandensein eines Fehlers oder das Fehlen einer zugesicherten Eigenschaft ist der Gefahrübergang. Der Mangel muß in diesem Zeitpunkt wenigstens im Keim vorhanden, mag er auch sonst noch verdeckt sein. Der Verkäufer haftet auch, wenn ein Mangel erst zwischen Kaufabschluß und Gefahrübergang entstanden ist Bis zur Uebergabe darf der Verkäufer ohne Einwilligung des Käufers nachbessern. Der Verkäufer haftet daher nicht, wenn ein Mangel bei Vertragsschluß, nicht mehr aber bei der Uebergabe vorhanden ist. Läßt sich jedoch der Mangel offensichtlich bis zur Uebergabe nicht mehr beseitigen, oder lehnt der Verkäufer die Nachbesserung ab, so kann der Käufer, ohne daß es der Uebergabe bedarf, die Gewährleistungsansprüche erheben.

II. Die einzelnen Gewährleistungsrechte.

Die Gewährleistungsrechte, die der Käufer bei Vorliegen eines Sachmangels hat, sind der Anspruch auf Rückgängigmachung des Kaufes (Wandelung) und der Anspruch auf Herabsetzung des Kaufpreises (Minderung). Zwischen diesen beiden einander ausschließenden selbständigen Ansprüchen kann der Käufer wählen. Sie sind in der gesetzlichen Garantiehaftung des Verkäufers für den vertragsmäßigen Zustand der Ware begründet und bestehen daher unabhängig davon, ob den Verkäufer an dem Mangel ein Verschulden trifft oder nicht.

Unter bestimmten Voraussetzungen hat der Käufer das Recht, Schadenersatz wegen Nichterfüllung statt Wandelung oder Minderung zu verlangen. Bei Gattungskäufen kann immer die Lieferung einer mangelfreien Sache begehrt werden.

Da der Verkäufer meist nicht Hersteller des verkauften Gegenstandes ist, kennt das BGB beim Kaufvertrag im Gegensatz zum Werkvertrag eine

Verpflichtung oder Berechtigung des Verkäufers zur Nachbesserung nicht. Bietet sich jedoch der Verkäufer zur Nachbesserung an, so wird ihm dieses Recht nicht zu versagen sein, wenn die Nachbesserung für den Käufer zumutbar ist. Gelegentlich kann sich auch für den Käufer ein Recht auf Nachbesserung ergeben, wo sie im Interesse der Vertragstreue von dem Verkäufer erwartet werden kann. Der Verkäufer wird darauf auch meist eingehen, um nicht Wandelungs- oder Minderungsansprüchen ausgesetzt zu sein.

1. Die Rechtsnatur von Wandelung und Minderung.

Die Rechtsnatur von Wandelung und Minderung ist im Hinblick auf die Fassung von § 465 sehr streitig. Die Wandelung oder Minderung ist vollzogen, wenn sich der Verkäufer auf Verlangen des Käufers mit ihr einverstanden erklärt.

a) Nach der Vertragstheorie hat der Käufer zunächst nur einen Anspruch auf Einwilligung zum Abschluß eines Wandelungs- oder Minderungsvertrages. Erst wenn die Einwilligung erteilt oder gem. § 894 ZPO durch rechtskräftige Verurteilung ersetzt sei, könne Rückgabe des Kaufgegenstandes oder Herabsetzung des Kaufpreises verlangt werden.

Diese Lehre entspricht nicht den Bedürfnissen der Praxis und wird daher auch von der Rechtsprechung allgemein abgelehnt.

b) Nach der Herstellungstheorie hat der Käufer einen unmittelbaren Anspruch auf Rückgängigmachung des Kaufes bzw. Preisherabsetzung. Die Erklärung des Einverständnisses gem. § 465 bedeute, daß von diesem Zeitpunkt an der Käufer an die von ihm getroffene Wahl zwischen Wandelung und Minderung gebunden sei

Das RG hat eine vermittelnde Auffassung eingenommen. Es billigt dem Käufer die unmittelbare Klage auf Rückgängigmachung des Kaufpreises oder auf Minderung zu (vgl RGZ 94, 331); es gestattet aber auch die Klage auf Einwilligung in die Wandelung oder Minderung, da auf rechtsgeschäftlichem Wege Wandelung und Minderung nur durch die Einverständniserklärung des Verkäufers zustande kommen (vgl RGZ 108, 26).

2. Die Wandelung.

Die Wandelung ist auf die Rückgängigmachung des Kaufes gerichtet (§ 462). Sie begründet zwischen den Parteien die schuldrechtliche Verpflichtung, die ausgetauschten Leistungen zurückzugewähren. Es finden die Vorschriften über das vertragsmäßige Rücktrittsrecht mit einigen Abweichungen entsprechende Anwendung (§ 467)

a) Die Wandelung ist in denselben Fällen ausgeschlossen, in denen dem Rücktrittsberechtigten der Rücktritt versagt ist (§§ 351 ff.). Jedoch wird entgegen § 352 durch die Verarbeitung oder Umbildung in eine Sache anderer Art die Wandelung nicht ausgeschlossen, wenn sich der Mangel erst bei der Umbildung der Sache gezeigt hat. Ein Ausschluß des Wandelungsrechts kann sich auch nach Treu und Glauben aus einem kundgetanen Verzichtswillen des Käufers ergeben.

Beispiel: Weiterveräußerung der Sache in Kenntnis des Mangels (vgl RGZ 101, 18), Weitergebrauch einer Sache, z B. eines Kraftwagens, wenn dadurch der Mangel verschlimmert wird (vgl. RG JW 34, 2685).

b) Behauptet der Käufer dem Verkäufer gegenüber einen Mangel der Sache, so kann der Verkäufer ihm unter Erbieten zur Wandelung eine Ausschlußfrist für die Wandelung setzen (§ 466).

c) Der Erfüllungsort für die Rückgabe der Sache ist dort, wo sich die Sache vertragsgemäß befindet, und deshalb häufig nicht gleich dem Erfüllungsort aus dem Kaufvertrag. Der Käufer braucht also die Sache nicht auf seine Kosten zum Verkäufer zu schaffen (vgl. RGZ 57, 15).

d) Sind von mehreren verkauften Sachen nur einzelne mangelhaft, so beschränkt sich die Wandelung auf diese, auch wenn für alle ein Gesamtpreis vereinbart ist (§ 469 Satz 1). Der Preis ist dann entsprechend § 471 herabzusetzen.

Sind jedoch die Sachen als zusammengehörig verkauft, so kann jeder Teil Erstreckung der Wandelung auf alle Sachen verlangen, wenn die Trennung nicht ohne Nachteil durchgeführt werden kann (§ 469 Satz 2).

Beispiel: Mehrbändiges Konversationslexikon, mehrteiliges Tafelgeschirr oder -silber, zweiteiliger Rundfunkapparat, komplette Wohnungseinrichtung.

Die Wandelung wegen eines Mangels der Hauptsache erstreckt sich auch auf die Nebensache, die Wandelung der Nebensache beschränkt sich dagegen auf diese (§ 470).

Beispiel: Ist eine verkaufte Maschine mangelhaft, so erstreckt sich die Wandelung auch auf den zur Kraftübertragung mitgelieferten Treibriemen. Weist dagegen nur der Treibriemen Mängel auf, so muß sich das Wandelungsverlangen des Käufers auf ihn beschränken.

3. Die Minderung.

Die Minderung ist auf Herabsetzung des Kaufpreises gerichtet (§ 462)

a) Die Herabsetzung des Kaufpreises erfolgt in dem Verhältnis, in welchem zur Zeit des Verkaufs der Wert der Sache in mangelfreiem Zustand zu dem wirklichen Wert gestanden haben würde (§ 472).

Rechnerisch läßt sich dieses Verhältnis[1]) in eine Gleichung aufnehmen, mittels derer der vom Käufer zu zahlende herabgesetzte Kaufpreis festgestellt werden kann. Es verhält sich der Wert der Sache in mangel-

[1]) Vgl Staudinger-Ostler, Komm zum BGB, 10. Aufl., § 472 Anm. 3.

freiem Zustande (mw) zu dem wirklichen Wert der Sache in mangelhaftem Zustande (ww) wie der vereinbarte Preis (p) zu dem geminderten Preis (x) $\frac{mw}{ww} = \frac{p}{x}$.

Beispiel: Ein Funksenderegerät wird für RM 1800.— verkauft (p). Infolge eines Fehlers an den Senderöhren und an einigen Kondensatoren ist der Apparat nur RM 1400.— wert (ww). Ohne diesen Fehler würde der Apparat RM 2100.— wert sein (mw). Der geminderte Kaufpreis beläuft sich dann auf RM 1200.—, sodaß der Käufer den Kaufpreis um RM 600.— kürzen kann.

Da sich die Minderung nur nach dem Verhältnis von mangelfreiem zu mangelhaftem Zustand richtet, bleibt dem Käufer ein einmal erzielter Vorteil erhalten. Der Verkäufer kann daher nicht einwenden, daß die Sache wertmäßig trotz des Mangels noch den Kaufpreis erreiche.

Beispiel: Ein Photoapparat, der in einwandfreiem Zustande RM 300.— wert ist, wird für RM 200.— verkauft. Infolge Beschädigung der Linse ist der Gebrauchswert des Apparates um $1/3$ herabgesetzt, und der Käufer begehrt Minderung. Der Verkäufer kann jetzt nicht geltend machen, daß der Apparat immer noch RM 200.— wert sei, sondern muß dem Käufer eine Minderung des Kaufpreises von RM 200.— um $1/3$ gewähren.

b) Bei einer Mehrzahl von Käufern oder Verkäufern kann die Minderung von jedem Käufer und gegenüber jedem Verkäufer verlangt werden (anders bei der Wandelung, §§ 467, 356). Mit der Vollziehung der von einem Käufer verlangten Minderung ist die Wandelung ausgeschlossen (§ 474).

c) Die Minderung wegen eines Mangels schließt das Recht des Käufers, wegen eines anderen Mangels Wandelung oder Minderung zu verlangen, nicht aus (§ 475).

4. Der Schadenersatz wegen Nichterfüllung.

a) Der Käufer kann statt Wandelung oder Minderung Schadenersatz wegen Nichterfüllung verlangen:

aa) Wenn eine zugesicherte Eigenschaft schon zur Zeit des Vertragsschlusses (und noch bei Gefahrübergang) fehlt (§ 463 Satz 1).

bb) Wenn der Verkäufer einen Fehler arglistig verschwiegen hat (§ 463 Satz 2).

Ueber den Begriff der Arglist vgl. oben Seite 19. Bei Abschluß eines Vertrages durch einen Vertreter haftet der Verkäufer für arglistige Handlungen soweit der Vertreter im Rahmen seiner Vollmacht bleibt (vgl. RGZ 83, 244), nicht dagegen, wenn das arglistige Verhalten nur bei Gelegenheit des Vertragsabschlusses geschieht.

cc) Wenn der Verkäufer arglistig eine nicht vorhandene Eigenschaft oder die Abwesenheit von Fehlern vorgespiegelt hat.

Dieser Fall ist vom RG in ständiger Rechtsprechung analog entwickelt worden (vgl. RGZ 96, 156; 103, 160).

Beispiel: Der Verkäufer eines Theaters macht unrichtige Angaben über dessen Ertragsfähigkeit.

Merke: Im Gegensatz zu den sonstigen Gewährleistungsansprüchen ist der maßgebende Zeitpunkt für den Schadenersatzanspruch stets der Kaufabschluß, nicht der Gefahrübergang.

b) Der Käufer kann verlangen, so gestellt zu werden, wie er bei ordnungsmäßiger Erfüllung stehen würde (Ersatz des positiven Interesses). Er kann entweder

aa) die Sache behalten und Ersatz des durch den Mangel entstandenen Schadens verlangen (vgl. RG in JW 31, 3270)

Beispiel: Der Käufer eines mit Schwamm behafteten Hauses kann — wenn Schwammfreiheit zugesichert war — das Haus behalten und einen Ausgleich in Geld dafür verlangen, daß das Haus Schwamm aufweist. Der Käufer muß den Schaden nach der Bedeutung des Mangels berechnen. Will der Käufer im Wege des Schadensersatzes (anders bei der Minderung) nur eine angemessene Herabsetzung des Kaufpreises, so muß er dartun, daß der Verkäufer auch zu dem geringeren Preise verkauft hätte (vgl. RGZ 83, 246).

oder

bb) die Sache zurückgeben und Schadenersatz wegen Nichterfüllung der ganzen Verbindlichkeit verlangen. Das RG stellt die Möglichkeit der Rückgabe gleichwertig neben das Behalten der Sache, verlangt dafür vor allem nicht den Nachweis des fehlenden Interesses an der mangelhaften Leistung (vgl. RGZ 52, 352, sehr str.).

Beispiel: Der Käufer des mit Schwamm behafteten Hauses kann das Haus zurückgeben und als Schadenersatz insbes. Rückzahlung des Kaufpreises und Ersatz der Vertragskosten verlangen.

III. Begrenzungen der Haftung.

Der Haftung für Sachmängel werden zur schnellen Abwicklung der Kaufverträge sowie zur Verhinderung unberechtigter Beanstandungen strenge Grenzen gesetzt.

1. Gesetzlicher Haftungsausschluß.

a) Ausschluß bei Kenntnis.

Kennt der Käufer beim Abschluß des Kaufvertrages den Fehler oder das Fehlen einer zugesicherten Eigenschaft, so sind sämtliche Gewährleistungsansprüche ausgeschlossen (§ 460 Satz 1).

Selbst wenn der Verkäufer den Mangel arglistig verschwiegen hat, kann nichts anderes gelten, der Käufer muß jedoch nicht bloß den äußeren Mangel erkannt haben, sondern seine ganze Tragweite für die vertragliche Tauglichkeit, z. B. bei einer Asphaltplattenpresse nicht bloß das Fehlen einer automatischen Sicherung, sondern auch deren Bedeutung für die Benutzung der Presse (vgl. RGZ 149, 402).

b) Ausschluß bei grobfahrlässiger Unkenntnis.

Bei grobfahrlässiger Unkenntnis hat der Käufer wegen Fehler der Sache keine Gewährleistungsansprüche (§ 460 Satz 2).

Eine allgemeine Untersuchungspflicht des Käufers vor Kaufabschluß kennt das BGB nicht; müssen jedoch die Umstände den Käufer zu besonderer Vorsicht mahnen, oder hat der Käufer eine besondere Sachkunde, so kann sich eine Untersuchungspflicht im Einzelfall ergeben (vgl. RGZ 131, 353).

Auf die grobe Fahrlässigkeit des Käufers kommt es nicht an, wenn der Verkäufer die Abwesenheit des Fehlers zugesichert oder wenn er den Fehler arglistig verschwiegen hat.

c) Ausschluß bei Verkauf in öffentlicher Versteigerung.

Die Gewährleistungsansprüche sind ausgeschlossen, wenn die Sache auf Grund eines Pfandrechtes in öffentlicher Versteigerung unter der Bezeichnung als Pfand verkauft wird (§ 461). Die gleiche Regelung gilt nach § 806 ZPO für die Veräußerung gepfändeter Sachen und nach § 56 Abs. 2 ZVG für die Zwangsversteigerung von Grundstücken.

2. Vertraglicher Haftungsausschluß.

a) Die Mängelhaftung kann vertraglich ausgeschlossen oder beschränkt werden. Eine dahingehende Vereinbarung ist jedoch nichtig, wenn der Verkäufer einen Mangel arglistig verschweigt (§ 476).

Für einen vertraglichen Haftungsausschluß bedarf es stets besonderer Klarheit. Dies gilt besonders für die sog. allgemeinen Lieferungsbedingungen, welche die gesetzlichen Gewährleistungsansprüche beschränken oder beseitigen. Unklarheiten muß der Verkäufer gegen sich gelten lassen (vgl. RGZ 142, 353).

Beispiel: Abrede bei Verkauf einer Ware „wie sie steht und liegt" bedeutet Ausschluß sämtlicher Mängel (auch verborgener), Warenkauf „wie besichtigt" Ausschluß nur der sichtbaren Mängel.

b) Die bereits entstandenen Gewährleistungsansprüche erlöschen, wenn der Käufer eine mangelhafte Sache in Kenntnis des Mangels annimmt, sofern er sich nicht seine Rechte wegen des Mangels vorbehält (§ 464).

Damit sieht das Gesetz in der vorbehaltlosen Annahme eine stillschweigende Verzichtserklärung auf die Gewährleistungsrechte, der gegenüber eine spätere Geltendmachung gegen Treu und Glauben verstoßen würde.

3. Verjährung der Gewährleistungsansprüche.

a) Die Gewährleistungsansprüche (Wandelung, Minderung oder Schadenersatz) verjähren

bei beweglichen Sachen in 6 Monaten seit der Ablieferung,

bei Grundstücken in 1 Jahr nach der Uebergabe.

Hat jedoch der Verkäufer einen Mangel arglistig verschwiegen (oder eine Eigenschaft arglistig vorgespiegelt), so gilt die normale Verjährungsfrist von 30 Jahren (§ 477 Abs. 1 Satz 1).

Im einzelnen ist für die kurze Verjährungsfrist zu beachten:

aa) Die Verjährungsfrist beginnt bei beweglichen Sachen mit der Ablieferung, d. h. der Verkäufer muß sich der Sache entledigt und dem Käufer die Möglichkeit verschafft haben, sie zu untersuchen und in unmittelbaren Besitz zu nehmen. Bei Grundstücken ist die Uebergabe erforderlich, Auflassung und Eintragung als solche reichen noch nicht aus.

bb) Die Verjährungsfrist kann entgegen § 225 durch Vertrag verlängert werden (§ 477 Abs. 1 Satz 2).

Auch eine Garantiezeit (vgl. oben Seite 22) kann eine Verlängerung der Verjährungsfrist darstellen. Sie bedeutet dann, daß die kurze Verjährungsfrist erst bei Entdeckung des Mangels während der Gewährzeit beginnt (vgl. RGZ 91, 307; 128, 213).

cc) Die Verjährungsfrist kann außer nach den allgemeinen Vorschriften durch den Antrag auf Beweissicherung unterbrochen werden (§ 477 Abs. 2).

b) Auch nach Ablauf der kurzen Verjährungsfristen kann der Käufer unter bestimmten Voraussetzungen seine Ansprüche auf Wandelung oder Minderung gegenüber dem Zahlungsanspruch des Verkäufers noch einredeweise geltend machen: Er muß dem Verkäufer vor der Verjährung der Gewährleistungsansprüche den Mangel angezeigt oder an ihn die Anzeige abgesandt haben. Das gleiche gilt, wenn er einen Antrag auf gerichtliche Beweissicherung (§§ 485, 488 ZPO) vor Vollendung der Verjährung gestellt oder in einem zwischen ihm und einem späteren Erwerber der Sache wegen des Mangels anhängigem Rechtsstreite dem Verkäufer den Streit verkündet hat (§ 478 Abs. 1).

Die Aufrechnung mit dem Schadenersatzanspruch ist nach Ablauf der kurzen Verjährungsfrist an die gleichen Voraussetzungen geknüpft (§ 479).

Damit wird im Interesse einer schnellen Abwicklung der Kaufverträge die sonst bestehende Rückwirkung der Aufrechnung auf den Zeitpunkt, in dem die Aufrechnung möglich war (§ 389), eingeschränkt.

Zur Erhaltung der Mängeleinrede und der Aufrechnungsbefugnis bedarf es keiner Anzeige oder sonstigen besonderen Handlung, wenn der Verkäufer den Mangel arglistig verschwiegen hat (§§ 478 Abs. 2, 479 Satz 2).

IV. Gewährleistung beim Gattungskauf.

Beim Gattungskauf schuldet der Verkäufer eine Sache mittlerer Art und Güte (§ 243). Liefert er eine mangelhafte Sache, so tritt dadurch noch keine Erfüllung ein. Das Gesetz gibt jedoch dem Käufer die Wahl, ob er eine mangelfreie Sache verlangen oder wegen der mangelhaften Sache die Gewährleistungsansprüche erheben will.

1. Der Käufer einer nur der Gattung nach bestimmten Sache kann verlangen, daß ihm an Stelle der mangelhaften Sache eine mangelfreie geliefert wird (§ 480 Abs. 1).

Beispiel: Der Käufer eines nach Katalog gekauften Radioapparates kann von dem Verkäufer Lieferung eines neuen verlangen, wenn der Apparat nicht einwandfrei arbeitet

a) Der Anspruch auf Nachlieferung entspricht der ursprünglichen Kaufforderung. Das BGB wendet jedoch eine Reihe von Bestimmungen aus dem Wandelungsrecht auf ihn an, z B Ausschluß bei Annahme in Kenntnis des Mangels (§ 464), Bindung an die gewählte Nachlieferung bei Einverständniserklärung des Verkäufers (§ 465), kurze Verjährung (§ 467).

b) Das Wahlrecht auf Lieferung einer mangelfreien Sache liegt grundsätzlich beim Käufer, jedoch kann die Ablehnung einer im Einzelfall vom Verkäufer angebotenen Ersatzlieferung gegen Treu und Glauben verstoßen (vgl. RGZ 91, 112). Auch ist dem Käufer nach Treu und Glauben häufig zuzumuten, statt Lieferung einer mangelfreien Sache eine angebotene Nachbesserung vornehmen zu lassen, besonders wenn dadurch überflüssige Transporte vermieden werden.

Beispiel (wie oben) Der Mangel des gekauften Radioapparates beruht auf einer schadhaften Röhre die der Verkäufer in der Wohnung des Käufers austauschen will Der Käufer muß diesem Verlangen nach Treu und Glauben entsprechen

2. Der Käufer kann die Gewährleistungsrechte geltend machen.

a) Der Käufer kann Wandelung oder Minderung verlangen.

b) Der Käufer kann Schadenersatz wegen Nichterfüllung verlangen, wenn der Sache zur Zeit des Gefahrüberganges eine zugesicherte Eigenschaft fehlte oder der Verkäufer einen Fehler arglistig verschwiegen hat (bzw. arglistig eine nicht vorhandene Eigenschaft oder die Abwesenheit von Fehlern vorgespiegelt hat) (§ 480 Abs. 2).

Im Unterschied zum Stückkauf (§ 463) ist der maßgebende Zeitpunkt nicht der Kaufabschluß, sondern der Gefahrübergang, da bei Gattungsschulden die geschuldete Sache beim Kaufabschluß noch nicht feststeht.

V. Gewährleistung beim Viehkauf

Für den Viehkauf ist das Bedürfnis nach einer schnellen und einfachen Klärung der gegenseitigen Ansprüche besonders groß. Das BGB hat dem durch eine weitgehende Beschränkung der Gewährleistungsrechte für die in § 481 genannten Tiere entsprochen

Beim Verkauf von Pferden, Eseln Mauleseln und Maultieren, von Rindvieh, Schafen und Schweinen hat der Verkäufer nur bestimmte Mängel (Hauptmängel) und diese nur dann zu vertreten, wenn sie innerhalb bestimmter Fristen (Gewährfristen) auftreten.

Für den Verkauf der übrigen Tiere (z. B. von Hunden, Katzen, Ziegen, Hühnern, Ziervögeln und wilden Tieren) gelten die allgemeinen Gewährleistungsvorschriften.

1. Hauptmängel und Gewährfristen.

a) Eine gesetzliche Bestimmung der Hauptmängel und Gewährfristen für die in § 481 genannten Tiergattungen ist durch die Verordnung betreffend die Hauptmängel und Gewährfristen beim Viehhandel vom 27. 3. 1899 (RGBl. S. 219) erfolgt.

b) Die Gewährfrist beginnt mit dem Ablauf des Tages, an dem die Gefahr auf den Käufer übergeht (§ 483).

Sie kann durch Vertrag verlängert oder abgekürzt werden (§ 486). Zeigt sich ein Hauptmangel innerhalb der Gewährfrist, so wird (widerlegbar) vermutet, daß der Mangel schon zur Zeit des Gefahrübergangs vorhanden war (§ 484). Der Mangel muß spätestens 2 Tage nach Ablauf der Gewährfrist bzw. nach dem Tode des Tieres dem Verkäufer angezeigt oder die Anzeige abgesandt werden, andernfalls der Käufer sämtliche Rechte verliert. Der Rechtsverlust tritt nicht ein, wenn der Verkäufer den Mangel arglistig verschwiegen hat (Näheres § 485).

2. Gewährleistungsrechte des Käufers.

a) Der Käufer kann nur Wandelung — nicht Minderung — verlangen (§ 487 Abs. 1).

b) Der Käufer kann Schadenersatz wegen Nichterfüllung verlangen. wenn der Verkäufer das Nichtvorhandensein eines Hauptmangels zugesichert oder einen Hauptmangel arglistig verschwiegen hat (§§ 481, 463) Der Schadenersatzanspruch besteht auch dann, wenn der Verkäufer vertraglich die Gewährleistung für einen nicht zu den Hauptmängeln gehörenden Fehler übernommen oder eine Eigenschaft zugesichert hat (§ 492).

c) Der Käufer eines nur der Gattung nach bestimmten Tieres kann — entsprechend dem Käufer einer nur der Gattung nach bestimmten Sache — statt der Wandelung die Lieferung eines mangelfreien Tieres verlangen (§ 491).

3. Verjährung.

Die Ansprüche auf Wandelung und Schadenersatz verjähren in 6 Wochen nach dem Ende der Gewährfrist. Nach der Verjährung hat der Käufer noch das Recht, die Zahlung des Kaufpreises zu verweigern oder mit Schadenersatzansprüchen aufzurechnen, wenn er die nach § 485 erforderliche Anzeige vorgenommen hat (§ 490).

Nur bei Arglist gilt die 30jährige Verjährungsfrist.

4. Zuständigkeit.

Gemäß § 23 Ziff. 2 GVG gehören sämtliche Streitigkeiten wegen Viehmängel ohne Rücksicht auf den Streitwert zur Zuständigkeit der Amtsgerichte

VI. Verhältnis der Gewährleistungsvorschriften zu den sonstigen Rechtsbehelfen.

Das Gewährleistungsrecht stellt eine Sonderregelung dar. Die Anwendung der allgemeinen Vorschriften ist daher teilweise ausgeschlossen. Bis zum Gefahrübergang der verkauften Sache vom Verkäufer auf den Käufer bestehen jedoch gegenüber dem allgemeinen Rechtszustande keine Unterschiede, da das Gewährleistungsrecht erst nach Gefahrübergang eingreift.

1. Allgemeines Vertragsrecht und Gewährleistung.

a) Die Vorschriften über gegenseitige Verträge (§§ 320 ff.) sind neben den Gewährleistungsvorschriften nur beschränkt anwendbar. Hat der Verkäufer eine mangelhafte Sache geliefert, so kann der Käufer, solange die Gewährleistungsansprüche noch nicht verjährt sind, zwar die Einrede des nicht erfüllten Vertrages erheben (§ 320). Ist dagegen die Lieferung einer mangelfreien Sache anfänglich unmöglich oder zwischen Kaufabschluß und Gefahrübergang zufällig unmöglich geworden, so stehen dem Käufer nur die Gewährleistungsansprüche zu. §§ 306 ff. und 323 sind wegen der gesetzlichen Garantiehaftung ausgeschlossen. Hat der Käufer die Unmöglichkeit einer mangelfreien Lieferung zu vertreten, so kann der Verkäufer die Rechte aus § 324 geltend machen, ebenso wie dem Käufer § 325 zur Seite steht, wenn die Unmöglichkeit vom Verkäufer zu vertreten ist (im einzelnen ist alles streitig).

b) Eine Haftung aus positiver Vertragsverletzung oder aus Verschulden bei Vertragsschluß ist wegen Sachmängel nur für mittelbare Folgen der mangelhaften Erfüllung möglich. Es muß sich um Schäden handeln, die in ihrer Wirkung über den Sachmangel hinausgehen, etwa durch Ingebrauchnahme der Ware im Vertrauen auf ihren Verwendungszweck entstehen.

Beispiel: Der Verkäufer liefert entgegen dem vereinbarten Verwendungszweck chromhaltigen statt chromfreien Stahl. Bei der Verhüttung durch den Käufer tritt an der Ofenanlage ein Schaden auf, dessen Ersatz der Käufer verlangen kann (vgl. RGZ 125, 76).

Soweit eine Haftung im Zusammenhang mit der Mangelhaftigkeit der Ware begründet ist, gilt für sie die kurze Verjährungsfrist des § 477 (vgl RGZ 129, 282 str.).

2. Anfechtung und Gewährleistung

a) Eine Anfechtung wegen Irrtums über verkehrswesentliche Eigenschaften der Kaufsache nach § 119 Abs. 2 BGB ist ausgeschlossen, soweit der Käufer aus gleichem Grund Gewährleistungsansprüche geltend machen kann. Dieser Ausschluß ist zwingend geboten, da andernfalls die kurzen Verjährungsfristen der Gewährleistungsansprüche (§ 477) durch die 30jährige Anfechtungsmöglichkeit aufgehoben würden (vgl. RGZ 61, 171).

Das Anfechtungsrecht des Verkäufers wird selbstverständlich durch die Gewährleistungsvorschriften nicht berührt.

b) Die Anfechtung wegen arglistiger Täuschung (§ 123) ist dagegen neben den Gewährleistungsansprüchen unbeschränkt zulässig, da hier ein Schutzbedürfnis für den Verkäufer nicht anzuerkennen ist.

3. Ansprüche aus unerlaubter Handlung und Gewährleistung.

Schadenersatzansprüche aus unerlaubter Handlung (insbes. §§ 823 Abs. 2, 826) sind durch die Gewährleistungsansprüche nicht ausgeschlossen. Der Schadenersatzanspruch unterliegt der 3jährigen Verjährung gem. § 852 (vgl. RGZ 117, 317).

§ 7

Besondere Arten des Kaufes

Das BGB hat gewisse Formen des Kaufes wegen ihrer Eigenart und Häufigkeit einer besonderen Regelung unterworfen. Es sind dies der Kauf nach und auf Probe (§§ 494—496), der Wiederkauf (§§ 497—503) und der Vorkauf (§§ 504—514). Keine Besonderheiten weist der Kauf zur Probe auf. Er ist ein einfacher Kauf, bei dem der Käufer für den Fall der Zufriedenheit mit der Ware unverbindlich weitere Käufe in Aussicht stellt. Er ist im Gesetz ebensowenig besonders geregelt wie der Kauf auf Umtausch, der wegen seiner Aehnlichkeit mit dem Kauf auf Probe bei diesem behandelt wird.

Zu den besonderen Arten des Kaufes gehören schließlich der Kauf unter Eigentumsvorbehalt (§ 455) und das durch Sondergesetz geregelte Abzahlungsgeschäft.

I. Der Kauf nach Probe.

Der Kauf nach Probe oder nach Muster ist ein unbedingter Kauf, bei dem die Eigenschaften der Probe oder des Musters als zugesichert anzusehen sind (§ 494).

Eine völlige Uebereinstimmung von Muster und Ware wird meist nicht möglich sein. Es muß regelmäßig Uebereinstimmung in den wesentlichen Punkten genügen (Abgrenzung nach § 242).

1. Ob ein Kauf nach Probe vorliegt, ist unter Berücksichtigung von Treu und Glauben nach dem Zweck zu entscheiden, der mit der Vorlegung der Probe verfolgt wird. Häufig kann die Probe nur dazu dienen, die Kauflust zu erregen oder zur allgemeinen Orientierung des Käufers bestimmt sein (z. B. Probefahrt in einem Kraftwagen).

2. Besteht Streit, ob ein Kauf nach Probe abgeschlossen ist, so ist derjenige beweispflichtig, der aus dem Kauf Ansprüche herleitet: Der Ver-

käufer muß bei der Kaufpreisklage das Fehlen, der Käufer bei der Klage auf Gewährleistung das Vorliegen eines Kaufs nach Probe beweisen.

Ist streitig, ob die Sache selbst probegemäß ist, so muß der Verkäufer seine Behauptung beweisen, anders nur wenn der Käufer die Sache als Erfüllung angenommen hat (§ 363).

II. Der Kauf auf Probe

Der Kauf auf Probe oder nach Besicht ist ein bedingter Kauf, dessen Wirksamkeit von der ins freie Belieben des Käufers gestellten Billigung des Kaufgegenstandes abhängt. Der Verkäufer ist verpflichtet, dem Käufer die Untersuchung des Gegenstandes zu gestatten (§ 495).

1. Der Kauf ist im Zweifel unter der aufschiebenden Bedingung der Billigung geschlossen. Er kann aber auch unter der auflösenden Bedingung der Mißbilligung getätigt werden. Bis zur Klärung der Bedingungsfrage sind beide Vertragsteile gebunden.

2. Die Billigung kann nur innerhalb der vereinbarten oder einer vom Verkäufer bestimmten angemessenen Frist erfolgen. War die Sache dem Käufer zum Zwecke der Probe oder Besichtigung übergeben, so gilt sein Schweigen innerhalb der Frist als Billigung (§ 496).

Daraus folgt, daß Schweigen als Mißbilligung anzusehen ist, wenn der Verkäufer die Kaufsache nicht selbst, sondern statt ihrer nur ein Muster übergeben hat (vgl. RGZ 137, 297).

3. Vom Kauf auf Probe ist der Kauf auf Umtausch zu unterscheiden. Er ist im Gegensatz zum Kauf auf Probe ein unbedingter Kauf, bei dem sich die Ablehnungsbefugnis nur auf den Kaufgegenstand, nicht auf den Kaufvertrag bezieht. Der Käufer kann aus dem Warenbestande des Verkäufers gegen Rückgabe der (unversehrten) gelieferten Sache eine gleichwertige andere verlangen.

Der Kauf auf Umtausch ist besonders häufig im täglichen Leben, beim Kauf eines für einen Dritten bestimmten Geschenkes z. B. der Käufer von einem Paar Damenstrümpfen, die er verschenken will behält sich den Umtausch gegen eine andere Größe vor.

III. Der Wiederkauf

Der Verkäufer kann sich im Kaufvertrage das Recht vorbehalten, den verkauften Gegenstand vom Käufer wieder zurückzukaufen (§ 497). Um dieses Recht auszuüben, bedarf es nur einer fristgemäßen Erklärung (§ 503) gegenüber dem Käufer In der gegenwärtigen Zeit der Sachverknappung kann der Wiederkauf eine besondere Bedeutung gewinnen, da die Möglichkeit, den verkauften Gegenstand wieder zurückzuerwerben, den Entschluß zum Verkauf erleichtert.

Beispiel: Der Verpächter eines landwirtschaftlichen Grundstücks verkauft dem Pächter das Inventar mit der Abrede, daß er es auf Verlangen nach Beendigung des Pachtverhältnisses zurückerwerben kann (vgl. RGZ 152, 103).

1. Rechtsnatur des Wiederkaufs.

a) Die Begründung des Wiederkaufsrechts enthält einen aufschiebend bedingten Rückkauf. Bedingung ist, daß der Verkäufer (Wiederkäufer) die Wiederkaufserklärung abgibt. Mit der Vereinbarung des Wiederkaufsrechts ist bereits eine Bindung des Käufers (Wiederverkäufers), das Eigentum zurückzuübertragen, gegeben. Die Vereinbarung des Wiederkaufsrechts bedarf daher einer für den Kaufvertrag vorgeschriebenen Form (vgl. RGZ 126, 312). Dagegen ist die zur Ausübung des Wiederkaufsrechts erforderliche Erklärung an keine Form gebunden (§ 497 Abs. 1 Satz 2).

b) Das Wiederkaufsrecht des BGB wirkt nur schuldrechtlich zwischen den Parteien und nicht dinglich gegen Dritte. Es kann jedoch bei Grundstücken gemäß § 883 durch eine Vormerkung gesichert werden. Dingliche Wiederkaufsrechte sind teilweise durch Sondergesetze eingeführt worden, z. B § 20 Reichsiedlungsgesetz vom 11. 8. 1919 (RGBl. 1429), § 34 Reichsheimstättengesetz vom 10. 5. 1920 (RGBl. 968).

2. Inhalt des Wiederkaufs.

Ist der Wiederkauf zustande gekommen, so muß der Wiederkäufer den vereinbarten Wiederkaufpreis bezahlen, der im Zweifel dem Ankaufspreis entspricht (§ 497 Abs. 2). Außerdem muß er auf Verlangen des Wiederverkäufers etwaige werterhöhende Verwendungen ersetzen (§ 500).

Der Wiederverkäufer muß den gekauften Gegenstand nebst Zubehör (§ 498 Abs. 1) und frei von Rechten Dritter (§ 499) herausgeben. Er haftet für verschuldete Verschlechterungen und für Veränderungen (§ 498 Abs. 2), außer wenn als Wiederkaufspreis der Schätzungswert vereinbart worden ist (§ 501).

IV. Der Vorkauf.

Das Vorkaufsrecht gibt dem Vorkaufsberechtigten die Befugnis, einen bestimmten Gegenstand von dem Vorkaufsverpflichteten zu kaufen, sobald dieser mit einem Dritten einen Kaufvertrag über den Gegenstand geschlossen hat (§ 504). Zur Ausübung des Vorkaufsrechts bedarf es dann einer Erklärung des Berechtigten (§ 505 Abs. 1 Satz 1).

Das Vorkaufsrecht hat große praktische Bedeutung.

1. Rechtsnatur des Vorkaufs.

a) Die Begründung des Vorkaufsrechts enthält einen doppelt bedingten Kauf. Bedingungen sind, daß der Verpflichtete mit einem Dritten einen Kauf abschließt und der Berechtigte von seinem Vorkaufsrecht Gebrauch macht. Entsprechend dem Wiederkaufsrecht ist auch die Einräumung des Vorkaufsrechts den Formvorschriften für Kaufverträge unterworfen (z. B. Einräumung des Vorkaufsrechts an einem Gundstück gem. § 313), wie es auch zur Ausübung keiner besonderen Form bedarf (§ 505 Abs. 1 Satz 2).

b) Das Vorkaufsrecht der §§ 504 ff. begründet nur schuldrechtliche Beziehungen zwischen den Parteien und beschäftigt sich nur mit den Rechtsbeziehungen zwischen dem Vorkaufsberechtigten und dem Vorkaufsverpflichteten, nicht dagegen mit den Beziehungen zwischen dem Vorkaufsverpflichteten und dem Dritten. Die Ausübung des Vorkaufsrechts ist daher ohne Wirkung auf den Drittkauf, dessen verpflichtende Wirkung gegenüber dem Vorkaufsverpflichteten trotzdem bestehen bleibt (vgl. RGZ 121, 138).

Der Verpflichtete kann sich gegen eine doppelte Inanspruchnahme durch den Berechtigten und den Drittkäufer nur dadurch schützen, daß er sich im Drittkauf den Rücktritt für den Fall der Ausübung des Vorkaufsrechts vorbehält oder die Ausübung des Vorkaufsrechts zur auflösenden Bedingung des Drittkaufs macht. Eine solche Vereinbarung wirkt nur gegen den Drittkäufer, nicht gegen den Vorkaufsberechtigten (§ 506), damit sie der Vorkaufsverpflichtete nicht dazu mißbraucht, um das Vorkaufsrecht zu vereiteln.

c) Im Gegensatz zum Wiederkauf kennt das BGB auch ein dingliches Vorkaufsrecht an Grundstücken (§§ 1094 ff.), das gegen jedermann wirkt. Doch kann auch das schuldrechtliche Vorkaufsrecht durch eine Vormerkung gesichert werden (§ 883). Gewisse dingliche Wirkungen hat das Vorkaufsrecht der Miterben (§§ 2035, 2037).

2. Inhalt des Vorkaufs.

Durch die Ausübung des Vorkaufsrechts kommt der Kaufvertrag zwischen Vorkaufsverpflichtetem und Vorkaufsberechtigtem unter den Bestimmungen zustande, welche der Vorkaufsverpflichtete mit dem Dritten vereinbart hat (§ 505 Abs. 2).

a) Der Vorkaufsverpflichtete ist zur unverzüglichen Mitteilung an den Vorkaufsberechtigten verpflichtet, wenn er mit einem Dritten einen Kauf abgeschlossen hat, damit das Vorkaufsrecht ausgeübt werden kann. Dies muß dann mangels gegenteiliger Vereinbarung bei Grundstücken binnen zwei Monaten, bei beweglichen Sachen binnen einer Woche nach Empfang der Mitteilung geschehen (§ 510).

b) Im Drittkauf vereinbarte Nebenleistungen, die der Vorkaufsberechtigte nicht bewirken kann, sind in Geld zu ersetzen (§ 507 Satz 1).

c) Eine dem Drittkäufer gewährte Stundung kann der Vorkaufsberechtigte nur dann für sich in Anspruch nehmen, wenn er Sicherheit leistet (§ 509)

d) Wird der Gegenstand, auf den sich das Vorkaufsrecht bezieht, mit anderen Gegenständen zu einem Gesamtpreise verkauft, so hat der Vorkaufsberechtigte nur einen verhältnismäßigen Teil zu entrichten. Der Vorkaufsverpflichtete kann die Erstreckung des Vorkaufs auf alle Sachen verlangen, die nicht ohne Nachteil für ihn getrennt werden können (§ 508)

3. Ausschluß des Vorkaufsrechts

Das Vorkaufsrecht ist ausgeschlossen,

a) Wenn die Sache vertauscht, verschenkt oder schenkungshalber zu einem niedrigen Preise verkauft wird Soweit nicht durch bewußtes Zusammenwirken eine Umgehung des Vorkaufsrechts bezweckt wird, kann der Vorkaufsverpflichtete den Vertrag mit dem Dritten nach seinen Interessen frei gestalten (vgl. RGZ 125, 125).

b) Wenn mit dem Drittkäufer eine wesentliche Nebenleistung, die nicht in Geld abschätzbar ist, vereinbart wird (§ 507 S. 2).

Beispiel: Der Drittkäufer ist ein Verwandter des Vorkaufsverpflichteten Als Gegenleistung wird außer der Zahlung des Kaufpreises die persönliche Pflege des Vorkaufsverpflichteten übernommen (vgl RGZ 121 139)

c) Im Zweifel bei Verkäufen, die mit Rücksicht auf ein künftiges Erbrecht an einen gesetzlichen Erben erfolgen (§ 511).

d) Wenn der Verkauf im Wege der Zwangsvollstreckung oder durch den Konkursverwalter erfolgt (§ 512).

4. Unübertragbarkeit des Vorkaufsrechts

Das Vorkaufsrecht ist, sofern nicht ein anderes bestimmt ist, weder übertragbar, noch vererblich Ist es auf eine bestimmte Zeit beschränkt so ist es im Zweifel vererblich (§ 514).

Vererblich ist immer das Vorkaufsrecht der Miterben (§ 2034 Abs. 2).

V Der Kauf unter Eigentumsvorbehalt.

Zur Sicherung seiner Kaufpreisforderung kann sich der Verkäufer bis zur völligen Bezahlung das Eigentum an der verkauften Sache vorbehalten. Der Eigentumsvorbehalt ist nur bei beweglichen Sachen möglich, da bei Grundstücken eine bedingte Auflassung gemäß § 925 Abs. 2 unzulässig ist.

Ein gewisser Ersatz bietet bei Grundstücken die Möglichkeit, sich die Rückübertragung des Eigentums für den Fall der Nichtzahlung des Kaufpreises versprechen und diesen Anspruch durch eine Vormerkung gemäß § 883 sichern zu lassen.

Der Eigentumsvorbehalt wirkt gemäß § 455 dinglich und schuldrechtlich:

1. Die dinglichen Wirkungen des Eigentumsvorbehaltes.

Die Uebertragung des Eigentums erfolgt im Zweifel unter der aufschiebenden Bedingung der vollständigen Zahlung des Kaufpreises.

a) Der Verkäufer bleibt bis zur vollständigen Zahlung Eigentümer der Sache und kann, wenn die Sache bei dem Käufer gepfändet wird, die Widerspruchsklage gemäß § 771 ZPO erheben. Fällt der Käufer in Konkurs, so hat der Verkäufer ein Aussonderungsrecht (§ 43 KO).

b) Der Käufer erwirbt aus der bedingten Uebereignung eine Anwartschaft, die auf den Erwerb des Eigentums gerichtet ist. Sie stellt bereits eine gesicherte und geschützte Rechtsstellung dar, die übertragbar und daher auch pfändbar (§§ 844, 857 ZPO) und verpfändbar ist (vgl. RGZ 140, 225).

c) Das Eigentum geht mit der Zahlung des vollen Kaufpreises auf den Käufer über, ohne daß es dazu noch einer besonderen Mitwirkung des Verkäufers bedarf (h. L.). Maßgebender Zeitpunkt für den Gefahrübergang ist auch beim Kauf unter Eigentumsvorbehalt die Uebergabe (vgl. oben Seite 14).

2. Die schuldrechtlichen Wirkungen des Eigentumsvorbehaltes.

Der Verkäufer ist im Zweifel zum Rücktritt berechtigt, wenn der Käufer mit der Zahlung in Verzug kommt.

> In Erweiterung von § 326 bedarf es für den Rücktritt keiner Fristsetzung mit Ablehnungsandrohung. Wenn der Verkäufer jedoch Schadenersatz wegen Nichterfüllung verlangen will, muß er nach § 326 vorgehen (vgl. RGZ 144, 65).

3. Das Erlöschen des Eigentumsvorbehaltes.

Vor Eintritt der Bedingung durch Zahlung des Kaufpreises kann der Eigentumsvorbehalt erlöschen,

a) wenn der Käufer kraft Gesetzes durch Verbindung, Vermischung oder Verarbeitung (§§ 946 ff.) Eigentümer der verkauften Sache wird. Um auch in diesen Fällen gesichert zu sein, werden oft die Forderungen aus Weiterveräußerung der verarbeiteten Sachen im voraus abgetreten (sog. verlängerter Eigentumsvorbehalt). Zur Vermeidung von Rechtsunklarheiten sind jedoch an die Bestimmbarkeit des (Dritt-) Schuldners und des Rechtsgrundes sowie des Umfanges der abgetretenen Forderungen strenge Anforderungen zu stellen (vgl. RGZ 155, 29);

b) wenn ein Dritter von dem veräußernden Käufer den Gegenstand gutgläubig erwirbt. Häufig wird jedoch der gute Glaube bei Sachen, die gewöhnlich unter Eigentumsvorbehalt verkauft werden, ausgeschlossen sein da hier der Erwerber mit der Belastung durch den Eigentumsvorbehalt rechnen muß (vgl. RGZ 147, 331). Im Wirtschaftsleben wird aber der Käufer auch oft vom Verkäufer gemäß § 185 ermächtigt werden, im ordnungsgemäßen Geschäftsverkehr über die Sache zu verfügen, um damit die Mittel zur Bezahlung des Kaufpreises hereinzubekommen

VI. Das Abzahlungsgeschäft.

Im täglichen Leben wird ein Eigentumsvorbehalt besonders häufig bei Abzahlungsgeschäften vereinbart: Der verkaufte Gegenstand wird sofort übergeben, doch erfolgt die Kaufpreiszahlung in Raten. Das Abzahlungsgeschäft ermöglicht dem wirtschaftlich schwachen Käufer, sofort in den Besitz der gekauften Sache zu kommen, während die Bezahlung erst aus dem künftigen Einkommen erfolgt. Den sich daraus ergebenden Gefahren der wirtschaftlichen Ausbeutung sucht das Reichsgesetz betreffend die Abzahlungsgeschäfte vom 16. 1 1894 („Abzahlungsgesetz" RGBl. 450) durch eine Reihe zwingender Vorschriften zu begegnen.

1. Anwendungsbereich.

Das Abzahlungsgesetz gilt für die eigentlichen Abzahlungsgeschäfte (§ 1), erstreckt sich aber ausdrücklich auch auf Umgehungsgeschäfte (§ 6).

Es findet keine Anwendung, wenn der Käufer als Kaufmann in das Handelsregister eingetragen ist (§ 8), da nach Auffassung des Gesetzgebers ein Schutzbedürfnis in diesen Fällen nicht besteht.

2 Die wichtigsten Schutzbestimmungen sind

a) Ausschluß der Verwirkungsklausel.

Tritt der Verkäufer vom Kaufvertrag zurück, so sind beide Parteien verpflichtet, die einander gemachten Leistungen zurückzugewähren. Eine entgegenstehende Vereinbarung, insbesondere, daß die früher erfolgten Teilzahlungen des Käufers verfallen sein sollen (sog. Verwirkungsklausel), ist nichtig (§ 1)

b) Beschränkung der Vergütungspflicht

Der Verkäufer kann im Falle des Rücktritts vom Käufer eine Vergütung verlangen, aber nur für die Ueberlassung des Gebrauchs und der Benutzung der Sache (unter Berücksichtigung der Wertminderung) sowie für gemachte Aufwendungen (z B. Transportkosten) und für eine schuldhafte Beschädigung der Kaufsache. Die Vereinbarung einer höheren Vergütung vor Ausübung des Rücktrittsrechts ist nichtig (§ 2).

c) Herabsetzung von Vertragsstrafen.

Eine für den Fall der Nichterfüllung vom Käufer zu zahlende Vertragsstrafe kann — entsprechend § 343 BGB — auf Antrag des Käufers durch Urteil auf den angemessenen Betrag herabgesetzt werden (§ 4 Abs. 1)

d) Beschränkung der Verfallklausel.

Die Vereinbarung, daß bei nicht pünktlicher Zahlung die gesamte Restschuld fällig wird (sog Verfallklausel), ist nur wirksam, wenn der Käufer mit mindestens zwei aufeinanderfolgenden Teilzahlungen ganz oder teilweise in Verzug ist und der Betrag, mit dem er in Verzug ist, mindestens $^1/_{10}$ des Kaufpreises gleichkommt (§ 4 Abs. 2).

§ 8

Der Tausch und sonstige entgeltliche Veräußerungsgeschäfte

I. Der Tausch.

Jeder Tauschvertrag ist auf den Umsatz einer Sache oder eines Rechtes gegen eine andere Sache oder ein Recht gerichtet. Wesentliches Merkmal ist das Fehlen von Geldleistungen. In der Nachkriegszeit hat der Tausch seine besondere Bedeutung durch die sog. Kompensationsgeschäfte der Wirtschaft wie auch durch seine häufige Anwendung im täglichen Leben gewonnen.

1. Rechtlich ist der Tausch ebenso wie der Kauf ein gegenseitiger Vertrag. Gemäß § 515 finden auf den Tausch die Vorschriften über den Kauf entsprechende Anwendung.

2. Jede Partei wird hinsichtlich des hingegebenen Gegenstandes wie ein Verkäufer, hinsichtlich des empfangenen wie ein Käufer behandelt Beansprucht eine Vertragspartei Minderung, so ist ihr der Unterschiedsbetrag in Geld zu erstatten (über die Berechnung gemäß § 472, vgl. RGZ 73, 152).

3. Unter den gegenwärtigen Verhältnissen wird sich eine Vertragspartei zur Aufgabe eines Sachwertes häufig nur entschließen können, wenn auch die Gegenleistung wirklich brauchbar ist. Soweit es sich nicht um Tauschgeschäfte spekulativer Art handelt, sind daher jetzt an die Offenbarungspflicht über den Wert der Tauschsache besonders hohe Anforderungen zu stellen. Dies kann von Bedeutung dafür sein, ob der Tausch wegen arglistiger Täuschung (§ 123) anfechtbar ist.

II. Sonstige entgeltliche Veräußerungsverträge.

Auch andere Verträge, die auf Veräußerung oder Belastung einer Sache gegen Entgelt gerichtet sind, werden dem Kaufrecht unterworfen; bezüglich der Haftung für Rechts- und Sachmängel ist das im Gesetz besonders ausgesprochen (§§ 445, 493).

Beispiel: Vornahme von Arbeitsleistungen gegen Warenlieferung, Hingabe eines Gegenstandes an Erfüllungsstatt (§ 365), Einbringung von Sachen in eine Gesellschaft (§ 705, vgl. RGZ 86, 210), vergleichsweise Verpflichtung zur Veräußerung oder Belastung eines Gegenstandes (§ 779, vgl. RGZ 54, 167).

III. Der Wohnungstausch[1]).

Kein Tausch im eig. Sinne ist der Wohnungstausch. Er stellt keinen Umsatz von Vermögenswerten dar, sondern ist auf einen Besitzwechsel zum Zwecke der gegenseitigen Verschaffung des Mietrechts an den Tauschwohnungen gerichtet. Dies wird dadurch erreicht, daß jeder Tauschpartner unter Zustimmung der Vermieter in den Mietvertrag des anderen eintritt.

Bei den unter Mieterschutz fallenden Räumen kann die Zustimmung der Vermieter durch das Mieteinigungsamt ersetzt werden (§§ 30, 31 MSchG). Ein Zwangswohnungstausch kann zur Durchführung vollstreckbarer Urteile oder Vergleiche vom Mieteinigungsamt (Artikel I der VO über Aenderungen des Mieterschutzrechtes v. 7. 11. 44 — RGBl. I, 319) oder zwecks besserer Verteilung des Wohnraumes von den Wohnungsämtern (Artikel VI b KontrG. Nr. 18 — Wohnungsgesetz) angeordnet werden.

B. Die Schenkung

§ 9

Begriff und Abschluß des Schenkungsvertrages

Eine Schenkung ist eine Zuwendung, durch die jemand aus seinem Vermögen einen anderen bereichert, wenn beide Teile darüber einig sind, daß die Zuwendung unentgeltlich erfolgt (§ 516 Abs. 1).

Wegen dieses vertraglichen Erfordernisses wird die Schenkung vom BGB neben dem Kauf in die schuldrechtlichen Verträge eingereiht. Da sie sich jedoch nicht wie der Kauf auf Sachen und Rechte beschränkt, steht sie rechtssystematisch nicht dem Kauf, sondern der Vertragsgattung der entgeltlichen Verträge gegenüber.

Die Schenkung setzt sich daher aus zwei voneinander zu unterscheidenden Vorgängen zusammen:

Objektiv: aus einer Bereicherung des Beschenkten durch eine unentgeltliche Zuwendung aus dem Vermögen des Schenkers — und subjektiv: aus der Einigung über die Unentgeltlichkeit.

I. Die Bereicherung durch die unentgeltliche Zuwendung.

1. Eine Zuwendung bewirkt eine Vermögensverschiebung durch die Hingabe eines Vermögensbestandteils von einer Person zugunsten einer anderen. Die Zuwendung kann durch Rechtsgeschäft (Uebereignung von Gegenständen, Abtretung von Rechten, Erlaß von Forderungen) oder durch tatsächliche Handlungen (Reparatur eines Gegenstandes) erfolgen.

2. Die Zuwendung muß aus dem Vermögen des Schenkers stammen.

Nicht erforderlich ist aber, daß sich die Vermögensverschiebung unmittelbar zwischen den beiden Vermögensmassen vollzieht. Die

[1]) Vgl. LG Berlin in „Haus und Wohnung" 1948, S. 74.

Schenkung kann auch dadurch geschehen, daß ein Dritter den Gegenstand unmittelbar an den zu Beschenkenden leistet als Gegenwert für eine Leistung des Schenkers an ihn (vgl. RGZ 167, 202).

Das Vermögen des Schenkenden muß vermindert, das des Beschenkten vermehrt werden.

Im einzelnen ist zu beachten:

a) Es liegt keine Schenkung vor, wenn jemand zugunsten eines anderen einen nur möglichen Erwerb unterläßt oder eine Erbschaft oder ein Vermächtnis ausschlägt (§ 517).

Beispiel: Jemand nimmt zugunsten eines anderen ein ihm günstiges Vertragsangebot nicht an, unterläßt die Anfechtung eines ihm nachteiligen Rechtsgeschäftes oder versäumt eine ihm für einen Rechtserwerb gesetzte Frist.

b) Der Beschenkte ist durch die Zuwendung bereichert, wenn er einen Vermögenszuwachs empfängt oder eine notwendige Ausgabe erspart.

Keine Schenkungen können im allgemeinen diejenigen unentgeltlichen Zuwendungen sein, die besonders gesetzlich geregelt sind, z. B. die leihweise Gebrauchsüberlassung, die Hingabe eines zinslosen Darlehns und die unentgeltliche Geschäftsbesorgung. Eine Ausnahme besteht aber, wenn der Schenker durch die Zuwendung auf eine wirtschaftliche Ertragsmöglichkeit verzichtet hat.

c) Die Bereicherung muß endgültig sein. Der Empfänger darf nicht bloß treuhänderisch oder als Durchgangsperson tätig werden, etwa um die Zuwendung zu einem wohltätigen oder gemeinnützigen Zwecke zu verwenden.

Beispiel: Entgegennahme von Beiträgen zur Errichtung eines Denkmals, Sammlung für Heimkehrer, Flüchtlinge oder Hochwassergeschädigte (vgl. RGZ 62, 390).

3. Die Zuwendung muß (objektiv) unentgeltlich sein. Dies ist sie, wenn ihr nach dem Inhalt des Rechtsgeschäfts eine ausgleichende Gegenleistung nicht gegenübersteht (vgl. RGZ 125, 383) — Unentgeltlich bedeutet nicht kostenlos — (RGZ 163, 355).

II. Die Einigung über die Unentgeltlichkeit.

Beide Parteien müssen sich darüber einig sein, daß die Zuwendung unentgeltlich erfolgt.

1. Die Einigung über die Unentgeltlichkeit ist der schuldrechtliche Vertrag, der jeder Schenkung zugrunde liegt und die bewirkte Bereicherung rechtfertigt (vgl. RGZ 111, 153).

a) Fällt die Einigung mit der Zuwendung zeitlich zusammen, so liegt eine sog. Bar- oder Handschenkung vor. Der geschenkte Gegenstand wird sofort geleistet. Sie ist die weitaus häufigste Schenkungsart.

b) Geht die Einigung der Zuwendung voraus, so ist ein Schenkungsversprechen gegeben. Es verpflichtet den Versprechenden, die Schenkung vorzunehmen (vgl. III).

c) Geht die Zuwendung der Einigung voraus, so bedarf es des Einverständnisses des Beschenkten über die Annahme. Zur Abgabe einer Erklärung kann der Schenker dem Beschenkten eine Frist setzen. Schweigen bis zu ihrem Ablauf gilt als Annahme der Schenkung. Im Falle der Ablehnung kann der Zuwendende die Leistung als ungerechtfertigte Bereicherung herausverlangen (§ 516 Abs. 2).

2. Da beide Parteien über die Unentgeltlichkeit einig sein müssen, ist eine Schenkung ausgeschlossen, wenn auch nur eine Partei erkennbar der Meinung ist, daß auf die Zuwendung ein Anspruch bestehe (vgl. RGZ 125, 383). Entsprechendes gilt, wenn sonst aus irgendeinem Grunde — z. B. wegen Irrtums — eine Einigung über die Unentgeltlichkeit nicht zustandekommt.

Zweifelhaft ist, ob in dem nachträglich bewilligten Entgelt für geleistete Dienste eine Schenkung liegt. Das RG hat dies abgelehnt, „wenn auf der einen Seite das Gefühl einer wirklichen Schuld, auf der anderen Seite das Gefühl eines wirklichen Anspruchs bestand" (vgl. RGZ 94, 322). Dasselbe Ergebnis dürfte aber richtiger damit begründet werden, daß derartige Leistungen in der erkennbaren Absicht künftiger Lohnforderungen erbracht werden (§ 612 Abs. 1). Keine Schenkungen sind daher auch die Zusage eines Ruhegehaltes oder eine Gratifikation an die Arbeitnehmer. Dagegen ist eine Schenkung z. B. die Hingabe einer Belohnung aus Dankbarkeit für die Rettung von Möbeln vor einem Fliegerangriff.

III. Die Form der Schenkung.

1. Die sofort vollzogene Schenkung bedarf als solche zu ihrer Gültigkeit keiner besonderen Form.

Was zur Vollziehung erforderlich ist, richtet sich nach dem Schenkungsgegenstand: Bewegliche Sachen müssen in der Regel übergeben (§ 929), Grundstücke aufgelassen (§ 925), Forderungen abgetreten (§ 398) werden.

Der Vollzug wird durch eine Bedingung oder Befristung nicht gehindert. Die häufigste Bedingung, daß der Beschenkte den Schenker überlebt (Schenkung von Todeswegen), ist einer Sonderregelung unterworfen (§ 2301).

2. Der gerichtlichen oder notariellen Beurkundung bedürfen das Schenkungsversprechen und das schenkweise erteilte Schuldversprechen und Schuldanerkenntnis (§ 518 Abs. 1).

Nur die Erklärung des Schenkers, also nur das Versprechen oder Anerkenntnis, nicht auch die Annahmeerklärung des Beschenkten ist formbedürftig.

Fehlt die Form, so ist das Versprechen nichtig. Der Formmangel wird aber durch die Bewirkung der versprochenen Leistung geheilt (§ 518 Abs. 2).

§ 10

Die Rechtsstellung des Schenkers

Wegen der Unentgeltlichkeit der Zuwendung ist die Rechtsstellung des Schenkers günstig.

I. Die Haftung des Schenkers.

1. Geminderte Haftung des Schenkers.

Der Schenker hat nur Vorsatz und grobe Fahrlässigkeit zu vertreten (§ 521) und braucht Verzugszinsen nicht zu entrichten (§ 522).

2. Haftung des Schenkers für Rechts- und Sachmängel.

a) Eine Haftung des Schenkers für Rechts- und Sachmängel besteht nur, wenn er einen Mangel im Recht oder einen Fehler der Sache arglistig verschwiegen hat (§§ 523 Abs. 1, 524 Abs. 1). Er ist schadenersatzpflichtig, jedoch geht der Ersatz nur auf das sog. Vertrauensinteresse.

Beispiel:

1. „Verschenkt" jemand eine goldene Uhr, von der er weiß, daß sie gestohlen ist (Rechtsmangel) und verschweigt er dies dem Empfänger arglistig, so muß er ihm die entstandenen Prozeßkosten ersetzen, wenn letzterer zur Herausgabe der Uhr an den Eigentümer verurteilt worden ist. Der Empfänger kann aber nicht die Lieferung einer anderen Uhr verlangen.

2. Verschenkt jemand ein krankes Schwein unter arglistigem Verschweigen der Krankheit (Sachmangel) und steckt das Tier die übrigen Schweine des Beschenkten an, so kann der Beschenkte Ersatz der Tierarztkosten und sonstiger Aufwendungen verlangen, nicht aber Lieferung eines mangelfreien Tieres.

b) Schärfer ist die Haftung des Schenkers, wenn er einen Gegenstand versprochen hat, den er erst erwerben soll:

aa) Wegen eines Rechtsmangels kann der Beschenkte Schadenersatz wegen Nichterfüllung verlangen, wenn dem Schenker bei Erwerb des Gegenstandes der Rechtsmangel bekannt oder infolge grober Fahrlässigkeit unbekannt geblieben ist (§ 523 Abs. 2).

Beispiel: (Wie oben 1.) Hatte der Zuwendende die Uhr schenkweise versprochen und sie dann in Kenntnis des Diebstahls gekauft, so kann der damit „beschenkte" Empfänger als Schadensersatz hier Lieferung einer anderen Uhr verlangen, wenn er zur Herausgabe an den Eigentümer verurteilt ist.

bb) Bei einer nur der Gattung nach bestimmten Sache, die mit einem Sachmangel behaftet ist, kann der Beschenkte Lieferung einer mangelfreien Sache — bei Arglist des Schenkers auch Schadenersatz wegen Nichterfüllung — verlangen, wenn dem Schenker bei Erwerb der Sache der Mangel bekannt oder infolge grober Fahrlässigkeit unbekannt geblieben war (§ 524 Abs. 2).

Beispiel: (Wie oben 2.) Hatte der Schenker die Schenkung e i n e s Schweines versprochen und dann das kranke Tier in Kenntnis der Krankheit gekauft, so kann der damit Beschenkte als Ersatz ein gesundes Tier verlangen.

II Das Recht des Notbedarfs

1 Die Notbedarfseinrede

Vor Vollziehung des Schenkungsversprechens hat der Versprechende die Notbedarfseinrede.

a) Der Schenker kann die Erfüllung eines Schenkungsversprechens verweigern, soweit bei Berücksichtigung seiner sonstigen Verpflichtungen sein standesgemäßer Unterhalt oder die Erfüllung seiner gesetzlichen Unterhaltspflichten gefährdet werden würde (§ 519 Abs. 1).

b) Die Notbedarfseinrede ist eine verzögerliche Einrede, auf die der Schenker wegen ihres Schutzzweckes nicht im voraus verzichten kann.

2 Das Rückforderungsrecht

Nach Vollziehung der Schenkung hat der Schenker ein Rückforderungsrecht wegen Bedürftigkeit, dessen Voraussetzungen gegenüber § 519 strenger sind:

a) Der Schenker kann die Schenkung wie eine ungerechtfertigte Bereicherung zurückfordern, soweit er seinen standesgemäßen Unterhalt nicht bestreiten und die ihm seinen Verwandten, Ehegatten oder früheren Ehegatten gegenüber bestehende Unterhaltspflicht nicht erfüllen kann (§ 528 Abs. 1 Satz 1).

Das Rückforderungsrecht ist unpfändbar, solange es nicht durch Vertrag anerkannt oder rechtshängig geworden ist (§ 852 Abs. 2 ZPO) und daher auch insoweit unübertragbar (§ 400)

b) Der Beschenkte kann die Herausgabe durch Zahlung des für den Unterhalt erforderlichen Betrages abwenden (§ 528 Abs. 1 Satz 2).

Die Rentenpflicht erlischt mit dem Tode des Schenkers (§ 1615), nicht aber des Beschenkten (§ 528 Abs. 1 Satz 3).

c) Die Rückforderung ist ausgeschlossen

aa) wenn der Schenker seine Bedürftigkeit vorsätzlich oder durch grobe Fahrlässigkeit herbeigeführt hat oder wenn zur Zeit des Eintritts der Bedürftigkeit seit der Leistung des geschenkten Gegenstandes 10 Jahre verstrichen sind (§ 529 Abs 1);

bb) wenn der Beschenkte selbst bedürftig ist (§ 529 Abs 2);

cc) bei Pflicht- und Anstandsschenkungen (§ 534).

III. Das Recht des Widerrufs wegen groben Undanks.

Der Widerruf der Schenkung ist zulässig, wenn sich der Beschenkte durch eine schwere Verfehlung gegen den Schenker oder einen nahen Angehörigen des Schenkers des groben Undanks schuldig gemacht hat (§ 530 Abs. 1)

Ob eine schwere Verfehlung vorliegt, ist nach Lage des Einzelfalls zu entscheiden.

1. Durch den Widerruf entfällt der Rechtsgrund der Schenkung, und der Schenker kann die Herausgabe des Geschenks als ungerechtfertigte Bereicherung verlangen (§ 531 Abs. 2).

2. Der Widerruf ist ein höchstpersönliches Recht, das nach dem Tode des Schenkers den Erben nur zusteht, wenn der Beschenkte vorsätzlich und widerrechtlich den Schenker getötet oder am Widerruf gehindert hat (§ 530 Abs. 2).

3. Die Ausübung des Widerrufs erfolgt durch (einfache) Erklärung gegenüber dem Beschenkten (§ 531 Abs. 1).

4. Der Widerruf ist ausgeschlossen,

a) bei Verzeihung oder nach Ablauf eines Jahres seit Kenntnis der Verfehlung, sowie nach dem Tode des Beschenkten (§ 532);

b) bei Verzicht nach Kenntnis des Undanks (§ 533), Vorausverzicht ist unwirksam;

c) bei Pflicht- oder Anstandsschenkungen (§ 534).

§ 11

Besondere Arten der Schenkung

I. Pflicht- und Anstandsschenkungen.

Pflicht- und Anstandsschenkungen beruhen auf der Erfüllung einer sittlichen Pflicht oder einer auf den Anstand zu nehmenden Rücksicht (§ 534).

1. Die „Erfüllung einer sittlichen Pflicht" setzt eine besondere aus den konkreten Umständen des Falles erwachsende Verpflichtung voraus, die über die Betätigung der allgemeinen Nächstenliebe hinausgeht (vgl. RGZ 70, 19).

Beispiel: Leistung von Unterhalt an bedürftige Geschwister (ihnen gegenüber besteht keine gesetzliche Unterhaltspflicht, vgl § 1601)

Eine Anstandspflicht besteht, wenn die Unterlassung des Geschenks zu einer Einbuße in der allgemeinen Achtung und Anerkennung führen würde (vgl. RGZ 73, 49).

Beispiel: Die üblichen Hochzeits-, Geburtstags- und Weihnachtsgeschenke

2. Auf die Pflicht- und Anstandsschenkung finden die Vorschriften über die Schenkung Anwendung. Ausgenommen sind nur die Rückforderung (§§ 528 ff.) und der Widerruf (§§ 530 ff.).

Ueber weitere Sondervorschriften für Pflicht- und Anstandsschenkungen vgl. §§ 814, 1446 Abs. 2, 1641, 1804, 2113 Abs. 2, 2205.

2207, 2330. Das Widerrufsrecht des schuldlos geschiedenen Ehegatten (§ 73 EG) unterliegt nicht der Beschränkung des § 534.

II. Die Schenkung unter einer Auflage.

1. Die Auflage ist die einer Schenkung hinzugefügte Bestimmung, welche den Beschenkten zu einer bestimmten Leistung verpflichtet (§ 525).

Beispiel: Schenkung von 10 000 RM unter der Auflage, ein Erbbegräbnis auszuschmücken und zu pflegen (vgl. RGZ 112, 211).

Schenkung von Grundstücken unter der Auflage, in einem der Gebäude ein Tuberkulosen-Krankenhaus einzurichten.

Von der Auflage ist der bloße unverbindliche Rat (z. B. Schenkung von Geld für ein Mittagessen) zu unterscheiden. — Für die oft schwierige Abgrenzung zum entgeltlichen Vertrag ist maßgeblich, ob die Parteien Leistung und Gegenleistung miteinander austauschen oder nur eine Einschränkung der Zuwendung bezwecken wollten. Einen Hinweis kann das Wertverhältnis der beiden Leistungen bieten (vgl. RGZ 60, 242).

2. Zur Ausführung der Auflage gewährt des BGB den Erfüllungsanspruch:

a) Der Anspruch auf Erfüllung der Auflage wird fällig mit der Vollziehung der Schenkung (§ 525 Abs. 1). Er steht dem Schenker (oder seinem Rechtsnachfolger), im Zweifel auch einem begünstigten Dritten (§ 330 Satz 2), und, wenn die Vollziehung der Schenkung im öffentlichen Interesse liegt, nach dem Tode des Schenkers auch der öffentlichen Behörde (§ 525 Abs. 2), zu.

b) Unterbleibt die Vollziehung der Auflage, so kann der Schenker das Geschenk insoweit als ungerechtfertigte Bereicherung zurückfordern, als es zur Vollziehung der Auflage zu verwenden war. Der Anspruch ist ausgeschlossen, soweit ein Dritter die Vollziehung der Auflage verlangen kann (§ 527).

c) Reicht das Geschenk infolge eines Rechts- oder Sachmangels zur Vollziehung der Auflage nicht aus, so kann der Beschenkte bis zum Ausgleich des Fehlbetrages die Erfüllung der Auflage verweigern (näheres § 526).

III. Die gemischte Schenkung.

1. Die gemischte Schenkung ist eine Schenkung, die mit einem entgeltlichen Rechtsgeschäft — insbesondere einem Kauf — verbunden ist. Zur gemischten Schenkung gehört daher ebenso das Mißverhältnis der beiderseitigen Leistungen, wie der Wille der Parteien, den Mehrwert unentgeltlich zuzuwenden.

Beispiel: Verkauf eines Kraftfahrzeuges im Werte von 2500 RM für 500 RM bei Einigung über die Unentgeltlichkeit des Mehrwertes.

2. Für die rechtliche Behandlung ist die gemischte Schenkung in einen entgeltlichen und einen unentgeltlichen Teil zu zerlegen. Auf jeden der Teile sind die Regeln der entsprechenden Verträge (insbesondere Kauf und Schenkung) anzuwenden (sog. Trennungstheorie, h. L. vgl. grundl. RGZ 148, 238 ff. im Gegensatz zur sog. Einheitstheorie).

Die Formvorschrift des § 518 bezieht sich daher nur auf den unentgeltlichen Teil, doch kann sich bei Verletzung der Form die Nichtigkeit gemäß § 139 auch auf das ganze Geschäft erstrecken. Der Widerruf nach § 530 darf nur den Mehrwert erfassen, der die Gegenleistung übersteigt (vgl. RGZ 163, 261), und die Haftung für Mängel der Sache ist für jeden Teil des Vertrages selbständig zu behandeln.

II. Gebrauchsüberlassungsverträge

Während Kauf, Tausch und Schenkung auf den endgültigen Erwerb des Vertragsgegenstandes gerichtet waren, wird durch die im Gesetz daran anschließend geregelten Miete, Pacht und Leihe eine nur zeitweilige Gebrauchsüberlassung ermöglicht. Die Leihe bezweckt die unentgeltliche, Miete und Pacht die entgeltliche Gebrauchsüberlassung. Die Miete räumt nur den Gebrauch, die Pacht auch den Fruchtgenuß ein. Zu den Gebrauchsüberlassungsverträgen im weiteren Sinne gehören schließlich noch das Darlehn und die Vorlegung von Sachen.

A. Die Miete

§ 12

Begriff und Abschluß des Mietvertrages

Die Miete ist ein gegenseitiger Vertrag, der auf die zeitliche Gewährung des Gebrauchs einer Sache gegen Entgelt gerichtet ist (§ 535).

I. Grundsätzliches.

1. Das Mietrecht des BGB, das auch die Ueberlassung von beweglichen Sachen umfaßt, hat sein Hauptanwendungsbereich bei unbeweglichen Sachen, insbesondere bei Wohnungen. Doch gerade auf diesem Gebiet haben die Wohnungsnot und das berechtigte soziale Schutzbedürfnis des Mieters zu weitgehenden Eingriffen des Gesetzgebers geführt, sodaß die Vorschriften des BGB in erheblichem Umfange durch zwingende Sondergesetze ersetzt sind.

Die wichtigsten Sondergesetze sind:

a) Das Wohnungsgesetz (KontrG Nr. 18).

Es dient der Erhaltung, Vermehrung, Sichtung, Zuteilung und Ausnutzung des vorhandenen Wohnraumes und unterstellt den gesamten deutschen Wohnraum der Bewirtschaftung durch die Wohnungsämter. Die wichtigsten von ihnen zu treffenden Maßnahmen sind die Erfassung von Wohnraum (Inanspruchnahme von Wohnraum zum Zwecke der Wohnungswirtschaft) und die Zuweisung von Wohnungssuchenden (Benennung eines Mieters und Gebot an den Vermieter, ein Rechtsverhältnis, das die Benutzung des Wohnraums sichert, abzuschließen) (vgl. auch unten Seite 52).

b) Das Mieterschutzgesetz (i. d. Fass. v. 15. 12. 1942 — RGBl. I, 712).

Es beseitigt das freie Kündigungsrecht des Vermieters und knüpft die Aufhebung des Mietverhältnisses gegen den Willen des Mieters an ganz bestimmte Voraussetzungen (vgl. unten Seite 68).

c) Das Reichsmietengesetz (i. d. Fass. v. 24. 4. 1936 — RGBl. I, 380) und die zahlreichen Preisvorschriften.

Sie regeln die Mietzinsbildung (vgl. unten Seite 51).

2. Die Miete ist ein schuldrechtlicher Vertrag, sodaß Beziehungen nur zwischen Mieter und Vermieter bestehen. Der Mieter hat also keine dinglichen Rechte an der Sache.

Dieser Grundsatz wird bei der Veräußerung beweglicher Sachen durch § 986 Abs. 2, bei der Veräußerung unbeweglicher Sachen durch §§ 571 ff. durchbrochen (vgl. unten Seite 71).

Jeder Mieter, der sich im Besitz der Sache befindet, hat außerdem die Besitzschutzansprüche (§§ 859—862, 869), der Mieter beweglicher Sachen auch den Anspruch aus § 1007. Es bleibt dem Mieter aber unbenommen, auch vom Vermieter zu verlangen, daß dieser ihm den ungestörten Gebrauch der Mietsache verschafft.

II. Der Gegenstand des Mietvertrages.

Vermietet werden können nur bewegliche und unbewegliche Sachen (§ 535).

Die Ueberlassung von Rechten ist nur als Pacht möglich.

1. Die Vermietung beweglicher Sachen.

Bei beweglichen Sachen kommen regelmäßig nur nicht verbrauchbare in Frage.

Beispiel: Vermietung von Büchern aus einer Mietbücherei (meist fälschlich Leihbücherei genannt), Vermietung von Musikinstrumenten, Kraftfahrzeugen, landwirtschaftlichen Maschinen, Reklameflächen an einem Verkehrsmittel, Filmen zwischen „Filmverleih" und Kino, eines Tresorfaches in einer Stahlkammer (vgl. RGZ 141, 99).

Der Fernsprechvertrag ist ein Rechtsverhältnis besonderer Art, das sich aus Bestandteilen des Miet-, Dienst- und Werkvertrages zusammensetzt (vgl. RGZ 98, 342).

2. Die Vermietung unbeweglicher Sachen.

Die Vermietung unbeweglicher Sachen umfaßt sowohl die Vermietung von Grundstücken als auch von Wohnräumen und anderen Räumen (§ 580).

a) Bei der Vermietung einzelner Räume werden häufig noch andere Leistungen vereinbart. Es ist dann nach Lage des Einzelfalles zu entscheiden, ob diese Leistungen als bloße Nebenleistungen innerhalb eines einheitlichen Mietvertrages vereinbart sind oder ob sie gleichwertig neben die Gebrauchsüberlassung treten (gemischte Verträge).

Beispiele:

Einheitlicher Mietvertrag liegt vor bei Ueberlassung einer Wohnung mit Zentralheizung oder Warmwasserversorgung, Ueberlassung eines Kühlraumes mit der Verpflichtung zur Lieferung von Kaltluft Ebenso ist auch der Beherbergungsvertrag im wesentlichen Mietvertrag (vgl RGZ 169, 87)

Gemischter Vertrag: Zimmervermietung mit voller Pension (Miete und Kauf) Ueberlassung von Bahnhofsräumen für eine Wechselstube (Miete, Pacht und Dienstvertrag) (vgl. RGZ 108, 369)

Vertrag eigener Art: Ueberlassung von Räumen in einem Krankenhaus an einen Arzt gegen die Verpflichtung, sämtliche Patienten dort zu behandeln und keine Privatpraxis zu betreiben (vgl RG DR 42, 1334)

b) Bei der Ueberlassung gewerblicher Räume ist oft die Abgrenzung von Miete und Pacht schwierig.

Der praktische Unterschied hat jedoch an Bedeutung verloren da das Mieterschutzrecht auch auf Pachtverhältnisse über Räume und gewerblich genutzte unbebaute Grundstücke anwendbar ist (§ 36 MSchG). Nur das Reichsmietengesetz findet auf Pachtverhältnisse keine Anwendung.

Ein Pachtverhältnis ist nur dann anzunehmen, wenn Räume überlassen werden, die baulich zum Betrieb eines bestimmten Gewerbes geeignet und mit der erforderlichen Einrichtung und Ausstattung versehen sind, sodaß eine alsbaldige Fruchtziehung möglich ist. Maßgebend ist der Zeitpunkt des Vertragsschlusses (vgl. RGZ 122, 276; 125, 128).

Beispiel: Die Ueberlassung von Räumen, die für eine Gastwirtschaft geeignet sind, ist Pacht, wenn die zu ihrem Betrieb erforderliche Einrichtung vorhanden ist, dagegen Miete, wenn die Einrichtung fehlt oder nicht ausreichend ist.

III. Der Mietzins.

1. Der Mietzins besteht im allgemeinen in wiederkehrenden Geldleistungen, kann jedoch auch in einer einmaligen oder in anderen als Geldleistungen erbracht werden.

Sind ausschließlich andere als Geldleistungen vereinbart, so wird häufig ein anderes Vertragsverhältnis als Miete vorliegen. Ist z. B. die Gewährung einer Wohnung an den Hauswart Entlohnung für dessen Dienste, so wird meist ein Dienstvertrag anzunehmen sein (vgl. RG Jur. Rdsch. 1926, 1922). Doch können für die Gebrauchsüberlassung auch die Vorschriften über die Miete zur Anwendung kommen.

2. Das Recht zur freien Vereinbarung des Mietzinses ist — abgesehen von der allgemeinen Wucherbestimmung (§ 138 Abs. 2) — durch zahlreiche Sondervorschriften stark begrenzt.

a) Reichsmietengesetz (i. d. Fass. v 24. 4. 36, RGBl. I, S 380)[1]. Das Reichsmietengesetz regelt die Mietzinsbildung für die sog. billigen Altwohnungen, d. h. für Wohnungen, die vor dem 1. 7. 1918 fertiggestellt wurden und deren Jahres-Friedensmiete einen bestimmten nach Ortsklassen gestaffelten Betrag nicht übersteigt.

aa) Das Gesetz gibt jedem Vertragsteil das unverzichtbare Recht, von dem anderen Teil zu verlangen, daß vom nächsten gesetzlichen Kündigungstermin an die gesetzliche Miete gelten soll. Die Erklärung muß schriftlich innerhalb des 1. Jahres seit dem Beginn der Mietzeit erfolgen.

Die gesetzliche Miete besteht in einem bestimmten Prozentsatz der Friedensmiete, der durch die oberste Landesbehörde festgesetzt wird und mindestens 110 % der Friedensmiete betragen muß.

Die Friedensmiete ist diejenige Miete, die am 1 7. 1914 vereinbart oder üblich war

bb) Bei Streit über die Höhe der Friedensmiete wird sie vom Mieteinigungsamt (Amtsgericht) festgesetzt. Das Verfahren vor den Mieteinigungsämtern ist im 2. Abschnitt des Mieterschutzgesetzes geregelt

b) Die Preisbildungsvorschriften, insbesondere VO über das Verbot von Preiserhöhungen vom 20 10. 1936 („Preisstopverordnung", RGBl. I, 955) und 3. AusfVO v. 27 9. 37 (RGBl. I, 1127). Diese Vorschriften unterwerfen jede Erhöhung des Mietzinses der vorherigen Genehmigung durch die zuständige Preisbehörde Dies gilt auch dann, wenn der Vermieter auf Grund des Reichsmietengesetzes eine Erhöhung der augenblicklichen Miete beansprucht. Ueberhöhte Mieten können — in der Regel auf Antrag des Mieters — gesenkt werden Bei Zuwiderhandlungen gegen die Preisvorschriften ist nicht der ganze Mietvertrag nichtig, sondern nur die Preisabrede, soweit sie das zulässige Maß überschreitet (vgl. oben Seite 10)

IV. Der Abschluß des Mietvertrages.

1. Einschränkung der Vertragsfreiheit:

a) für bewegliche Sachen durch das Reichsleistungsgesetz.

Ein Abschlußzwang von Mietverträgen ist beim Vorliegen ganz bestimmter Voraussetzungen durch das Reichsleistungsgesetz (RLG) vom 1. 9. 1939, RGBl. I, 1645, geschaffen worden. Zwangsmietverträge über bewegliche Sachen können gem. §§ 3a und b, 15 Abs. 1 RLG zwischen dem Leistungspflichtigen und dem Vertragsgegner von der Bedarfsstelle ange-

[1] § 6 in der Fassung des Gesetzes vom 15 1 1941 (RGBl I S 37)

ordnet werden (vgl. RGZ 167, 285). Mangels anderer Rechtsgrundlage ist insbesondere die Zuweisung von Hausrat und Möbeln an Flüchtlinge und Ausgebombte von den Sozialämtern der Gemeinden auf das RLG gestützt worden, ohne daß jedoch immer neben der öffentlich-rechtlichen Inanspruchnahme der Abschluß eines bürgerlich-rechtlichen Vertrages verlangt worden ist[1]).

Die Weiteranwendung des RLG ist — soweit es nicht schon durch Sondergesetze, z. B KontrGes Nr. 18, überholt ist — Notbehelf (vgl. Thür. OVG in „Haus und Wohnung" 1947, 153; Meiß. SJZ 1947 S. 82 ff.)[2]).

b) für Wohnräume nach dem KontrGes Nr. 18 (Wohnungsgesetz).

Das allgemeine Erfordernis der Zustimmung zum Bezug von Wohnraum sowie die Wiedereinführung des Zwangsmietvertrages ergibt sich aus dem KontrGes Nr. 18 (Wohnungsgesetz).

Wohnraum ist jeder Raum, der gegen Witterungseinflüsse geschützt ist, über hinreichende Beleuchtung, Luft und geregelte Wasserzufuhr verfügt und für welchen sanitäre Einrichtungen im notwendigen Ausmaße zugänglich sind (Art. XII a Satz 1):

aa) Zustimmung zum Bezug von Wohnräumen.

Jedes Beziehen einer Wohnung bedarf der behördlichen Zustimmung[3]).

Dies ist im Gesetz zwar ausdrücklich nur für den erfaßten Wohnraum ausgesprochen (vgl. Art. VIII, Abs. 2 e Satz 2), ergibt sich aber zwangsläufig aus der allgemeinen Meldepflicht freiwerdender Wohnungen (Art. V Abs. 2) i. Verbdg. mit der den deutschen Wohnungsbehörden übertragenen Aufgabe, für jeden Wohnraum, sobald er durch Erfassung oder anderweitig frei wird, einen Mieter zu benennen (vgl. Art VIII Abs. 2a). Außerdem erlischt ein vor der Erfassung begründetes Rechtsverhältnis, insbesondere ein Mietvertrag, über die Benutzung des erfaßten Wohnraumes spätestens mit dem Inkrafttreten eines auf Grund des Wohnungsgesetzes zustande gekommenen neuen Rechtsverhältnisses (sog. rechtsverdrängende Wirkung der Zuweisung, Art. VIII Ziff. 2 e, Satz 1).

bb) Abschluß von Zwangsmietverträgen.

Willigt der Eigentümer nicht ein, mit dem ihm zugewiesenen Mieter einen Mietvertrag zu schließen, so kann die Wohnungsbehörde eine „Verfügung" erlassen, welche die Wirkung eines Mietvertrages hat (sog. „Zwangsmietvertrag"). Der Zwangsmietvertrag ist für die von

---

1) Vgl. KG in SJZ 1946, 174, das es als Aufgabe der Sozialämter ansieht, den durch das Wohnungsamt untergebrachten Personen den unbedingt erforderlichen Hausrat zur Verfügung zu stellen. Vgl. auch Jellinek in SJZ 1946, 175 und Schilling in SJZ 1947, 200.

2) In einzelnen Ländern ist das RLG jedoch inzwischen in vollem Umfange außer Kraft gesetzt, vgl. Zusammenstellung in „Haus und Wohnung" 1948 S 25.

3) Eine Ausnahme ist aber wohl für die Untervermietung zu machen, vgl. Brombach, „Haus und Wohnung" 1948, S. 65.

der Wohnungsbehörde festgesetzte Dauer gültig. Er muß den zu zahlenden Mietzins, sowie alle von der Wohnungsbehörde als zweckmäßig erkannten Bedingungen und Bestimmungen enthalten (Art. VIII Abs. 2 b und c) Innerhalb von 15 Tagen nach der Erfassung muß der Mietvertrag abgeschlossen und die Wohnung bezogen werden (Art. VIII Abs. 2d).

c) für gewerbliche Räume nach örtlichen Sondergesetzen

Für gewerbliche Räume, die durch das KontrGes Nr. 18 nicht erfaßt werden, bestehen teilweise örtliche Sondervorschriften, die auch eine allgemeine Bewirtschaftung anordnen[1]). Das Beziehen gewerblicher Räume ist daher ebenfalls meist genehmigungsbedürftig.

2. Form des Vertrages

Der Abschluß eines Mietvertrages über bewegliche Sachen ist formfrei. Die Grundstücks- oder Raummiete für längere Zeit als ein Jahr bedarf jedoch der Schriftform. Wird die Form nicht gewahrt, so ist der Vertrag nicht nichtig, sondern gilt als auf unbestimmte Zeit geschlossen und kann erstmals zum Schluß des ersten Vierteljahrs gekündigt werden (§ 566).

Mietverträge über Räume und Grundstücke werden auch über § 566 hinaus meist schriftlich unter Benutzung von Formularen (z. B. des reformbedürftigen deutschen Einheitsmietvertrages) geschlossen.

§ 13

Die Leistungspflichten des Vermieters

I. Der Umfang der Leistungspflicht.

(Pflicht zur Gebrauchsüberlassung und zur Instandhaltung.)

1. Allgemeines.

Der Vermieter ist verpflichtet, dem Mieter den Gebrauch der vermieteten Sache zu gewähren und sie während der Mietszeit in dem vertragsmäßigen Zustand zu erhalten (§§ 535, 536).

Der Vermieter muß also dem Mieter die tatsächliche Gebrauchsmöglichkeit an der gemieteten Sache verschaffen und während der Mietzeit den Gebrauch durch den Mieter dulden, sowie alle Instandhaltungs-Maßnahmen treffen, die dem Mieter den ungestörten Gebrauch der Mietsache ermöglichen. Um dieser Instandhaltungspflicht nachzukommen, muß er den Zustand der Mietsache laufend überprüfen.

a) Die Ueberlassungs- und Erhaltungspflicht erstreckt sich auf alle Bestandteile der vermieteten Sache und im Zweifel auch auf das Zubehör

[1]) Vgl für Berlin die für gewerbliche Räume noch weiter gültige VO über die Bewirtschaftung von Wohn- und gewerblichen Räumen vom 18 6 1945 — VOBl Groß Berlin 1945 S 34 — insbesondere § 8 d, dazu Willenbücher „Haus und Wohnung" 1947 S. 98, vgl. auch allgemein „Haus und Wohnung 1948 S 23 und 27 (Thür OVG)

Beispiel: Bei der Wohnraum-Miete werden davon erfaßt die Treppen, Durchfahrten, Flure und Kellerräume, bei Geschäftshäusern auch die Außenflächen für Reklamezwecke.

Der Mieter muß jedoch auch sehr vorsichtig sein, wenn er eine Treppe benutzt, die infolge Stromsperre oder dauernden Diebstahls der elektrischen Lampen unbeleuchtet ist (§ 254 vgl. LG Berlin „Haus und Wohnung" 1948, S. 26).

b) Der Vermieter haftet für das Verschulden dritter Personen gem. § 278, soweit der Mieter dadurch in dem vertragsmäßigen Gebrauch der Mieträume unzulässig beeinträchtigt wird.

Beispiel: Der Vermieter läßt durch einen Klempnermeister in einer Wohnung eine Reparatur an einer Gasleitung vornehmen. Die Arbeit wird schuldhafterweise fehlerhaft ausgeführt, und durch das Einatmen des ausströmenden Gases wird der Mieter der darüberliegenden Wohnung getötet. Der Vermieter haftet gem. §§ 536, 278 (vgl. RGZ 102, 231).

Dagegen haftet der Vermieter nicht ohne weiteres für das Verschulden eines anderen Mieters desselben Hauses, denn der Mieter ist im allgemeinen nicht als Erfüllungsgehilfe des Vermieters im Verhältnis zu den anderen Mietern anzusehen (vgl. RGZ 159, 32, str.).

c) Aus dem Mietvertrage haben nicht nur der Mieter selbst, sondern auch seine Hausstands-Angehörigen gegen den Vermieter ein selbständiges Recht auf gefahrlose Benutzung der Mieträume. Bei Vermietung von Geschäftsräumen besteht eine entsprechende Haftung zugunsten des Geschäftspersonals des Mieters.

Die Rechtsprechung nimmt einen stillschweigenden Vertrag zugunsten Dritter an, da dem Mieter bei Abschluß des Mietvertrages die auch dem Vermieter erkennbare Absicht unterstellt werden müsse, die Interessen der mit ihm lebenden Angehörigen nach Möglichkeit wahrzunehmen und zu diesem Zwecke ihnen hinsichtlich der gefahrfreien Beschaffenheit der Wohnräume dieselben Rechte gegen den Vermieter zu verschaffen, die ihm selbst zustehen (§ 328, vgl. als Beispiel RGZ 91, 24).

2. Lasten und Verwendungen.

Aus der Pflicht zur Gebrauchsüberlassung und Instandhaltung folgt, daß der Vermieter die auf der Mietsache ruhenden öffentlich-rechtlichen wie auch privat-rechtlichen Lasten zu tragen hat (§ 546).

Beispiel: Grund- und Gebäudesteuern, öffentliche Abgaben.

Der Vermieter muß auch dem Mieter die auf die Sache gemachten notwendigen Verwendungen ersetzen; sonstige Verwendungen nur nach den Grundsätzen der Geschäftsführung ohne Auftrag (§ 547). Die Ansprüche hierauf verjähren in 6 Monaten nach Beendigung des Mietverhältnisses (§ 558).

Eine Mängelrüge gemäß § 545 oder eine Verzugssetzung des Vermieters gemäß § 538 Abs. 2 ist für § 547 nicht erforderlich, jedoch sind unter Berücksichtigung der Zeitverhältnisse an den Begriff der notwendigen Verwendung strenge Anforderungen zu stellen (vgl. LG Berlin, „Haus und Wohnung" 1947, S. 12).

3. Haftung des Vermieters bei Nichterfüllung seiner Verpflichtungen.

Die Folgen der Nichterfüllung der vertraglichen Pflichten (Unmöglichkeit, Verzug, positive Vertragsverletzung) bestimmen sich nach den allgemeinen Lehren des Schuldrechts. Zu beachten ist jedoch, daß das Rücktrittsrecht der §§ 325, 326 insoweit ausgeschlossen ist, als ein Recht zur fristlosen Kündigung (§ 542) besteht (vgl. RGZ 105, 167; 149, 88).

Anders als beim Kauf ist die Instandhaltungspflicht eine echte Leistungspflicht des Vermieters, zu deren Durchsetzung der Mieter einen klagbaren Erfüllungsanspruch auf Herstellung oder Ausbesserung hat. Aehnlich wie beim Kauf bestehen Sondervorschriften für die Haftung des Vermieters bei Sach- und Rechtmängeln.

II. Die Haftung für Sach- und Rechtsmängel.

1. Voraussetzung der Sachmängelhaftung.

a) Der Vermieter haftet ohne Rücksicht auf ein Verschulden dafür, daß die Sache weder zur Zeit der Ueberlassung des Gebrauchs noch später während der Mietszeit mit einem Fehler behaftet ist, der ihre Tauglichkeit aufhebt oder mindert (§ 537 Abs. 1).

Beispiel: Baufälligkeit des gemieteten Hauses, Feuchtigkeit oder Ungeziefer in der gemieteten Wohnung, öffentlich-rechtliche Verbote, soweit sie in der Beschaffenheit der Mietsache und nicht bloß in der Person des Mieters begründet sind, z. B Versagung einer Schankerlaubnis wegen mangelnden Bedürfnisses (vgl. RGZ 144, 178; 147, 159).

b) Der Vermieter haftet auch dafür, daß die Sache eine zugesicherte Eigenschaft hat. Bei der Vermietung eines Grundstückes steht die Zusicherung einer bestimmten Größe der Zusicherung einer Eigenschaft gleich (§ 537 Abs. 2).

Beispiel: Zusicherung eines bestimmten Ertrages eines Restaurants oder der Belegziffer eines Hotels.

2. Voraussetzung der Rechtsmängelhaftung.

Der Vermieter haftet, wenn dem Mieter durch das Recht eines Dritten der vertragsmäßige Gebrauch der gemieteten Sache ganz oder zum Teil entzogen wird (§ 541).

Die Haftung für Rechtsmängel ist — anders als beim Kauf — entsprechend der Sachmängelhaftung geregelt. — Ein Bedürfnis für eine Rechtsmängelhaftung im Mietrecht besteht immer erst, wenn der Dritte sein Recht wirklich geltend macht (auch anders beim Kauf, vgl. S. 18).

Beispiel: Die vermietete Sache ist mit einem Nießbrauch eines Dritten belastet. der daraus Ansprüche erhebt.

3. Durchführung der Haftung.

Ist die vermietete Sache mit einem Sach- oder Rechtsmangel behaftet, so ergibt sich daraus für den Mieter folgende Rechtslage:

a) Der Mieter kann auf Erfüllung klagen und verlangen, daß der zum vertragsmäßigen Gebrauch erforderliche Zustand hergestellt oder die zugesicherte Eigenschaft beschafft wird (§ 536).

Kommt der Vermieter mit der Beseitigung des Mangels in Verzug — wozu es regelmäßig einer besonderen Mängelanzeige und Aufforderung zur Mängelbeseitigung bedarf (§ 545) —, so kann der Mieter den Mangel selbst beseitigen und Ersatz seiner Aufwendungen verlangen (§§ 538 Abs. 2, 541, 256, 257).

Der Anspruch auf Ersatz der Verwendungen verjährt in 6 Monaten nach Beendigung des Mietverhältnisses (§ 558).

b) Der Mieter ist für die Zeit, während der die Tauglichkeit aufgehoben ist, von der Mietzahlung ganz befreit (z. B. Zerstörung der Wohnung durch Kriegsschaden); für die Zeit der Minderung der Tauglichkeit ist er teilweise befreit (§§ 537, 541).

Die Befreiung bzw. Minderung tritt — anders als beim Kauf — kraft Gesetzes ein. Die Minderung berechnet sich in entsprechender Anwendung der Kaufvorschriften (§§ 471, 472), d. h. der Mietzins ist in dem Verhältnis herabzusetzen, in dem zur Zeit des Abschlusses des Mietvertrages der Wert der Gebrauchsnutzung der Sache im mangelfreien Zustand zum Wert der Gebrauchsnutzung im mangelhaften Zustand gestanden haben würde (vgl. RGZ 147, 161)

c) Der Mieter kann — statt die unter b) besprochenen Rechte geltend zu machen — Schadenersatz wegen Nichterfüllung verlangen (§§ 538 Abs. 1, 541), wenn

aa) der Mangel schon bei Vertragsschluß vorhanden war;

Damit begründet das Gesetz weitergehend als beim Kauf (§ 463) eine gesetzliche Garantiehaftung des Vermieters ohne Rücksicht auf dessen Verschulden.

bb) ein Mangel nach Vertragsschluß eintritt infolge eines Umstandes, den der Vermieter zu vertreten hat;

cc) der Vermieter mit der Beseitigung des Mangels in Verzug kommt.

Zu a) bis c): Beachte die Sonderbestimmung in § 28 MSchG für die unter Mieterschutz fallenden Mietverhältnisse.

d) Der Mieter kann das Mietverhältnis fristlos kündigen, wenn ihm der vertragsmäßige Gebrauch der Mietsache ganz oder teilweise nicht rechtzeitig gewährt oder wieder entzogen wird (§ 542).

Neben § 542 können auch die Rechte aus §§ 537 und 538 geltend gemacht werden.

Das Kündigungsrecht setzt voraus, daß der Vermieter eine ihm vom Mieter gesetzte Frist hat verstreichen lassen, ohne Abhilfe zu schaffen (§ 542 Abs. 1).

Eine Fristsetzung ist nicht erforderlich, wenn die Abhilfe endgültig und ernstlich verweigert wird, binnen angemessener Frist unmöglich ist oder wenn der Mieter an der Erfüllung des Vertrages wegen des Kündigungsgrundes kein Interesse mehr hat.

Bei einer unerheblichen Hinderung oder Vorenthaltung des Gebrauchs muß ein besonderes Interesse die Kündigung des Mieters rechtfertigen (§ 542 Abs. 2).

Ein Verschulden des Vermieters ist für das Kündigungsrecht des Mieters nicht erforderlich, es ist aber ausgeschlossen, wenn die Gebrauchsunmöglichkeit auf ein Verschulden des Mieters zurückgeht (vgl. RGZ 98, 286).

4. Ausschluß der Haftung.

a) Die Haftung des Vermieters für Sach- und Rechtsmängel (§§ 537, 538, 541) und das Recht zur fristlosen Kündigung (§ 542) sind ausgeschlossen.

aa) wenn der Mieter den Sach- oder Rechtsmangel bei Abschluß des Vertrages kannte (§ 539). Bei Sachmängeln schadet auch die grobfahrlässige Unkenntnis, ausgenommen bei Arglist oder zugesicherter Eigenschaft,

bb) wenn der Mieter auf die Geltendmachung des Mangels verzichtet hat,

Der Verzicht liegt kraft Gesetzes in der vorbehaltlosen Annahme der mangelhaften Sache (§§ 539 Satz 2, 464). Er kann sich aber auch aus den Umständen ergeben, insbesondere aus widerspruchsloser Fortsetzung des Mietvertrages oder Zahlung des Mietzinses (vgl. RG JW 36, 2706).

cc) wenn der Mieter die (gemäß § 545 Abs. 1) erforderliche Mängelanzeige unterläßt und der Vermieter infolge der Unterlassung der Anzeige außerstande war, Abhilfe zu schaffen (§ 545 Abs. 2).

dd) wenn der Mieter den Mangel selbst verschuldet hat (vgl. RGZ 98, 286).

b) Vertraglich kann die Mängelhaftung oder das Recht des Mieters zur fristlosen Kündigung erweitert oder beschränkt werden. Jedoch ist ein Erlaß oder eine Einschränkung der Befugnisse des Mieters nichtig, wenn der Vermieter einen Mangel arglistig verschweigt (§§ 540, 541).

5. Sondervorschrift bei gesundheitsgefährdenden Räumen.

Der Mieter eines Wohnraumes oder eines anderen zum Aufenthalt von Menschen bestimmten Raumes (z. B. Laden, Büro, Werkstatt) kann das Mietverhältnis fristlos kündigen, wenn die Benutzung der Räume mit einer erheblichen Gefährdung der Gesundheit verbunden ist (§ 544).

Dieses Recht ist unverzichtbar, es bedarf weder einer Abhilfefrist nach § 542 noch einer Anzeige nach § 545. Es muß aber ausgeschlossen sein, wenn der Mieter den Zustand verschuldet hat (vgl. RGZ 51, 210).

6. Verhältnis der mietrechtlichen Gewährleistungsvorschriften zu den allgemeinen Vorschriften.

a) Die Abgrenzung der Gewährleistungsvorschriften zu den allgemeinen Vorschriften ist bei der Miete weniger schwierig als beim Kauf Die allgemeinen Vorschriften, insbes. §§ 323 ff., finden nur insoweit keine Anwendung, als die §§ 537 ff. entgegenstehen, im übrigen können sie zu deren Ergänzung herangezogen werden. So ist z. B. § 323 anwendbar wenn der Vermieter die nachträgliche Unmöglichkeit nicht verschuldet hat (vgl. RGZ 89, 205; 146, 64; 157, 367).

Ueber das Verhältnis von § 326 zu dem Kündigungsrecht (§ 542), vgl oben I, 3.

b) Das Anfechtungsrecht wegen Irrtums (§ 119 Abs. 2) wird — anders als beim Kauf — durch die mietrechtlichen Gewährleistungsvorschriften nicht ausgeschlossen (vgl. RGZ 157, 174).

c) Auch Ansprüche aus unerlaubter Handlung können dem Mieter neben den Gewährleistungsansprüchen zustehen (vgl. RGZ 90, 65 ff.).

§ 14

Die Leistungspflichten des Mieters

I. Pflicht zur Zahlung des Mietzinses.

Die Hauptpflicht des Mieters ist die Pflicht zur Zahlung des Mietzinses (§ 535).

1. Umfang der Mietzahlungspflicht.

a) Der Mietzins ist am Ende der Mietzeit zu entrichten. Ist der Mietzins nach Zeitabschnitten bemessen, so ist er nach Ablauf der einzelnen Zeitabschnitte zu entrichten. Bei Grundstücken ist der Mietzins nach Ablauf je eines Kalendervierteljahres zu entrichten (§ 551).

Vertraglich wird jedoch häufig Vorauszahlung des Mietzinses vereinbart, insbesondere in Großstädten. Mietschulden sind grundsätzlich Bringschulden (vgl. RGZ 140, 70).

b) Der Mieter muß den Mietzins auch zahlen, wenn er „aus in seiner Person liegenden Gründen" die Mietsache nicht gebrauchen konnte. Der Vermieter muß sich jedoch die ersparten Aufwendungen sowie Vorteile aus anderweitiger Verwertung anrechnen lassen (§ 552).

Beispiel: Der Untermieter ist zur Weiterzahlung des Mietzinses verpflichtet wenn er sich einer Krankenhausbehandlung unterziehen muß. Er kann jedoch die vom Vermieter für Licht, Heizung, Bettwäsche und Morgenkaffee ersparten Aufwendungen abziehen.

c) Der Anspruch auf den Mietzins verjährt regelmäßig in 4, bei gewerblicher Vermietung beweglicher Sachen in 2 Jahren seit dem auf die Fälligkeit folgenden Jahresschluß (§§ 196 Ziff. 6, 197, 201).

2. Kündigungsrecht des Vermieters bei Zahlungsverzug des Mieters.

Der Vermieter kann das Mietverhältnis fristlos kündigen, wenn der Mieter für zwei aufeinander folgende Termine mit der Mietzinszahlung ganz oder mit einem — nicht bloß geringfügigen — Teil in Verzug ist. Die Kündigung ist ausgeschlossen, wenn der Mieter den Vermieter vor der Kündigung befriedigt. Sie wird unwirksam, wenn der Mieter von seiner Schuld sich durch Aufrechnung befreien konnte und unverzüglich nach der Kündigung die Aufrechnung erklärt (§ 554).

Im Bereich des Mieterschutzrechtes ist § 554 durch die Sonderbestimmung von § 3 MSchG ersetzt (vgl. unten Seite 69).

II. Die Obhutspflicht.

Der Mieter darf von der Mietsache nur den vertragsmäßigen Gebrauch machen. Dabei trifft ihn eine Obhutspflicht an der Mietsache, die zu schonendem und pfleglichem Gebrauch verpflichtet.

1. Umfang der Obhutspflicht.

a) Die Obhutspflicht erstreckt sich auf die gemietete Sache und das Zubehör, bei Raum- oder Grundstücksmiete auch auf die mit anderen Mietern gemeinsam benutzten Räume.

Beispiel: Pfleglich sind auch die Flure, Treppen und die Waschküche zu behandeln. Vor einer Reise sind die Schlussel abzugeben, im Winter Frostschäden nach Möglichkeit zu verhindern.

b) Der Mieter haftet für jedes Verschulden, außer für solche Veränderungen oder Verschlechterungen, die durch den vertragsmäßigen Gebrauch herbeigeführt werden (§ 548).

Beispiel: Vertragsmäßiger Gebrauch: Abnutzung der Tapeten, Ausbrennen der Oefen, in beschränkten Grenzen Einschlagen von Nägeln in die Mauer. Vertragswidriger Gebrauch: Einschleppen von Ungeziefer.

c) Der Mieter haftet auch für Verschulden seiner Erfüllungsgehilfen (Angehörige, Hausangestellte und Untermieter), d. h. für alle, die mit seinem Einverständnis Zugang zur Mietsache haben.

Beispiel: Der Mieter eines Wohnraumes haftet, wenn einer seiner Angestellten die Wasserleitung nicht ordnungsgemäß abstellt und durch die eintretende Ueberschwemmung die Räume beschädigt werden (vgl. RGZ 84, 222; auch RGZ 87, 276; 106, 133).

2. Die Anzeigepflicht.

Aus der Obhutspflicht ergibt sich eine allgemeine Anzeigepflicht des Mieters, wenn sich im Laufe der Mietzeit ein Mangel der gemieteten Sache zeigt, eine Vorkehrung zum Schutz der Sache gegen eine nicht vorhergesehene Gefahr erforderlich wird oder sich ein Dritter ein Recht an der Sache anmaßt (§ 545).

3. Erlaubnispflicht zur Untervermietung.

Der Mieter darf ohne Zustimmung des Vermieters die gemietete Sache nicht einem Dritten überlassen, insbesondere sie nicht untervermieten (§ 549).

Die planmäßige Versagung der Untervermietung kann jedoch eine positive Vertragsverletzung darstellen (vgl. RGZ 138, 359).

a) Verweigert der Vermieter die Erlaubnis, so kann der Mieter das Mietverhältnis unter Innehaltung der gesetzlichen Kündigungsfrist kündigen, sofern nicht in der Person des Dritten ein wichtiger Grund vorliegt.

Im Bereich des Mieterschutzrechtes kann der Vermieter die Erlaubnis zur Untervermietung nur aus wichtigem Grund weigern. Liegt ein solcher nicht vor, so kann das Mieteinigungsamt die Erlaubnis ersetzen (§ 29 MSchG).

b) Bei erlaubter Gebrauchsüberlassung haftet der Mieter für jedes Verschulden des Dritten, bei unerlaubter auch für zufällige Schäden, welche durch die Aufnahme des Dritten entstehen.

4. Rechtsfolgen bei Verletzung der Obhutspflicht.

Macht der Mieter von der Sache einen vertragswidrigen Gebrauch oder verletzt er seine Obhutspflicht, so hat der Vermieter folgende Rechte:

a) Er kann bei schuldhaftem Verhalten des Mieters Schadenersatz verlangen.

Dies ist für die (schuldhafte) Unterlassung der Anzeigepflicht noch ausdrücklich ausgesprochen (§ 545 Abs. 2 Satz 1).

Die Ansprüche verjähren in 6 Monaten nach Rückgabe der Sache (§ 558).

b) Er kann auf Unterlassung klagen, wenn der Mieter trotz Abmahnung den vertragswidrigen Gebrauch fortsetzt (§ 550).

c) Er kann fristlos kündigen, wenn der Mieter trotz Abmahnung einen vertragswidrigen Gebrauch fortsetzt, der die Rechte des Vermieters in erheblichem Maße verletzt oder die Sache durch Vernachlässigung der Sorgfaltspflicht erheblich gefährdet (§ 553).

Neben der Kündigung kann der Vermieter bei schuldhaftem Verhalten des Mieters auch Schadenersatzansprüche erheben (vgl. RGZ 76, 367).

Im Bereich des Mieterschutzrechtes ist § 553 durch § 2 MSchG ersetzt (vgl. unten Seite 69).

III. Die Rückgabepflicht.

Der Mieter ist verpflichtet, die gemietete Sache nach Beendigung des Mietverhältnisses zurückzugeben (§ 556 Abs. 1).

1. Umfang der Rückgabepflicht.

a) Die Rückgabe der Sache hat einschl. sämtlichen Zubehörs (z. B. Schlüssel, auch der vom Mieter selbst hergestellten) in ordnungsgemäßem Zustande zu erfolgen. Eine Einrichtung, mit der der Mieter die Sache versehen hat, kann er unter Wiederherstellung des früheren Zustandes wegnehmen (§§ 547 Abs. 2, 258).

Das Wegnahmerecht erstreckt sich auch auf eingebaute Maschinen, Lichtanlagen, Fenster — zeitbedingt auch Fensterscheiben —. Unerheblich ist, ob die Gegenstände wesentlicher Bestandteil geworden sind oder nicht (vgl. RGZ 106, 49, OLG Stuttgart SJZ 47, 615).

Das Wegnahmerecht unterliegt der 6monatigen Verjährungsfrist nach Beendigung des Mietverhältnisses (§ 558).

(Ueber Ersatz von Verwendungen, vgl. § 547 Abs. 1 oben Seite 54).

b) Ein Zurückbehaltungsrecht steht dem Mieter eines Grundstücks, einer Wohnung oder sonstigen Raumes wegen seiner Ansprüche gegen den Vermieter nicht zu (§ 556 Abs. 2).

Bei beweglichen Sachen ist also ein Zurückbehaltungsrecht möglich; ebenso auch, wenn der Vermieter das Grundstück usw. nicht auf Grund des Mietvertrages, sondern seines Eigentums zurückfordert (vgl. RGZ 85, 133; 160, 90).

2. Rückgabepflicht des „Dritten"

Hat der Mieter den Gebrauch der Sache einem Dritten überlassen, so kann der Vermieter die Sache nach Beendigung des Mietverhältnisses auch von dem Dritten zurückfordern (§ 556 Abs. 3).

Der Vermieter erhält damit einen selbständigen Herausgabeanspruch gegen den Dritten, unabhängig von einem etwaigen Eigentumsanspruch. Verfahrensrechtlich bedarf es jedoch zur Verurteilung des Dritten eines besonderen Titels, da das Urteil gegen den Mieter nicht unmittelbar gegen den Dritten wirkt.

3. Vorenthaltung der Mietsache.

Gibt der Mieter die gemietete Sache nach der Beendigung des Mietverhältnisses nicht zurück, so kann der Vermieter für die Dauer der Vorenthaltung als Entschädigung den vereinbarten Mietzins verlangen (§ 557).

Der vereinbarte Mietzins stellt gleichsam den Mindestbetrag dar, den der Vermieter ohne Rücksicht auf ein Verschulden des Mieters oder einen tatsächlich eingetretenen Schaden beanspruchen kann. Die Geltendmachung eines weiteren Schadens ist daher nicht ausgeschlossen, jedoch muß dann die Höhe dieses Schadens und ein Verschulden des Mieters nachgewiesen werden (vgl. RGZ 99, 230).

§ 15

Das Pfandrecht des Vermieters

Der Vermieter eines Grundstückes bzw. eines Wohnraumes oder sonstigen Raumes hat für seine Forderungen aus dem Mietverhältnis ein gesetzliches Pfandrecht an den eingebrachten Sachen des Mieters (§ 559).

I. Gegenstand und Umfang des Pfandrechts.

1. Das Pfandrecht erstreckt sich auf alle eingebrachten Sachen des Mieters.

a) Zu den eingebrachten Sachen gehören auch Geld und Inhaberpapiere nicht aber die sog. Namens- oder Legitimationspapiere (Hypothekenbriefe Sparkassenbücher, Versicherungspolicen) (vgl. RGZ 132, 116).

b) Die Sachen müssen im Allein- oder Miteigentum des Mieters stehen.

Dem Pfandrecht unterliegen daher nicht Sachen der Ehefrau (es sei denn, daß sie den Mietvertrag mitunterzeichnet hat) oder der Kinder des Mieters sowie des Untermieters. An den unter Eigentumsvorbehalt gekauften Sachen entsteht das Vermieterpfandrecht erst mit dessen Fortfall (vgl. RGZ 60, 73).

Ein gutgläubiger Erwerb des Vermieterpfandrechts ist nicht möglich, weil dem Vermieterpfandrecht als besitzlosem, gesetzlichem Pfandrecht der Verkehrsschutz versagt ist (vgl. § 1257; § 1207 nicht anwendbar).

c) Die Sachen müssen pfändbar sein.

Die unpfändbaren Sachen (vgl. § 811 ZPO) sind dem Pfandrecht nicht unterworfen, auch ein vertragliches Zurückbehaltungsrecht kann an ihnen nicht vereinbart werden.

2. Das Pfandrecht besteht für alle Forderungen aus dem Mietverhältnis, also nicht nur für Mietzins- und Entschädigungsforderungen, sondern auch für Kosten von Räumungsprozessen, Vertragsstrafen oder für Nebenleistungen (Aufwartung, Frühstück, Strom und Heizung). Es erstreckt sich aber nicht auf künftige Entschädigungsforderungen und Mietforderungen für eine spätere Zeit als das laufende und folgende Mietjahr. Rückstände werden unbeschränkt vom Vermieterpfandrecht erfaßt, können jedoch gegenüber einem anderen pfändenden Gläubiger oder im Konkurs des Mieters nur für das letzte Jahr vor der Pfändung geltend gemacht werden (§§ 563 BGB, 49 Ziff. 2 KO).

II. Erlöschen des Pfandrechts.

1. Entfernung der Sachen und Widerspruchsrecht des Vermieters.

Das Pfandrecht des Vermieters erlischt mit der Entfernung der Sachen von dem Grundstück (nicht bloß aus dem Mietraum), ausgenommen, wenn sie ohne Wissen oder unter Widerspruch des Vermieters erfolgt (§ 560).

Keine Entfernung i. S. v. § 560 ist die Pfändung und Fortschaffung durch den Gerichtsvollzieher. Da der Vermieter nicht im Besitz der Sache ist, kann er der Pfändung nicht widersprechen (§ 771 ZPO), sondern nur vorzugsweise Befriedigung fordern (§ 805 ZPO).

Der Widerspruch des Vermieters ist jedoch ausgeschlossen,

a) wenn die Entfernung im regelmäßigen Geschäftsbetriebe des Mieters erfolgt (z. B. Verkauf von Waren in einem Geschäft);

b) wenn die Entfernung den gewöhnlichen Lebensverhältnissen entspricht (z. B. Weggabe von Sachen zur Reparatur);

c) wenn die zurückbleibenden Sachen zur Sicherung des Vermieters offenbar ausreichen, d. h. ohne genauere Prüfung ersichtlich ist, daß der Vermieter durch sie wertmäßig genügend gesichert ist.

2. Ablauf der Monatsfrist.

Hat der Mieter die Sache ohne Wissen oder unter Widerspruch des Vermieters entfernt, so erlischt das Pfandrecht, wenn der Vermieter nicht vor Ablauf eines Monats nach Kenntnis von der Entfernung der Sachen den Anspruch gerichtlich geltend macht (§ 561 Abs. 2 Satz 2). Die Erwirkung einer einstweiligen Verfügung ist ausreichend.

Nach Ablauf der Monatsfrist können dem Vermieter u. U. noch Ansprüche aus § 823 oder bei Verkauf des Gegenstandes an dem Erlös aus § 816 zustehen (vgl. RGZ 119, 265 ff.).

3. Sicherheitsleistung des Mieters.

Der Mieter kann die Geltendmachung des Pfandrechtes durch Sicherheitsleistung abwenden oder Einzelstücke auslösen (§ 562).

4. Sonstige Erlöschensgründe.

a) Neben den besonderen Erlöschensgründen der §§ 560 ff. gelten die allgemeinen gesetzlichen Bestimmungen über das Erlöschen der rechtsgeschäftlich bestellten Pfandrechte, die gemäß § 1257 entsprechende Anwendung finden.

So erlischt das Pfandrecht insbesondere durch Versteigerung der Pfandsache (§ 1242 Abs. 2), durch Erlöschen der Forderung (§ 1252) und durch Aufgabe des Pfandrechts (§ 1255).

b) Außerdem kann das Pfandrecht auch dadurch erlöschen, daß ein Dritter gutgläubig den Gegenstand erwirbt (§ 936). Erfolgt die Veräußerung aber noch auf dem Grundstück selbst, so wird regelmäßig ein gutgläubiger Erwerb nicht vorliegen; der Erwerber handelt grob fahrlässig, wenn er wegen des Vermieterpfandrechts nicht nachforscht.

III. Ausübung des Pfandrechts.

1. Selbsthilferecht und Rückschaffungsanspruch (§ 561).

a) Der Vermieter kann die unbefugte Entfernung der seinem Pfandrecht unterliegenden Sachen mit Gewalt verhindern, bzw. wenn der Mieter auszieht, die Sachen in Besitz nehmen (sog Selbsthilferecht).

Er kann selbstverständlich auch, statt die Selbsthilfe auszuüben, eine einstweilige Verfügung erwirken.

b) Nach der unbefugten Entfernung der Sachen kann der Vermieter nur noch im Klagewege die Herausgabe der Sachen zum Zwecke der Zurückschaffung und — wenn der Mieter ausgezogen ist — die Ueberlassung des Besitzes verlangen. Der binnen Monatsfrist gerichtlich geltend zu machende Anspruch (vgl. oben II, 2) besteht auch gegenüber einem bösgläubigen Dritten und unbeschränkt gegenüber dem neuen Vermieter.

2. Befriedigung des Vermieters.

Die Befriedigung des Vermieters erfolgt nach den Vorschriften des Pfandverkaufs (§§ 1228 ff.). Der Vermieter wird regelmäßig auf die Herausgabe der Sachen zum Zwecke der Pfandverwertung Klage zu erheben haben, falls er sich nicht schon vorher in den Besitz der Sachen gesetzt hat Es bleibt ihm aber auch unbenommen, die Forderung einzuklagen und sich im Wege der Zwangsvollstreckung (Pfändung durch den Gerichtsvollzieher) aus den Sachen zu befriedigen.

§ 16

Die Beendigung des Mietverhältnisses nach dem BGB

Die Regelung des BGB hinsichtlich der Beendigung des Mietverhältnisses beruht auf dem Grundsatz des freien Kündigungsrechts der Parteien Zugunsten des Mieters ist das Kündigungsrecht des Vermieters jedoch durch das Mieterschutzgesetz weitgehend ausgeschlossen (vgl. unten S. 68), so daß die Vorschriften des BGB hier nur noch hilfsweise herangezogen werden können. Sie finden dagegen unbeschränkt Anwendung auf die Vermietung beweglicher Sachen, für die das Mieterschutzgesetz nicht gilt.

I. Beendigung durch Zeitablauf.

Ist das Mietverhältnis für eine bestimmte Zeit eingegangen, so endet es mit deren Ablauf, ohne daß es einer Kündigung bedarf (§ 564 Abs. 1).

Beispiel: Miete eines Buches für 2 Wochen, eines Ladengeschäftes in einem Badeort für die Saison

Im Bereich des Mieterschutzrechtes ist § 564 Abs. 1 durch § 1 Abs. 2 MSchG ersetzt (vgl. unten Seite 69 und § 25 MSchG).

II. Beendigung durch ordentliche Kündigung.

Ist das Mietverhältnis auf eine unbestimmte Zeit geschlossen, so muß es durch Kündigung beendet werden (§ 564 Abs. 2).

1. Die Kündigung (Allgemeines).

Die Kündigung ist eine einseitige empfangsbedürftige Willenserklärung. Sie beendigt das Mietverhältnis zu einem bestimmten Termin (Kündigungstermin) und muß in der Regel eine bestimmte Frist vorher erklärt werden (Kündigungsfrist). Sie bedarf keiner besonderen Form und kann nicht unter einer Bedingung erfolgen. Sie bedarf nicht der Angabe eines Grundes, doch kann im Einzelfalle auch in der Kündigung eine mißbräuchliche Rechtsausübung liegen. Ist die Kündigung verspätet, so wirkt sie für den nächsten zulässigen Termin, wenn ein dahingehender Wille des Kündigenden den Umständen nach anzunehmen ist. Bei mehreren Mietern bzw. Vermietern kann die Kündigung nur von und gegen alle erfolgen (vgl. RGZ 138, 183).

2. Die gesetzlichen Kündigungsfristen.

Haben die Parteien keine Kündigungsfristen vereinbart, so gelten die gesetzlichen Kündigungsfristen des § 565 (sog. ordentliche Kündigung).

Im Bereich des Mieterschutzrechtes gelten die gesetzlichen Kündigungsfristen nur, wenn außerdem ein besonderer Aufhebungsgrund vorliegt (vgl. §§ 1, 5 MSchG).

a) Bei Grundstucken, Wohnräumen und anderen Räumen richten sich die Kündigungsfristen nach der zeitlichen Bemessung des Mietzinses.

aa) Ist der Mietzins nach einem längeren Zeitraum als nach Monaten bemessen, so ist die Kündigung nur für den Schluß eines Kalendervierteljahrs zulässig und hat spätestens an dessen drittem Werktage zu erfolgen.

Diese Vorschrift ist durch das Gesetz über die Auflockerung der Kündigungstermine vom 24. 3. 38 (RGBl. I, 306) für Wohn- und solche Geschäftsräume, die Bestandteile einer Wohnung sind, dahin abgeändert, daß die Kündigung — unter Einhaltung einer 3monatigen Frist — nunmehr für den Schluß jedes Kalendermonats zulässig ist.

bb) Ist der Mietzins nach Monaten bemessen, so ist die Kündigung nur zum Schluß des Kalendermonats zulässig und hat spätestens am 15. zu erfolgen, bei Bemessung nach Wochen zum Wochenende am 1. Werktage, bei Bemessung nach Tagen von einem Tag zum anderen.

b) Bei beweglichen Sachen muß die Kündigung spätestens am 3. Tage vor dem beabsichtigten Ende des Mietverhältnisses erfolgen. Ist der Mietzins nach Tagen bemessen, so ist auch hier die Kündigung von einem Tag zum anderen zulässig.

III. Beendigung durch vorzeitige Kündigung.

Mietverhältnisse, die auf bestimmte Zeit geschlossen sind oder bei denen die gesetzliche Kündigungsfrist verlängert oder ausgeschlossen ist, können unter bestimmten Voraussetzungen vorzeitig gekündigt werden. Das Gesetz knüpft dieses Recht jedoch an die Innehaltung der vierteljährlichen (bzw. 3monatigen) Kündigungsfrist bei Grundstücken oder der 3tägigen Kündigungsfrist bei beweglichen Sachen (§ 565 Abs 4).

Es können kündigen:

1. Der Mieter und Vermieter bei Mietverträgen über 30 Jahren nach Ablauf dieser Zeit, außer wenn der Vertrag für Lebenszeit eines der Beteiligten abgeschlossen ist (§ 567);

   Im Bereich des Mieterschutzrechtes gilt dieses Kündigungsrecht für den Vermieter nicht (vgl. unten Seite 69).

2. die Erben des Mieters und der Vermieter beim Tode des Mieters (§ 569);

   Im Bereich des Mieterschutzrechtes ist das Kündigungsrecht des Vermieters durch § 19 MSchG stark eingeschränkt.

3. der Mieter, wenn der Vermieter grundlos die Untervermietung weigert (§ 549 Abs. 1, vgl. oben Seite 60);
4. der Mieter, wenn er eine Militärperson, Beamter, Geistlicher oder Lehrer ist und nach einem anderen Orte versetzt wird (§ 570);
5. der Konkursverwalter und der Vermieter beim Konkurs des Mieters, dem die Sache schon überlassen ist (§§ 19 KO, 26 MSchG).

Vgl. auch §§ 1056 BGB, 57a ZVG, 51 Abs. 2 Vgl. O.

IV. Beendigung durch fristlose Kündigung.

Die fristlose Kündigung des Mietverhältnisses ist nur in folgenden Fällen zulässig.

1. Fristloses Kündigungsrecht des Vermieters.

a) Bei vertragswidrigem Gebrauch der Mietsache durch den Mieter (§ 553 BGB — vgl. oben Seite 60 — § 2 MSchG — vgl. unten Seite 69).

b) Verzug des Mieters mit der Mietzinszahlung (§ 554 BGB — vgl. oben Seite 59 — § 3 MSchG — vgl. unten Seite 69).

2. Fristloses Kündigungsrecht des Mieters.

a) Bei Nichtgewährung oder Entziehung des vertragsgemäßen Gebrauches (§ 542 — vgl. oben Seite 56).

b) Bei erheblich gesundheitsgefährdender Beschaffenheit der gemieteten Räume (§ 544 vgl. oben Seite 57).

3. Fristloses Kündigungsrecht für Vermieter und Mieter.

Außerhalb der gesetzlichen Kündigungsgründe hat die Rechtsprechung bei Mietverhältnissen, die ein dauerndes persönliches Zusammenwirken der Beteiligten mit sich bringen, ein Recht zur fristlosen Kündigung aus wichtigem Grunde zugebilligt. Es besteht insbesondere, wenn aus persönlichen Gründen, z. B. Verfeindung, Zerstörung des gegenseitigen Vertrauens, der einen Partei die Fortsetzung des Mietverhältnisses mit der anderen nicht mehr zugemutet werden kann (vgl RGZ 94, 235).

V. Stillschweigende Verlängerung des Mietverhältnisses.

1. Das Mietverhältnis gilt als auf unbestimmte Zeit verlängert, wenn der Mieter den Gebrauch der Mietsache nach Ablauf der Mietzeit fortsetzt. Die Verlängerung tritt nicht ein, wenn Mieter oder Vermieter ihren entgegenstehenden Willen binnen einer Frist von zwei Wochen dem anderen gegenüber erklären (Näheres § 568).

2. Die Verlängerung des Mietverhältnisses bewirkt, daß der Vertrag mit seinem alten Inhalt fortbesteht, nur ist im Hinblick auf die Fortsetzung auf unbestimmte Zeit die Kündigung nach § 565 zulässig.

VI. Sondervorschriften.

1. VO über die Einwirkung von Kriegssachschäden an Gebäuden auf Miet- und Pachtverhältnisse vom 28. 9. 43 (sog. „EinwirkungsVO" RGBl. I 546).

Ein Erlöschen von Mietverhältnissen tritt nach § 1 der o. a. VO ein, wenn das Gebäude, in dem sich der vermietete Raum befunden hat, infolge Kriegsschaden zerstört ist, oder wenn der Raum nicht nur vorübergehend unbenutzbar ist und eine Instandsetzung nicht innerhalb eines Jahres nach Eintritt des Schadens in Angriff genommen worden ist[1]).

2. VO über die Behandlung der Ehewohnung und des Hausrats nach der Scheidung vom 21. 10. 1944 (6. DVO zum Ehegesetz, RGBl. I, 256) Diese Verordnung[2]) gibt dem Richter u. a. die Befugnis, die Rechtsverhältnisse an der Wohnung nach den Umständen des Einzelfalles, insbesondere unter Berücksichtigung des Wohls der Kinder und der Ursachen der Eheauflösung zu gestalten. Der Richter ist in seiner Entscheidung unabhängig von den Mietverträgen, wie sie vor der Scheidung bestanden (vgl. Näheres §§ 3—6).

---

[1]) Diese VO gilt neben dem KontrG Nr. 18 (Wohnungsgesetz) noch hinsichtlich der § 1 Abs. 2 und 3, §§ 5—7 Abs. 1; vgl. näheres „Haus und Wohnung" 1947 S. 170 und Spitznas DRZ 1947 S. 364.

[2]) Diese VO gilt auch trotz Inkrafttretens des KontrG. Nr. 16 (Ehegesetz), vgl. Israel „Haus und Wohnung" 1947 S. 50, h. L.

§ 17

Das Mieterschutzgesetz

Das Mieterschutzgesetz (i. d. Fassg. v. 15. 12. 1942 — RGBl. I, 712) beseitigt das freie Kündigungsrecht des Vermieters für die ihm unterstellten Miet- und Pachtverhältnisse. Sein Anwendungsgebiet ist sehr umfassend.

I. Geltungsbereich.

1. Das Mieterschutzgesetz gilt für Miet- und Pachtverhältnisse über Wohn- und Geschäftsräume jeder Art und für gewerblich genutzte unbebaute Grundstücke (§§ 1 Abs. 1, 36)[1]).

Der Schutz erstreckt sich auch auf die Verpachtung gewerblicher Unternehmen, z. B. einer Apotheke, außer wenn die Ueberlassung der Räume im Vergleich zur Verpachtung anderer Gegenstände, z. B. Betriebsrechten, völlig nebensächlich ist (vgl. RGZ 168, 46; OLG Freiburg DRZ 47, 184).

Dem Mieterschutz unterliegen auch die Mietverträge über Wohnräume, die auf Grund der Zuweisung durch das Wohnungsamt nach dem KontrG. Nr. 18 freiwillig oder als Zwangsverträge zustandegekommen sind. Soweit frühere Einweisungen auf Grund des RLG erfolgt sind, kann kein Unterschied bestehen (bestr. vgl. LG Essen, SJZ 1946, 228, LG Duisburg, SJZ 1947, 199 m. Anm.)[2]).

2. Bestimmte Mietverhältnisse, bei denen ein Schutzbedürfnis des Mieters nicht besteht oder wegen eines höherwertigen Interesses nicht anerkannt werden kann, sind vom Mieterschutz ganz oder teilweise ausgenommen.

Die wichtigsten Fälle sind:

a) Mietverhältnisse über Räume, die nur mit Rücksicht auf ein zwischen den Vertragsteilen bestehendes Dienst- oder Arbeitsverhältnis vermietet sind (z. B. Hausmeisterwohnung), sofern der Mieter durch sein Verhalten dem Vermieter begründeten Anlaß zur Aufhebung des Dienst- oder Arbeitsverhältnisses gegeben hatte oder der Vermieter nach Beendigung des Dienst- oder Arbeitsverhältnisses den Mietraum aus besonderen Gründen — insbesondere für den Nachfolger in dem Dienst- oder Arbeitsverhältnis — dringend benötigt (vgl. Näheres §§ 20 ff.).

b) Mietverhältnisse über Gebäude oder Gebäudeteile, die im Eigentum oder in der Verwaltung des früheren Reiches oder eines Landes stehen und

---

1) Vgl. aber die VO über Aenderungen des Mieterschutzrechts v. 7. 11. 1944 (RGBl. I. 319), die gewisse Lockerungen bei kriegsbedingter Gebrauchshinderung bringt.

2) Vgl. auch die hessische Novelle zum Mieterschutzrecht v. 23. 11. 1946 (SJZ 1947 S. 43 und 375), die jedes Wohnverhältnis, auch das sog. „öffentlich-rechtliche" dem Mieterschutz unterstellt.

öffentlichen Zwecken oder zur Unterbringung von Angehörigen der Reichs- oder Landesverwaltung zu dienen bestimmt sind oder bestimmt werden. Bei Gebäuden der Gemeinden oder sonstigen öffentlich-rechtlichen Körperschaften usw. entfällt der Mieterschutz nur, soweit die Räume für eigene Zwecke dringend benötigt werden (vgl. Näheres § 32)[1]).

c) Untermietverhältnisse, außer wenn der Untermieter die Räume ganz oder überwiegend mit Einrichtungsgegenständen ausgestattet hat oder wenn er in den Mieträumen mit seiner Familie eine selbständige Wirtschaft oder Haushaltung führt (§ 24).

d) Mietverhältnisse über Räume, die für besondere Zwecke zum vorübergehenden Gebrauch vermietet sind (§ 25).

II. Die einzelnen Aufhebungsgründe des Mietverhältnisses.

Die Aufhebung des Mietverhältnisses ist gegen den Willen des Mieters n u r im Wege der Aufhebungsklage durch gerichtliches Urteil und n u r bei Vorliegen einer der folgenden Voraussetzungen möglich:

Dies gilt auch für die auf bestimmte Zeit eingegangenen Mietverhältnisse, die grundsätzlich nach Ablauf der Frist fortgesetzt werden (§ 1 Abs. 2).

1. Erhebliche Belästigung des Vermieters oder eines Hausbewohners, Gefährdung des Mietraumes durch unangemessenen Gebrauch oder Vernachlässigung der erforderlichen Sorgfalt oder unzulässige Untervermietung (3 Tatbestände, § 2).

Der Vermieter darf die Klage erst nach fruchtloser Abmahnung und nur binnen 6 Monaten nach Kenntnis von dem Aufhebungsgrund erheben. Die Klage ist ausgeschlossen, wenn seit dem Entstehen des Aufhebungsgrundes 1 Jahr verstrichen ist. Das Gericht kann das Verfahren auf bestimmte Zeit aussetzen, wenn nach den Umständen des Falles die Wiederherstellung eines friedlichen Verhältnisses erwartet werden kann (§ 11).

2. Zahlungsverzug des Mieters (§ 3).

a) Der Mietzinsrückstand muß einen Monatsbetrag übersteigen, wenn der Mietzins in kürzeren als vierteljährigen Zeitabständen zu entrichten ist; erreicht der Rückstand den Betrag für 2 Monate nicht, so ist die Klage erst zwei Wochen nach der Fälligkeit zulässig.

b) Der Aufhebungsanspruch besteht nicht, wenn der Mieter schuldlos über seine Verpflichtung in Unkenntnis ist.

Beispiel: Die Wohnung ist durch Kriegsschäden beschädigt und der Feststellungsbescheid der über den geminderten Mietzins vom Vermieter angegangenen Preisbehörde liegt noch nicht vor.

---

1) Ueber die derzeitige Anwendbarkeit von § 32 MSchG vgl. LG Berlin, „Haus und Wohnung" 1947, 203 und Cranz das. S. 297, sowie Dittmann das. S. 325.

Die Aufhebung ist nicht mehr zulässig, wenn der Mieter den Vermieter einen Monat nach Klageerhebung befriedigt, eine zulässige Aufrechnung erklärt oder innerhalb dieser Frist dem Gericht die Erklärung der Fürsorgebehörde zugeht, daß sie zur Befriedigung des Vermieters bereit sei.

3. Weigerung des Mieters, eine von der zuständigen Preisbildungsstelle genehmigte Mietzinserhöhung anzuerkennen (§ 3a).

4. Dringender Eigenbedarf des Vermieters (§ 4)[1].

a) Der Vermieter muß ein so dringendes Interesse an der Erlangung des Mietraumes haben, daß auch bei Berücksichtigung der Verhältnisse des Mieters die Vorenthaltung eine schwere Unbilligkeit darstellen würde. Bei der Abwägung ist die Interessenlage des Einzelfalles maßgebend, z. B. ob der Mieter den Raum mit erheblichen Kosten ausgebaut hat, ob er oder der Vermieter noch eine weitere Betriebsstelle haben, ob der Vermieter den Raum zu beruflichen Zwecken dringend benötigt, sowie die Zahl und das Lebensalter der zum Hausstand des Vermieters gehörigen Abkömmlinge.

Auch die Aufhebung bezüglich eines Teils des Mietraumes, z. B. für den Hausgarten, ist zulässig (vgl. LG Berlin „Haus und Wohnung" 1947, S. 60).

b) Auf Antrag des Mieters hat der Vermieter die Umzugskosten innerhalb des Gemeindebezirks zu tragen, bei Geschäftsräumen auch zum Ausgleich unbilliger Härten eine angemessene Entschädigung für die wirtschaftlichen Nachteile zu zahlen, die der Mieter durch den Verlust der Räume erleidet.

Diese Ansprüche bestehen auch dann, wenn das Mietverhältnis im gegenseitigen Einvernehmen beendet wird, der Mieter muß sie jedoch spätestens einen Monat nach Beendigung des Mietverhältnisses geltend machen.

III. Verfahrensrechtliches.

1. Aufhebung des Mietverhältnisses durch Urteil.

Sind die Voraussetzungen der §§ 2—4 gegeben, so hebt das Gericht durch Urteil das Mietverhältnis auf und ordnet die Herausgabe des Mietraumes — meist unter Zubilligung einer Räumungsfrist — an (§§ 5, 5a).

a) In vielen Fällen kann die sofortige Aufhebung des Mietverhältnisses auf Antrag des Vermieters bestimmt werden, andernfalls sind die gesetzlichen Kündigungsfristen einzuhalten (vgl. näheres § 5 Abs. 1).

b) Die Räumungsfrist ist den Umständen nach zu bemessen und kann auf Antrag des Mieters einmal verlängert werden. Von einer Räumungs-

[1]) Vgl. zu den Einwirkungen des Wohnungsgesetzes (KontrGes Nr. 18) Kleinrahm SJZ 1947 S. 657.

frist kann abgesehen werden, wenn sie für den Vermieter eine unbillige Härte darstellen würde (vgl. näheres § 5a).

2. Vorläufige Vollstreckbarkeit.

Die vorläufige Vollstreckbarkeit ist stark eingeschränkt.

Bei Aufhebung des Mietverhältnisses lediglich wegen dringenden Eigenbedarfes (§ 4) ist das Urteil nicht für vorläufig vollstreckbar zu erklären, in den anderen Fällen nur wenn glaubhaft gemacht wird, daß die Aussetzung der Vollstreckung dem Vermieter einen nicht zu ersetzenden Nachteil bringen würde (§ 13 Abs. 2).

3. Rechtsmittel.

Die Anfechtung von Urteilen in Mietaufhebungssachen erfolgt ohne Rücksicht auf den Streitwert durch die Berufung, die Anfechtung einer Nebenentscheidung, z. B. Räumungsfrist, Umzugskosten, Räumungsentschädigung, durch die sofortige Beschwerde (§ 14).

4. Einstweilige Verfügung.

Im Wege der einstweiligen Verfügung darf die Herausgabe eines Mietraumes nicht angeordnet werden (§ 18).

5. Zuständigkeit.

Ausschließlich zuständig für das Verfahren ist das Amtsgericht, in dessen Bezirk sich der Mietsgegenstand befindet (§ 7).

§ 18
Der Einfluß der Veräußerung der Mietsache auf das Mietverhältnis

Soweit der Vermieter Eigentümer der vermieteten Sache ist, kann er sie trotz des Mietvertrages, der nur eine zeitlich begrenzte Gebrauchsüberlassung erfordert, an dritte Personen veräußern. Das BGB sichert jedoch den Mieter vor dem Erwerber.

I. Veräußerung beweglicher Sachen.

Der Mieter einer beweglichen Sache, die sich in seinem Besitz befindet, wird durch sein Recht zum Besitz auf Grund des Mietvertrages geschützt.

Denn der Besitzer einer Sache, die gemäß § 931 durch Abtretung des Herausgabeanspruches veräußert wird — nur diese Veräußerungsmöglichkeit besteht, solange der Mieter die Sache besitzt —, kann gemäß § 986 Abs. 2 die Einreden, die er gegenüber dem Herausgabeanspruch des Veräußerers erheben konnte, auch dem neuen Eigentümer entgegensetzen. Er kann damit den Herausgabeanspruch des Erwerbers abwehren und sich den Besitz der Sache erhalten.

II. Veräußerung und Belastung von Grundstücken.

Noch weitergehend ist der Schutz des Mieters bei der Veräußerung und Belastung von Grundstücken bzw. Wohn- und sonstigen Räumen.

1. Veräußerung von Grundstücken.

Bei der Veräußerung eines Grundstückes usw tritt der Erwerber an die Stelle des Vermieters in das Mietverhältnis ein (§ 571 Abs. 1). Der Eintritt setzt voraus,

a) daß die Ueberlassung des Grundstückes an den Mieter bereits vor der Veräußerung erfolgt war (§ 571 Abs. 1) oder

b) die Ueberlassung des Grundstückes an den Mieter zwar vor der Veräußeung noch nicht erfolgt war, aber der Erwerber dem Vermieter gegenüber die Erfüllung der sich aus dem Mietverhältnis ergebenden Verpflichtungen übernommen hat (§ 578).

Bei Weiterveräußerung durch den Erwerber gilt § 571 entsprechend (§ 579).

2. Belastung von Grundstücken.

a) Die Belastung eines Grundstückes mit einem Recht eines Dritten ist der Veräußerung gleichgestellt, soweit durch die Ausübung des Rechts dem Mieter der vertragsmäßige Gebrauch entzogen wird (§ 577 Satz 1).

Beispiel: Wird das Grundstück mit einem Nießbrauch, Erbbaurecht oder Wohnrecht nach der Uebergabe an den Mieter belastet, so treten die Berechtigten in gleicher Weise wie ein Erwerber des Grundstückes in die Mietverträge ein

b) Wird durch das bestellte Recht der Gebrauch des Mieters nur beschränkt, so tritt der Berechtigte zwar nicht in das Mietverhältnis ein, muß aber die Ausübung des Rechtes insoweit unterlassen, als dadurch der Mieter in dem vertragsmäßigen Gebrauch beeinträchtigt wird (§ 577 Satz 2).

Beispiel: Eine nach der Ueberlassung des Grundstücks an den Mieter im Grundbuch neu eingetragene Grunddienstbarkeit, die dem Berechtigten den Transport von Lasten über das Geschäftsgelände des Mieters gestattet, darf nur so ausgeübt werden, daß dadurch der Betrieb des Mieters nicht gestört wird

3. Allgemeine Rechtsfolgen.

Der Erwerber hat die sich während der Dauer seines Eigentums aus dem Mietverhältnis ergebenden Rechte und Verpflichtungen (§ 571 Abs. 1).

a) Der Erwerber kann also insbesondere die nach der Veräußerung fällig werdenden Mietzinsen einziehen, Entschädigungsansprüche erheben oder Kündigungsrechte ausüben. Auch eine vom Mieter geleistete Sicherheit (§ 572) und sonstige Bürgschaften und Pfänder gehen auf ihn über.

Ein besonderes Kündigungsrecht besteht bei Erwerb in der Zwangsversteigerung (§ 57a ZVG) und bei freiwilliger Veräußerung durch den Konkursverwalter (§ 21 Abs. 3 KO).

Andererseits muß der Erwerber auch alle Verpflichtungen erfüllen, die sich vom Zeitpunkt des Erwerbs ergeben. Für sie haftet er mit seinem ganzen Vermögen.

b) Der Veräußerer scheidet nach der Veräußerung aus dem Mietvertrage aus. Er haftet jedoch zunächst noch wie ein selbstschuldnerischer Bürge für die Verpflichtungen des Erwerbers auf Schadenersatz, wird jedoch frei, wenn der Mieter nicht zu dem ersten zulässigen Termin kündigt (§ 571 Abs. 2).

4. Wirksambleiben von Vorausverfügungen

Um einem wirtschaftlichen Bedürfnis im Interesse des Vermieters und zum Schutze des Mieters zu entsprechen, sind gewisse Vorausverfügungen, die über den Zeitpunkt der Veräußerung hinausgehen, wirksam:

a) Vorausverfügungen über den Mietzins, soweit sie der Erwerber bei dem Eigentumsübergang kannte oder soweit sie sich auf den laufenden Monat bzw. wenn der Erwerb in der zweiten Monatshälfte erfolgte, auch auf den folgenden Monat beziehen (§ 573 BGB i. Vbdg. m. § 12 der VO über Maßnahmen auf dem Gebiet der Zwangsvollstreckung vom 26. 5 1933 RGBl I, 302).

b) Rechtsgeschäfte zwischen Mieter und Vermieter in Ansehung des Mietzinses (z. B. Vorauszahlung, Erlass, Stundung, Annahme an Zahlungsstatt), soweit der Mieter bei Vornahme des Rechtsgeschäftes keine Kenntnis von dem Erwerb hatte oder solche nach Kenntnis, die sich auf den laufenden Monat bzw wenn die Kenntniserlangung in der zweiten Monatshälfte erfolgte, auch auf den folgenden Monat beziehen (§ 574 i. Vbdg. m. § 12 der o. a. VO).

Zu a) und b): Die zeitliche Beschränkung auf 1 bzw. 2 Monate tritt nicht ein, wenn der Mietzins schon nach dem Vertrage für eine bestimmte Zeit, z. B für 1 Jahr, oder die ganze Mietzeit vorauszuzahlen ist (vertragsgemäße Vorauszahlung vgl RGZ 94, 281; 144, 197).

5. Besonderer Rechtsschutz des Mieters.

Da der Mieter — ähnlich wie der Schuldner bei der Abtretung — an der Veräußerung des Grundstückes unbeteiligt ist, hat er entsprechend § 406 eine Aufrechnungsbefugnis gegenüber dem Erwerber (§ 575) und genießt entsprechend § 409 Schutz bei Anzeige des Vermieters von dem Eigentumsübergang (§ 576).

B. Die Pacht

§ 19

Allgemeine Vorschriften über den Pachtvertrag

I. Begriff des Pachtvertrages.

Die Pacht ist ein gegenseitiger Vertrag, der auf die zeitliche Gewährung des Gebrauchs und des Fruchtgenusses einer Sache oder eines Rechtes gegen Entgelt gerichtet ist (§ 581).

1. Die Pacht ist vom BGB als Unterfall der Miete geregelt, sodaß, soweit nichts Abweichendes bestimmt ist, die Vorschriften über die Miete entsprechende Anwendung finden (vgl. unten III).

Da die Pacht sich aber auf alle Gegenstände erstrecken kann, die eine Fruchtziehung gestatten, können nicht — wie bei der Miete — nur Sachen, sondern auch Rechte verpachtet werden.

Beispiel: Ueberlassung eines Fischereirechts, des Rechts auf Reklame im Rundfunk, Kino oder Theater

Ueber die Abgrenzung von Pacht und Miete vgl oben Seite 50.

2. Die Pacht hat, wie die Miete, ihr Hauptanwendungsbereich bei unbeweglichen Sachen, wobei die Vorschriften des BGB ebenfalls durch zahlreiche Sondervorschriften verdrängt bzw. ergänzt sind. Diese beziehen sich vor allem auf die Pacht landwirtschaftlicher Grundstücke (vgl. unten Seite 75).

II. Die Verpflichtungen der Vertragsparteien.

1. Der Verpächter hat dem Pächter den Gebrauch des verpachteten Gegenstandes und den Genuß der Früchte zu gewähren, soweit sie nach den Regeln einer ordnungsgemäßen Wirtschaft als Ertrag anzusehen sind (§ 581).

2. Der Pächter hat den Pachtzins zu zahlen (§ 581).

a) Der Pächter ist auch dann zur vollen Zahlung des Pachtzinses verpflichtet, wenn er trotz tauglichen Gegenstandes schuldlos keine Früchte ziehen kann (z. B. infolge Hagel- oder Frostschäden), nicht dagegen wenn der Gegenstand selbst mangelhaft ist (§ 537) oder zufällig untergeht (§ 323).

b) Der Pachtzins braucht nicht in Geld, sondern kann auch in einem Teil der Früchte bestehen (sog. Teilpacht).

Zu beachten ist, daß das Reichsmietengesetz (vgl. oben Seite 51) auf Pachtverhältnisse keine Anwendung findet, wohl aber die Preisbildungsvorschriften.

III. Allgemeine Abweichungen vom Mietrecht.

Im einzelnen bestehen folgende Abweichungen vom Mietrecht, die sich im wesentlichen daraus ergeben, daß Pachtverhältnisse meistens auf längere Zeit als Mietverhältnisse abgeschlossen werden:

1. Die Kündigung von Pachtverhältnissen mit unbestimmter Dauer sowie die vorzeitige Kündigung ist nur für den Schluß eines Pachtjahres zulässig und hat spätestens am 1. Werktage des halben Jahres zu erfolgen, mit dessen Ablauf die Pacht enden soll (§ 595).

Zu beachten sind aber § 36 MSchG (vgl oben Seite 68) und die Reichspachtschutzordnung (vgl. unten Seite 77).

2. Die vorzeitige Kündigung (Begriff vgl. oben Seite 66) ist unzulässig, wenn der Verpächter die Erlaubnis zur Unterverpachtung verweigert oder wenn Beamte usw. versetzt werden. Beim Tode des Pächters können nur dessen Erben, nicht aber der Verpächter kündigen (§ 596).

3. Bei Vorenthaltung des Pachtgegenstandes richtet sich die Mindestentschädigung nicht, wie bei der Miete, schlechthin nach der Zeit der Vorenthaltung, sondern nach dem auf diese Zeit entfallenden Nutzungsanteil (§ 597).

§ 20

Die Pacht von Grundstücken, insbesondere landwirtschaftlichen

I. Allgemeine Vorschriften des BGB über Verpachtung von Grundstücken.

Die allgemeinen Vorschriften des BGB beziehen sich auf die Verpachtung von Grundstücken mit Inventar.

1. Schlichte Mitverpachtung.

Der Pächter pachtet das Grundstück mit Inventar, ohne das Inventar zum Schätzungswert zu übernehmen (§ 586).

„Inventar": Gesamtheit der beweglichen Sachen, die zur Betriebsführung entsprechend dem wirtschaftlichen Zweck des Grundstückes bestimmt sind (vgl. RGZ 142, 202).

a) Der Pächter hat die einzelnen Inventarstücke zu erhalten.

Beispiel: Der Pächter eines Theaters muß die Requisiten auf seine Kosten in Ordnung halten, die Pächter eines landwirtschaftlichen Grundstückes die Tiere auf seine Kosten füttern

b) Der Verpächter muß die durch Zufall in Abgang gekommenen Sachen ergänzen mit Ausnahme der durch das Jungvieh zu ersetzenden Tiere.

2. Verpachtung zum Schätzungswert (sog. Eisernviehvertrag). Der Pächter pachtet das Grundstück und übernimmt das Inventar zum Schätzungswert mit der Verpflichtung, es zum Schätzungswert zurückzugeben (§ 587).

a) Der Pächter hat das Inventar, das Eigentum des Verpächters bleibt, nach den Regeln einer ordnungsmäßigen Wirtschaft zu erhalten und kann in deren Grenzen über die einzelnen Stücke frei verfügen. Er trägt die Gefahr des zufälligen Unterganges und der zufälligen Verschlechterung des Inventars; die von ihm neu angeschafften Stücke werden mit der Einverleibung in das Inventar Eigentum des Verpächters (§ 588).

b) Bei Beendigung der Pacht hat der Pächter das dann vorhandene Inventar dem Verpächter zurückzugeben. Der Unterschied zwischen dem

Schätzungswert des vorhandenen und des vom Pächter übernommenen Inventars ist in Geld auszugleichen (§ 589).

Ueber den Ausgleich bei inzwischen eingetretener Geldentwertung vgl. RGZ 104, 394.

Zu 1. und 2.: Der Pächter hat wegen seiner Ansprüche, die sich aus der Pachtung des Inventars gegen den Verpächter ergeben, ein gesetzliches Pfandrecht an den in seinen Besitz gelangten Inventarstücken (§ 590)

3. Verpachtung des Grundstückes unter Uebereignung des Inventars.

Der Pächter pachtet nur das Grundstück und erwirbt das Inventar zu Eigentum. Dann wird meist ein Kauf vorliegen mit der Verpflichtung, das Inventar nach Pachtende an den Verpächter zurückzuübereignen, oder es wird ein Wiederkaufsrecht des Verpächters vereinbart sein (vgl. RGZ 152, 103).

II. Sonderrechtsätze für die Verpachtung landwirtschaftlicher Grundstücke.

1. KontrG Nr. 45: „Aufhebung des Erbhofgesetzes und Einführung neuer Bestimmungen über land- und forstwirtschaftliche Grundstücke[1]."

a) Jede Verpachtung eines land- oder forstwirtschaftlichen Grundstückes ist nur mit Genehmigung der zuständigen deutschen Landwirtschaftsbehörde zulässig (Art VI).

b) Zwangspachtverträge

aa) Entspricht die Bewirtschaftung eines landwirtschaftlichen Betriebes oder landwirtschaftlichen Grundstückes anhaltend und in erheblichem Maße nicht den zur Sicherung der Ernährung des deutschen Volkes zu stellenden Anforderungen, so können die deutschen Landwirtschaftsbehörden u. a. den Nutzungsberechtigten verpflichten, das Grundstück ganz oder zum Teil an einen geeigneten Landwirt zu verpachten (Art. VII Abs. 1 d).

bb) Wenn ein Grundstück, das sich zur landwirtschaftlichen Nutzung eignet nicht genutzt wird, kann die zuständige deutsche Landwirtschaftsbehörde den Nutzungsberechtigten — nach fruchtloser Aufforderung zur Bestellung — verpflichten, das Grundstück ganz oder zum Teil an einen geeigneten Landwirt zur landwirtschaftlichen Nutzung zu verpachten (Art. VII Abs. 2 b).

---

[1]) Vgl. zur Durchführung für die britische Zone VO Nr 84 der Brit Mil.-Reg — Amtsblatt der Mil.-Reg Nr 18 S 500 f

Zu aa) und bb).

1. Auf Antrag der Landwirtschaftsbehörde kann das Gericht, in dessen Bezirk sich das Grundstück befindet, die getroffenen Anordnungen für vorläufig vollstreckbar erklären lassen. Das Gericht kann auch die Landwirtschaftsbehörden ermächtigen, die Verpachtung selbst vorzunehmen (Art. VII Abs. 3).
2. Maßnahmen sind gegen Neu- und Umsiedler ohne Genehmigung des Zonenbefehlshabers und binnen der ersten 5 Jahre nach der Niederlassung auf dem Grundstück nicht zulässig (Näheres Art. VII Abs. 4)

2. Bestimmungen des BGB (§§ 582—585, 591—594).

a) Der Pächter eines landwirtschaftlichen Grundstückes hat die gewöhnlichen Ausbesserungen (insbesondere an Wohn- und Wirtschaftsgebäuden, an Wegen, Gräben und Einfriedigungen) auf seine Kosten zu bewirken (§ 582). Veränderungen in der wirtschaftlichen Bestimmung des Grundstückes bedürfen der Erlaubnis des Verpächters, wenn sie die Art der Benutzung über die Pachtzeit hinaus beeinflussen (§ 583).

Beispiel: Erlaubnispflichtig ist die Abholzung eines Waldes und Benutzung als Ackerland, nicht aber die Benutzung einer Wiese als Ackerland während der Pachtdauer

b) Der Pächter hat den Pachtzins, wenn er nach Jahren bemessen ist, nach Ablauf je eines Pachtjahres am ersten Werktag des folgenden Jahres zu entrichten (§ 584).

c) Das Pfandrecht des Verpächters kann für den gesamten rückständigen und (anders als bei der Miete) künftigen Pachtzins geltend gemacht werden. Es ist bei Zusammentreffen mit einer anderen Pfändung nicht auf den rückständigen Jahreszins beschränkt und erstreckt sich auch auf die Früchte des Grundstückes und die der Pfändung nicht unterworfenen Sachen (§§ 585 BGB, 811 Ziff. 4 ZPO).

d) Nach Beendigung der Pacht hat der Pächter das Grundstück in dem Zustand zurückzugeben, der sich bei einer während der Pachtzeit bis zur Rückgewähr fortgesetzten ordnungsgemäßen Bewirtschaftung ergibt (§ 591).

Bei Beendigung der Pacht innerhalb des Pachtjahres findet eine Verteilung der Fruchtziehungskosten statt (§ 592).

e) Sondervorschriften gelten für die Auseinandersetzung bei Beendigung der Pacht eines ganzen Landgutes (siehe §§ 593/594).

3. Reichspachtschutzordnung vom 30. 7. 1940 (RPO, RGBl. I, 1065)[1]).

Das Gegenstück des Mieterschutzgesetzes ist für landwirtschaftliche Pachtverträge die Reichspachtschutzordnung.

---

1) Die Reichspachtschutzordnung ist durch das KontrG Nr 45 nur insoweit aufgehoben, als sie mit diesem Gesetz in Widerspruch steht (vgl Art X Abs. 1 KontrG Nr 45) Dies hat bezüglich der §§ 6 Abs 1, 8 Abs 2 Satz 2, 38, 39 und 53 zu gelten — vgl die o a VO Nr. 84 der Brit Mil.-Reg. Art. VII a a. O S 503.

a) Geltungsbereich.

Die RPO gilt für Land-, Fischerei- und Jagdpachtverträge. Gleichgestellt ist der Erwerbsgartenbau, der Obst-, Wein- und Korbweidenbau. Der Pachtschutz besteht auch, wenn mit der Landpacht ein Arbeitsverhältnis verbunden ist oder wenn sich der Vertrag auf Wohn- oder Wirtschaftsräume miterstreckt (§ 1).

b) Inhalt des Pachtschutzes.

aa) Verlängerung der Vertragsdauer.
Das Pachtamt kann auf Antrag des Pächters eine Kündigung für unwirksam erklären, ebenso den Vertragsablauf außer Kraft setzen oder für den Vertrag eine Fortdauer von angemessener Zeit bestimmen, wenn die beantragte Maßnahme zur Sicherung der Volksernährung oder zu einer gesunden Verteilung der Bodennutzung erforderlich ist (§ 3).

bb) Aenderung des Vertragsinhalfs.
Das Pachtamt kann den Inhalt von Land- und Fischerei-Pachtverträgen abändern, soweit sie volkswirtschaftlich nicht gerechtfertigt sind, insbesondere wenn sie einer Steigerung der Erzeugung entgegenstehen (§ 5) Diese Befugnis erstreckt sich nicht nur auf den Pachtzins, sondern auf den gesamten Vertragsinhalt, insbesondere auf die Lastenverteilung.

Zu aa) und bb): Die getroffenen Anordnungen werden mit ihrer Rechtskraft Vertragsinhalt (§ 8).

c) Zuständigkeit.

Zuständig sind für Pachtschutzsachen als Pachtbehörden 1. Instanz die Pachtämter (Amtsgerichte), als Pachtbehörden 2. Instanz (Beschwerdeinstanz) die Oberlandesgerichte. Das Verfahren ist Angelegenheit der freiwilligen Gerichtsbarkeit mit Sondervorschriften der RPO (§§ 18—36).

4. Kleingarten- und Kleinpachtlandordnung vom 31. 7. 1919 (KGO, RGBl. I, 1371) in Verbindung mit der Kündigungsschutzverordnung für Kleingärten vom 15. 12. 1944 (KündSchutzVO, RGBl I, 347).

a) Anwendungsbereich.

Die Verordnungen gelten für nicht gewerbsmäßig genutzte Kleingärten (Lauben-, Schrebergärten usw. von etwa 300—1000 qm, auch wenn sie ständig zum Wohnen benutzt werden). Für Hausgärten, die in Zusammenhang mit der Wohnung vermietet sind, gilt nur das Mieterschutzgesetz (vgl. oben Seite 70).

aa) Die Kleingärten dürfen zu keinem höheren als dem von der unteren Verwaltungsbehörde festgesetzten Preise verpachtet werden (§ 1 KGO) bb) Durch Zeitablauf endende Pachtverhältnisse gelten als auf unbestimmte Zeit verlängert (§ 1 Abs. 1 Satz 2 KündSchutzVO).

cc) Eine Kündigung des Pachtverhältnisses ist unzulässig außer unter den in § 1 Abs. 2 KündSchutzVO bestimmten Voraussetzungen, insbesondere bei Zahlungsverzug des Pächters oder mangelhafter Bewirtschaftung trotz schriftlich befristeter Abmahnung[1]).

Die Kündigung ist regelmäßig an eine dreimonatige Frist gebunden, nur zum 31. Oktober zulässig und bedarf der Genehmigung der unteren Verwaltungsbehörde[2]).

b) Zuständigkeit.

Bei Streitigkeiten über die in der KGO und KündSchutzVO besonders bestimmten Fragen, insbesondere ob ein wichtiger Kündigungsgrund gegeben ist, entscheiden auch bei Vorliegen der Verwaltungsgenehmigung die Kleingartenschiedsgerichte unter Ausschluß des Rechtsweges (§§ 4, 6 KGO)[3]), im übrigen sind die ordentlichen Gerichte zuständig.

C. Sonstige Verträge auf Gebrauchsüberlassung

§ 21

Die Leihe

I. Begriff und Abschluß des Leihvertrages.

Die Leihe ist ein Vertrag auf unentgeltliche Gebrauchsüberlassung einer Sache (§ 598).

1. Der Leihvertrag kommt durch die Abrede der Parteien über die unentgeltliche Gebrauchsüberlassung zustande (sog. Konsensualvertrag, nach anderer Auffassung Realvertrag, der erst durch Hingabe der Sache zustandekommt).

Die Leihe unterscheidet sich von der Miete durch die Unentgeltlichkeit und vom Darlehn dadurch, daß die Sache nur zum Gebrauch, nicht zum Verbrauch überlassen wird. Bloße Gefälligkeiten wie die Ueberlassung einer Zeitung zum Lesen oder eines Bleistifts für eine Notiz begründen in der Regel keinen Leihvertrag.

2. Der Leihvertrag ist ein unvollkommen zweiseitiger Vertrag (Begriff vgl. Teil I S. 53), da aus ihm notwendigerweise Verpflichtungen des Entleihers, dagegen nur möglicherweise solche des Verleihers entstehen.

---

1) Vgl. auch Anordnung des Reichswohnungskommissars vom 23. 1. 45 über erweiterte Kündigungsmöglichkeiten, abgedruckt in „Haus und Wohnung" 1947, S. 217.

2) Für Berlin bei den Bezirksämtern, Abteilung für Kleingartenamt, vgl. Dannenberg, „Haus und Wohnung" 1947, S. 194

3) Für Berlin sind die Kleingartenschiedsgerichte bei den Bezirksämtern errichtet (VOBlatt Groß-Berlin 1946, S 96).

3. Gegenstand des Leihvertrages können bewegliche und unbewegliche Sachen sein.

Meist sind es bewegliche Sachen (z. B. Bücher, Fahrzeuge), bei Leihe von Grundstücken usw. sind die Reichspachtschutzordnung und die Kleingartenverordnungen, nicht aber das Mieterschutzgesetz anwendbar.

Die Bestimmungen der Leihe gelten an sich nicht für die Ueberlassung der Ausübung von Rechten, doch kann ihre entsprechende Anwendung möglich sein.

II. Rechte und Pflichten der Vertragsparteien.

1. Rechtsstellung des Verleihers.

Die Rechtsstellung des Verleihers ist wegen des schenkungsähnlichen Gehalts der Leihe günstig gestaltet, insbesondere besser als die des Vermieters.

a) Der Verleiher muß dem Entleiher den unentgeltlichen Gebrauch an der Sache gestatten (§ 598). Eine Instandhaltungspflicht trifft ihn nicht.

b) Der Verleiher haftet nur für Vorsatz und grobe Fahrlässigkeit (§ 599). Für Sach- und Rechtsmängel haftet er nur, wenn er die Mängel arglistig verschwiegen hat, und auch dann nur auf Ersatz des Vertrauensschadens (§ 600).

c) Der Verleiher muß dem Entleiher die Verwendungen, die nicht zu den gewöhnlichen Kosten der Erhaltung gehören, nach den Vorschriften der Geschäftsführung ohne Auftrag ersetzen (§ 601 Abs. 2 Satz 1). Der Anspruch des Entleihers hierauf verjährt in 6 Monaten nach Beendigung der Leihe (§§ 606, 558).

2. Rechtsstellung des Entleihers.

a) Der Entleiher darf von der Sache nur den vertragsmäßigen Gebrauch machen.

Ohne Erlaubnis des Verleihers darf er die Sache nicht einem Dritten überlassen (§ 603).

b) Der Entleiher ist verpflichtet, die Sache pfleglich zu behandeln und zu erhalten.

aa) Der Entleiher hat die durch den vertragsgemäßen Gebrauch eintretenden Veränderungen oder Verschlechterungen — entsprechend dem Mieter (§ 548) — nicht zu vertreten (§ 602). Im übrigen ist er dem Verleiher für jedes Verschulden schadenersatzpflichtig (§ 276), dessen Ansprüche in 6 Monaten nach Rückgabe der Sache verjähren (§§ 606, 558).

bb) Der Entleiher hat die gewöhnlichen Kosten der Erhaltung zu tragen, bei Tieren auch die Fütterungskosten (§ 601 Abs. 1).

c) Der Entleiher ist verpflichtet, die Sache nach Ablauf der Leihzeit zurückzugeben (§ 604 Abs. 1), und zwar regelmäßig zurückzubringen.

Bei Ueberlassung der Sache an einen Dritten hat der Verleiher — entsprechend dem Vermieter (§ 556 Abs. 3) — einen unmittelbaren Herausgabeanspruch gegen den Dritten (§ 604 Abs. 4).

III. Beendigung der Leihe.

1. Regelmäßige Beendigung.

Die Leihe endet,

a) wenn die für die Leihe bestimmte Zeit abgelaufen ist (§ 604 Abs. 1);

b) wenn der Entleiher den sich aus dem Zweck der Leihe ergebenden Gebrauch gemacht hat. Der Verleiher kann jedoch die Sache schon vorher zurückfordern, wenn der Entleiher den bezweckten Gebrauch in der verstrichenen Zeit hätte machen können (§ 604 Abs. 2);

c) wenn der Verleiher bei unbestimmter Leihdauer die Sache zurückfordert. Er ist dazu jederzeit berechtigt (§ 604 Abs. 3).

2. Beendigung durch fristlose Kündigung.

Der Verleiher hat nach § 605 ein Recht zur fristlosen Kündigung, wenn

a) er infolge eines nicht vorhergesehenen Umstandes der Sache bedarf;

b) der Entleiher einen vertragswidrigen Gebrauch von der Sache macht, insbesondere bei unbefugter Gebrauchsüberlassung an einen Dritten oder Gefährdung der Sache;

c) der Entleiher stirbt.

§ 22

Das Darlehn

I. Begriff und Gegenstand des Darlehns.

Das Darlehn ist die Uebertragung von Geld oder anderen vertretbaren Sachen in das Vermögen des Darlehnsnehmers mit der Abrede, Sachen von gleicher Art, Güte und Menge zurückzuerstatten (§ 607).

1. Das Darlehn ist das wichtigste Kreditgeschäft des Wirtschaftslebens, und zwar als Personalkredit, wenn der Gläubiger das Vertrauen nur auf die Person des Schuldners oder eines Bürgen setzt, bzw. als Realkredit, wenn dingliche Sicherungen, z. B. Pfandrechte, Hypotheken usw. hinzukommen. Es bezweckt die vorübergehende Nutzung der hingegebenen Sachen, insbesondere des Kapitals. Das rechtliche Mittel dazu ist die Uebertragung des vollen Eigentums, das gleichsam belastet ist mit der Verpflichtung zur demnächstigen Rückgewähr.

Die wirtschaftliche Zwecksetzung kommt z. B. darin zum Ausdruck, daß dem wucherischen Darlehnsgeber die Rückforderung der Darlehnssumme nicht auf endgültig verwehrt ist (vgl. grundlegend RGZ 161, 55).

2. Das unverzinsliche Darlehn ist ein einseitiger Vertrag, da er nur die Verpflichtung des Darlehnsnehmers zur Rückzahlung des Darlehns begründet. Dagegen ist das verzinsliche Darlehn ein gegenseitiger Vertrag, da Kapitalnutzung und Nutzungsvergütung gegeneinander ausgetauscht werden.

3. Gegenstand des Darlehns können Geld und andere vertretbare Sachen sein.

Beispiel: Bis zur nächsten Kartenperiode „borgt" eine Hausfrau ihrer Nachbarin einige Lebensmittelmarken, ein Kraftfahrer seinem Kollegen einige Liter Benzin.

II. Abschluß des Darlehnsvertrages.

1. Der Darlehnsvertrag kommt in der Regel durch Hingabe des Geldes bzw. der vertretbaren Sachen zustande (sog. Realvertrag, str.).

Die Hingabe kann auch erfolgen durch Banküberweisung oder Scheck, durch Zahlung an einen Gläubiger des Darlehnsnehmers oder durch Aushändigung einer Sache mit der Erlaubnis, sie zu veräußern (§ 185 Abs. 1) und den Erlös zu behalten. Wesentlich ist nur, daß der Darlehnsnehmer Eigentum an den Darlehnsgegenständen erhält oder sie seinem Vermögen zugeführt werden (vgl. RGZ 103, 288).

2. Ein Darlehnsvertrag kann auch durch eine Vereinbarung zustandekommen, daß eine sonstige Schuld „als Darlehn" geschuldet werden soll (§ 607 Abs. 2, sog. Vereinbarungsdarlehn).

Beispiel: Der Warenlieferant vereinbart mit seinem Kunden, daß dieser die Kaufpreisschuld fortan als Darlehn schulden soll.

Ein Vereinbarungsdarlehn kann rechtlich einen dreifachen Inhalt haben:

a) Im Zweifel bleibt das frühere Rechtsverhältnis bestehen und wird nur inhaltlich dahin geändert, daß gewisse Darlehnsregeln (z. B. über Verzinsung, Kündigung, Tilgung) Anwendung finden. Pfandrechte und Bürgschaften bleiben ebenso wie auch alle bisherigen Einreden erhalten.

b) Es kann eine echte Umschaffung vorliegen, indem an die Stelle der bisherigen Schuld die Darlehnsverbindlichkeit tritt. Die bisherige Schuld erlischt und mit ihr die bestehenden Bürgschaften und Pfandrechte. Der Schuldner kann keine Einreden aus der alten Schuld mehr erheben. Die Darlehnsschuld entsteht jedoch insoweit nicht, als die alte Schuld unwirksam war, weil die Ersetzung der Schuld zum Vertragsinhalt der Umschaffung gehört (vgl. RGZ 95, 9).

c) Es kann schließlich auch mit der Umschaffung eine neue selbständige Verbindlichkeit als formbedürftiges (abstraktes) Schuldanerkenntnis (§ 781) begründet werden (vgl. RGZ 152, 165). Weitergehend als in b) ist das Anerkenntnis auch voll wirksam, wenn die alte Schuld nichtig war, jedoch kann der Schuldner es dann unter Umständen anfechten oder als ungerechtfertigte Bereicherung zurückverlangen.

III. Beendigung des Darlehns.

1. Bei Beendigung des Darlehns hat der Darlehnsnehmer das Darlehn in Sachen gleicher Art, Güte und Menge zurückzuerstatten (§ 607 Abs. 1).

Zinsen oder eine sonstige Vergütung sind nur bei besonderer Vereinbarung zu zahlen (vgl. jedoch §§ 353, 354 Abs. 2 HGB). Sie sind dann mangels anderer Bestimmung nach dem Ablauf je eines Jahres oder — falls das Darlehn früher fällig wird — bei dessen Beendigung zu zahlen (§ 608).

2. Das Darlehn ist zurückzuzahlen an dem vereinbarten Fälligkeitstage oder, wenn ein solcher nicht bestimmt ist, nach vorangegangener Kündigung.

Die gesetzliche Kündigungsfrist beträgt bei einem Darlehn von mehr als 300 RM drei Monate, bei geringeren Beträgen einen Monat. Beim unverzinslichen Darlehn — aber auch nur bei diesem — ist der Schuldner jederzeit ohne Kündigung zur Rückzahlung berechtigt (§ 609).

IV. Das Darlehnsversprechen (Darlehnsvorvertrag).

Das Darlehnsversprechen ist auf den Abschluß eines Darlehns gerichtet.

1. Das Darlehnsversprechen ist ein einseitiger Vertrag, wenn sich nur der Darlehnsgeber zur Hingabe des Darlehns verpflichtet, ein zweiseitiger Vertrag, wenn sich auch der Darlehnsnehmer zur Abnahme verpflichtet und schließlich sogar ein gegenseitiger Vertrag, wenn der Darlehnsnehmer auch eine Vergütung (z. B. Verzinsung) als Gegenleistung zusagt.

2. Der Anspruch auf Darlehnsgewährung ist nicht abtretbar und daher nicht pfändbar (§§ 399 BGB, 851 ZPO, vgl. aber RGZ 68, 355; 77, 407).

Eine Aufrechnung des Versprechenden gegen den Anspruch auf Hingabe des Darlehns mit einer Geldforderung ist wegen fehlender Gleichartigkeit nicht möglich (vgl. RGZ 52, 303).

3. Der Versprechende kann das Versprechen widerrufen, wenn in den Vermögensverhältnissen des anderen Teils eine wesentliche Verschlechterung eintritt, die den künftigen Rückforderungsanspruch gefährdet (§ 610).

Bestanden die schlechten Vermögensverhältnisse schon bei Abschluß des Vertrages, so kann dem Versprechenden das Anfechtungsrecht wegen Irrtums gemäß § 119 Abs. 2, u. U. auch aus § 123 zustehen.

§ 23

Die Vorlegung von Sachen

I. Allgemeines.

Die schwächste Form der Gebrauchsüberlassung besteht darin, daß sich jemand einem anderen gegenüber verpflichtet, eine Sache vorzulegen. Eine gesetzliche Regelung eines derartigen „Vorlegungs- oder Besichtigungsvertrages" ist nicht erfolgt, jedoch sind in den §§ 809—811 die Voraussetzungen bestimmt, unter denen jemand unmittelbar kraft Gesetzes die Vorlegung und Besichtigung einer Sache, insbesondere einer Urkunde, verlangen kann. Soweit diese Vorschriften die Urkundeneinsicht betreffen, sind sie gemäß § 422 ZPO auch im Prozeß für die Frage maßgebend, ob der Gegner des Beweisführers zur Vorlage der in seinen Händen befindlichen Urkunde verpflichtet ist.

II. Voraussetzungen der Vorlagepflicht.

1. Vorlage von Sachen.

Bei Sachen ist der Anspruch demjenigen gegeben, der an der Vorlage interessiert ist, weil er gegen den Besitzer einen Anspruch in Ansehung der Sache hat oder weil er sich Gewißheit verschaffen will, ob ihm ein solcher Anspruch zusteht (§ 809).

Die Art des Anspruches ist gleichgültig, er kann persönlicher oder dinglicher Art sein, von der Sache selbst oder ihrer Beschaffenheit abhängen.

Beispiel: Wer wahlweise zwei Krafträder gekauft hat, kann die Gestattung der Besichtigung verlangen, um sich schlüssig zu werden; wem Schmucksachen gestohlen sind und berechtigterweise annimmt, daß sie an einen bestimmten Juwelier verkauft sind, kann Vorlage von dessen Schmucksachen verlangen; wer durch störende Geräusche von seinem Nachbargrundstück belästigt wird, kann — wenn er dagegen vorgehen will — verlangen, die Ursache feststellen zu dürfen.

2. Einsicht in Urkunden.

Weitergehend sind die Ansprüche für denjenigen, der an der Einsicht einer Urkunde ein rechtliches Interesse hat. Er kann die Einsicht verlangen, wenn er an dem Inhalt der Urkunde dergestalt beteiligt ist (§ 810), daß

a) die Urkunde in seinem Interesse errichtet ist,

Beispiel: Einsicht in eine Quittung kann verlangen, wer die Zahlung geleistet hat, Einsicht in eine Vollmacht für alle, die mit dem Bevollmächtigten zu tun haben.

b) in der Urkunde ein zwischen ihm und einem anderen bestehendes Rechtsverhältnis beurkundet ist,

Beispiel: Einsicht in Vertragsurkunden (u. a. Miet- und Kaufverträge), Handelsbücher, Rechnungen können alle verlangen, die an den darin beurkundeten Rechtsverhältnissen beteiligt sind.

c) die Urkunde Verhandlungen über ein Rechtsgeschäft enthält, das zwischen ihm und einem anderen oder zwischen beiden und einem gemeinsamen Vermittler gepflogen worden ist.

Beispiel: Jede Partei kann Einsicht in die Korrespondenz verlangen, die ein von beiden Parteien betrauter Makler mit dem Geschäftsgegner geführt hat.

III. Durchführung der Vorlage.

1. Die Vorlage hat an dem Ort zu erfolgen, an welchem sich die vorzulegende Sache befindet.

Aus wichtigem Grunde kann jede Partei die Vorlage an einem anderen Ort verlangen (§ 811 Abs. 1).

2. Gefahr und Kosten hat derjenige zu tragen, der die Vorlage verlangt.

Der Besitzer der Urkunde kann die Vorlage verweigern, bis der Gegner wegen der Kosten Vorschuß und bei einer etwaigen Gefährdung der Sache Sicherheit leistet (§ 811 Abs. 2).

III. Auf eine Arbeitsleistung oder Geschäftsbesorgung gerichtete Verträge[1])

Während die bisher besprochenen Verträge meist Sachleistungen zum Gegenstand hatten, muß bei den hier behandelten Verträgen die eine Partei eine Dienst- oder Arbeitsleistung oder eine Geschäftsbesorgung zu erbringen. Nach der Art der Tätigkeit unterscheidet das Gesetz als Grundformen der entgeltlichen Verträge den Dienst- und Werkvertrag, neben Maklervertrag und Auslobung. Ihnen stehen der Auftrag und die Geschäftsführung ohne Auftrag als unentgeltliche Verträge gegenüber. Schließlich können auch der Verwahrungsvertrag und die sich aus der Einbringung von Sachen bei Gastwirten ergebenden Rechtsbeziehungen in diesem Abschnitt behandelt werden.

§ 24
Der Dienstvertrag

I. Begriff und Abschluß.

Der Dienstvertrag ist ein gegenseitiger Vertrag, durch den sich der Dienstpflichtige zur Leistung von Diensten, der Dienstberechtigte zur Gewährung der vereinbarten Vergütung verpflichtet (§ 611 Abs. 1).

1. Das Dienstvertragsrecht des BGB umfaßt nach der Absicht des Gesetzgebers Dienste jeglicher Art, doch hat sich die Entwicklung des hierbei wichtigsten Vertrages nicht innerhalb des BGB vollzogen: die Rechtsbeziehungen zwischen Arbeitgeber und Arbeitnehmer führten zur Ausbildung des Arbeitsvertrages, der seinen eigentlichen Inhalt in einer Reihe von Sondervorschriften gefunden hat. Galten bereits bei Erlaß des

1) Nikisch prägte für diese Gruppe den treffenden Ausdruck „Betätigungsverträge".

BGB besondere Rechtssätze, z. B. für gewerbliche Arbeiter (§§ 105 ff. Gewerbeordnung), für Handlungsgehilfen und Lehrlinge (§§ 59 ff. HGB), für Schiffsmannschaften (Seemannsordnung, Binnenschiffahrts- und Flößereigesetz), so hat später besonders der kollektive Arbeitsvertrag, der eine Mitbestimmung des Arbeitnehmers bei der Gestaltung der Lohn- und Arbeitsbedingungen ermöglichte, eine weitgehende Loslösung vom BGB gebracht. Die Einzelheiten hierüber sind im Arbeitsrecht zu behandeln. Das Dienstvertragsrecht des BGB findet daher bei Arbeitsverträgen nur noch hilfsweise Anwendung, während es eine weitergehendere Bedeutung für die sog. selbständigen Tätigkeiten besitzt, z. B. bei Verträgen mit Erziehern, Architekten, freien Künstlern.

2. Der Dienstvertrag ist ein schuldrechtlicher gegenseitiger Vertrag, auf den grundsätzlich die allgemeinen Vorschriften (§§ 320 ff.) Anwendung finden, soweit sich nicht aus den getroffenen Sonderregelungen Ausnahmen ergeben (vgl. unten III, 2 und IV, 4).

3. Der Abschluß des Dienstvertrages bedarf grundsätzlich keiner Form.

II. Abgrenzung zu verwandten Verträgen.

1. Abgrenzung zum Werkvertrag.

Der Werkvertrag ist auf einen Arbeitserfolg — ein Werk — gerichtet, dessen Herstellung der Leistende auf eigene Verantwortung übernimmt. Bei dem Dienstvertrag wird die Tätigkeit als solche ohne Rücksicht auf ihren Erfolg versprochen.

Die Abgrenzung ist im einzelnen oft schwierig. Ein Hinweis kann sein, ob die Entlohnung erfolgs- oder zeitbestimmt ist, der Vertrag auf kürzere oder längere Dauer abgeschlossen ist. Die Unterscheidung ist von praktischer Bedeutung, insbesondere weil beim Werkvertrag der Unternehmer die Gefahr für den Erfolg der Arbeit, beim Dienstvertrag dagegen der Dienstberechtigte diese Gefahr trägt.

Beispiel: Die Reparatur eines Kraftfahrzeuges ist im Verhältnis vom Kunden und Inhaber der Reparaturwerkstatt Werkvertrag (geschuldet ist als Erfolg der Arbeit das wieder fahrbereite Fahrzeug); im Verhältnis zwischen Inhaber der Reparaturwerkstatt und seinen Angestellten Dienstvertrag (geschuldet ist die Tätigkeit der Reparaturarbeiten an dem Fahrzeug).

2. Abgrenzung zum Auftrag.

Der Auftrag ist im Gegensatz zum Dienst- und Werkvertrag unentgeltlich. Auf einen Dienst- oder Werkvertrag, der eine Geschäftsbesorgung zum Gegenstand hat, finden jedoch neben den Regeln des Dienst- oder Werkvertrages auch gewisse Vorschriften über den Auftrag Anwendung (§ 675 — vgl. unten Seite 107).

II. Die Pflichten des Dienstpflichtigen.

Der Dienstpflichtige muß die versprochenen Dienste leisten (§ 611).

1. Der Inhalt und Umfang der Dienstleistung richtet sich vor allem nach der getroffenen Vereinbarung

a) Oft werden sich aus der Art der Dienste und den besonderen Umständen nach § 242 Nebenpflichten ergeben, z. B wird der Dienstpflichtige häufig verpflichtet sein, den Weisungen des Dienstberechtigten zu entsprechen, das Arbeitsgerät und -material sorgfältig zu behandeln, bei drohenden Gefahren Meldung zu erstatten, verschwiegen zu sein und einen dem Dienstberechtigten schädlichen Wettbewerb zu unterlassen

b) Der Dienstpflichtige muß die Dienste im Zweifel persönlich und nur an den Dienstberechtigten leisten (§ 613). Der Anspruch auf die Dienstleistungen ist daher auch nicht pfändbar (§ 851 ZPO)

c) Der Dienstpflichtige ist vorleistungspflichtig Der Anspruch auf die Vergütung besteht erst nach der Leistung der Dienste (§ 614)

2. Der Dienstpflichtige haftet für jedes Verschulden (§ 276)

Ein Verschulden kann auch in der Uebernahme einer Tätigkeit liegen, die der Leistungsfähigkeit des Dienstpflichtigen nicht entspricht

Die Haftung darf jedoch nicht überspannt werden, daher im allgemeinen keine Haftung bei solchen Fehlgriffen, die auch bei gewissenhafter Dienstleistung gelegentlich vorkommen können, z. B. beim Umgang mit Kraftfahrzeugen oder bei der Wartung von Maschinen

3. Kommt der Dienstpflichtige vertragswidrig seiner Dienstleistungspflicht nicht nach, so kann der Dienstberechtigte auf Erfüllung klagen (vgl RGZ 72, 393) Eine Vollstreckung des Urteils durch Geldstrafe oder Haft ist jedoch nicht möglich (§ 888 Abs. 1 ZPO).

Der Dienstberechtigte kann aber auch die Rechte aus §§ 320 ff. geltend machen, insbesondere bei schuldhafter Schlechterfüllung gemäß §§ 325, 326 Schadenersatz wegen Nichterfüllung verlangen oder das Dienstverhältnis gemäß § 626 fristlos kündigen

III. Pflichten des Dienstberechtigten.

Der Dienstberechtigte hat die Vergütung zu zahlen und ist zur Fürsorge gegenüber dem Dienstpflichtigen verpflichtet (§ 611).

1. Die Vergütungspflicht (Allgemeines).

a) Die Vergütung der Dienstleistung besteht regelmäßig in Geld, kann jedoch auch in anderen Werten vereinbart werden.

Immer häufiger wird zum Zwecke der Leistungssteigerung als Teil der Vergütung die Abgabe von Erzeugnissen vereinbart, die der Dienstpflichtige selbst hergestellt hat

b) Eine Vergütung gilt als stillschweigend vereinbart, wenn die Dienstleistung den Umständen nach nur gegen eine Vergütung zu erwarten ist (§ 612 Abs. 1).

Beispiel: Beratung durch einen Rechtsanwalt oder Arzt.

c) Die Höhe der Vergütung richtet sich zunächst nach der getroffenen Vereinbarung.

Die Berechnung kann z. B. nur nach der Arbeitsleistung des Dienstpflichtigen (Zeitlohn, Akkordlohn, Prämien) oder auch nach deren wirtschaftlichem Ergebnis (Provision, Tantieme, Gewinnbeteiligung) erfolgen.

Ist über die Höhe der Vergütung nichts bestimmt, so gilt bei Bestehen einer (obrigkeitlichen) Taxe die taxmäßige Vergütung (z. B. bei Benutzung einer Autotaxe zu einer Spazierfahrt), in Ermangelung einer Taxe die ortsübliche Vergütung (§ 612 Abs. 2); ist auch eine solche nicht feststellbar, so hat der Dienstpflichtige die Vergütung nach §§ 315, 316 zu bestimmen.

d) Die Vergütung ist nach Leistung der Dienste zu entrichten. Ist sie nach Zeitabschnitten bemessen, so ist sie nach dem Ablauf der einzelnen Abschnitte fällig (§ 614).

2. Vergütungspflicht trotz Nichtleistung der Dienste.

In Abweichung von den allgemeinen Vorschriften der gegenseitigen Verträge (§§ 323 ff.) muß der Dienstberechtigte auch bei Nichtleistung der Arbeit die Vergütung zahlen,

a) wenn der Dienstpflichtige wegen Annahmeverzuges des Dienstberechtigten die Dienste ganz oder teilweise nicht leisten kann. Der Dienstpflichtige muß sich jedoch dasjenige anrechnen lassen, was er durch Unterbleiben der Dienstleistung erspart, anderweitig erwirbt oder zu erwerben böswillig unterläßt (§ 615);

   Die Abgrenzung zur Unmöglichkeit der Leistung ist oft schwierig, z. B. bei vom Dienstberechtigten unverschuldeter Betriebsstilllegung — wegen Teilstreiks, Brandschadens, Rohstoff- oder Kohlenmangels (vgl. RGZ 106, 273 ff.).

b) wenn der Dienstpflichtige für eine verhältnismäßig nicht erhebliche Zeit ohne sein Verschulden aus Gründen in seiner Person an der Dienstleistung verhindert ist. Der Dienstpflichtige muß sich jedoch die Leistung aus gesetzlichen Kranken- und Unfallversicherungen anrechnen lassen (§ 616 Abs. 1).

Beispiel: Verhinderung durch Krankheit, Tod eines nahen Angehörigen, Nichterreichen der Arbeitsstelle infolge Ausfalls von Verkehrsmitteln.

Für Angestellte ist die Regelung für den Krankheitsfall zwingend und gelten 6 Wochen als nicht erhebliche Zeit (§ 616 Abs. 2). Bei längerer Verhinderung hat der Dienstpflichtige keinerlei Ansprüche (§ 323), auch nicht für die Zeit nach § 616 (vgl. RAG, JW 1929, 3327).

3. Fürsorgepflicht.

a) Der Dienstberechtigte hat die von ihm zu beschaffenden Arbeitsräume, Vorrichtungen und Gerätschaften so zu halten und die Dienste so zu leiten, daß der Dienstpflichtige gegen Gefahr für Leben und Gesundheit nach Möglichkeit geschützt wird. Ist der Dienstpflichtige in die häusliche Gemeinschaft aufgenommen, so müssen die Wohn- und Schlafräume, die Verpflegung sowie die Arbeits- und Erholungszeit den Anforderungen der Gesundheit, Sittlichkeit und Religion des Dienstpflichtigen entsprechen (§ 618 Abs. 1 und 2).

Eine Haftung für das Eigentum des Dienstpflichtigen, z. B. für seine während der Dauer der Dienste abgelegte Kleidung, kann sich als Nebenverpflichtung aus § 242 ergeben (vgl. RAG, JW 1930, 435).

Zur Durchsetzung dieser Rechte hat der Dienstpflichtige den Erfüllungsanspruch (str.). Der Dienstberechtigte haftet außerdem auf Schadenersatz. Bei Verletzung von Leben und Gesundheit finden dazu die Vorschriften der §§ 842—846 (nicht § 847) entsprechende Anwendung. Die Schadenersatzansprüche sind jedoch durch die Leistungen der Sozialversicherung weitgehend ausgeschlossen (vgl. näheres unten S. 196).

Für ein Verschulden seiner Erfüllungsgehilfen haftet der Dienstberechtigte gemäß § 278.

Beispiel: Der dienstberechtigte Ehemann haftet, wenn die von ihm angestellte Wäscherin durch eine Nadel verletzt wird, die seine Ehefrau in der Wäsche hat stecken lassen (vgl. RGZ 103, 374, aber auch 106, 293).

b) Bei einem dauernden Dienstverhältnis, bei dem der Dienstpflichtige in die häusliche Gemeinschaft aufgenommen und vollständig oder hauptsächlich in Anspruch genommen ist, hat der Dienstberechtigte bei der Erkrankung für 6 Wochen, aber nicht über die Beendigung des Dienstverhältnisses hinaus, die erforderliche Pflege und ärztliche Behandlung zu gewähren, sofern der Dienstpflichtige nicht versichert ist (Näheres § 617)

Zu a) und b). Die Verpflichtungen aus §§ 617 und 618 sind zwingend (§ 619).

IV. Beendigung des Dienstverhältnisses.

1. Beendigung durch Tod des Dienstpflichtigen oder durch Zeitablauf.

a) Wegen der höchstpersönlichen Natur der Dienstleistung löst der Tod des Dienstpflichtigen im Zweifel das Dienstverhältnis auf.

Ob auch der Tod des Dienstberechtigten einen Endigungsgrund darstellt, ist Tatfrage.

b) Ist das Dienstverhältnis für eine bestimmte Zeit eingegangen, so endet es mit deren Ablauf, ohne daß es einer Kündigung bedarf (§ 620 Abs. 1).

Die Dauer des Dienstverhältnisses kann sich auch aus der Beschaffenheit oder dem Zweck der Dienste ergeben (§ 620 Abs. 2, z. B. Einstellung eines Dienstpflichtigen für ein bestimmtes Bauvorhaben).

2. Beendigung durch ordentliche Kündigung.

Ist das Dienstverhältnis auf unbestimmte Zeit geschlossen, so muß es durch Kündigung beendet werden (§ 620 Abs. 2). Haben die Parteien keine Kündigungsfristen vereinbart, so gelten die gesetzlichen Kündigungsfristen der §§ 621—623.

a) Beim Zeitlohn richten sich die Kündigungsfristen nach der Bemessung der Vergütung:

Bei Vergütung nach Tagen kann von einem Tag zum anderen gekündigt werden, bei Wochenlohn am 1. Werktage zum Wochenende, bei Monatsgehalt am 15. zum Monatsschluß, bei Vergütung nach Vierteljahren oder länger 6 Wochen vor Vierteljahresschluß (§ 621).

Bei festen Bezügen und Diensten höherer Art, die den Dienstpflichtigen vollständig oder hauptsächlich in Anspruch nehmen, beträgt die Kündigungsfrist stets 6 Wochen zum Vierteljahresschluß (§ 622).

b) Beim Stücklohn kann das Dienstverhältnis jederzeit gekündigt werden, bei vollständiger oder hauptsächlicher Inanspruchnahme des Dienstpflichtigen ist jedoch eine zweiwöchige Kündigungsfrist einzuhalten (§ 623).

3. Beendigung durch vorzeitige Kündigung.

a) Der Dienstpflichtige kann bei Dienstverhältnissen für die Lebenszeit oder für eine längere Zeit als 5 Jahre, nach Ablauf von 5 Jahren mit 6monatiger Kündigungsfrist kündigen (§ 624).

b) Im Konkurs des Dienstberechtigten können der Konkursverwalter und der Dienstpflichtige unter Innehaltung der gesetzlichen Kündigungsfristen kündigen (§ 22 KO).

4. Beendigung durch fristlose Kündigung.

Die fristlose Kündigung ist zulässig,

a) wenn ein wichtiger Grund vorliegt (§ 626). Ein wichtiger Grund ist gegeben, wenn dem Kündigenden die Fortsetzung des Dienstverhältnisses und die Innehaltung einer Kündigungsfrist nach verständigem Ermessen nicht mehr zugemutet werden kann (vgl. RGZ 110, 300);

Die Kündigung hat möglichst umgehend nach Kenntnis des Kündigungsgrundes zu erfolgen, andernfalls ein stillschweigender Verzicht angenommen werden muß (vgl. RGZ 123, 219).

Im allgemeinen wird es sich um schuldhafte Pflichtverletzungen des Gekündigten handeln (z. B. Vertrauensbruch, Ehrverletzungen), solche brauchen jedoch nicht vorzuliegen (z. B. langdauernde Erkrankung). Auch können Gründe in der Person des Kündigenden (z. B. seine Verheiratung) die Kündigung rechtfertigen. Eine grundlose fristlose Kündigung ist regelmäßig als ordentliche Kündigung zum nächsten zulässigen Termin anzusehen, wenn das Dienstverhältnis auf jeden Fall beendigt werden soll und dies dem anderen Teile erkennbar ist (vgl. RGZ 122, 38).

§ 626 ist zwingend.

b) bei Diensten höherer Art, die auf Grund besonderen Vertrauens übertragen zu werden pflegen, ohne daß es sich um ein dauerndes Dienstverhältnis mit festen Bezügen handelt. Hier ist die Kündigung jederzeit möglich, auch ohne Vorliegen eines wichtigen Grundes.

Kündigt der Dienstpflichtige ohne wichtigen Grund zur Unzeit, so ist er schadenersatzpflichtig (§ 627).

Zu a) und b):

aa) Bei fristloser Kündigung kann der Dienstpflichtige eine Teilvergütung entsprechend seinen bisherigen Leistungen fordern. Kündigt er jedoch ohne durch ein (schuldhaft) vertragswidriges Verhalten des Dienstberechtigten dazu veranlaßt zu sein oder veranlaßt er selbst durch sein Verschulden die Kündigung, so entfällt sein Vergütungsanspruch insoweit, als seine schon bewirkten Leistungen durch die Kündigung wertlos werden (§ 628 Abs. 1).

Beispiel: Ein Akkordlohnvertrag wird vor Fertigstellung des Stückes von der Dienstpflichtigen gekündigt, weil sie sich verheiraten will. Der Dienstberechtigte kann ihr vom Gesamtlohn die Unkosten abziehen, die ihm durch Uebertragung der Arbeit auf eine andere Dienstpflichtige entstehen.

bb) Wird die Kündigung durch (schuldhaft) vertragswidriges Verhalten des anderen Teils veranlaßt, so kann der Kündigende Ersatz des durch die vorzeitige Aufhebung des Dienstverhältnisses entstandenen Schadens verlangen (§ 628 Abs. 2).

Bei schuldhaftem Verhalten des Dienstberechtigten kann daher der Dienstpflichtige insbesondere den Lohn bis zu dem Zeitpunkt verlangen, an dem das Dienstverhältnis durch ordentliche Kündigung hätte aufgelöst werden können, während der Dienstberechtigte im umgekehrten Falle etwaige Mehrkosten aus der Arbeitsleistung eines anderen Dienstpflichtigen beanspruchen kann.

cc) Das Rücktrittsrecht gemäß §§ 325, 326 ist neben §§ 626 bis 628 ausgeschlossen (vgl. RGZ 92, 158).

5. Stillschweigende Verlängerung des Dienstverhältnisses.

Das Dienstverhältnis gilt als auf unbestimmte Zeit verlängert, wenn es nach dem Ablauf der Dienstzeit mit Wissen und ohne Widerspruch des Dienstberechtigten fortgesetzt wird (§ 625).

V. Besondere Rechtspflichten des Dienstberechtigten zur Abwicklung von dauernden Dienstverhältnissen.

1. Gewähr von Zeit zum Aufsuchen einer neuen Stelle.

Nach der Kündigung eines dauernden Dienstverhältnisses hat der Dienstberechtigte dem Dienstpflichtigen auf Verlangen angemessene Zeit zum Aufsuchen einer neuen Stelle zu gewähren (§ 629).

2. Erteilung eines Zeugnisses.

Bei der Beendigung eines dauernden Dienstverhältnisses kann der Dienstpflichtige vom Dienstberechtigten ein schriftliches Zeugnis über Art und Dauer des Dienstverhältnisses fordern. Auf Verlangen des Dienstpflichtigen ist es auch auf Leistung und Führung auszudehnen (§ 630).

Das Zeugnis muß der Wahrheit entsprechen. Ist es unrichtig, so hat der Dienstpflichtige einen Anspruch auf Berichtigung, d. h. auf Ausstellung eines neuen Zeugnisses, evtl. stehen ihm auch Schadenersatzansprüche aus § 826 zu. Aus § 826 kann aber auch der Dienstberechtigte von einem Dritten haftbar gemacht werden, wenn er wider besseres Wissen ein zu günstiges Zeugnis ausgestellt hat.

3. Erteilung von Auskunft.

Meist wird der Dienstberechtigte auch nach Beendigung des Dienstverhältnisses Dritten auf Anfrage über den Dienstpflichtigen Auskunft zu erteilen haben (§ 242). Der Dienstberechtigte macht sich dann dem Dienstpflichtigen gegenüber schadenersatzpflichtig, wenn er die Auskunft willkürlich verweigert oder schuldhaft eine unrichtige Auskunft erteilt (vgl. auch unten S. 108).

§ 25

Der Werkvertrag

I. Begriff und Abschluß.

Der Werkvertrag ist ein gegenseitiger Vertrag, durch den sich der Unternehmer zur Herstellung des versprochenen Werkes, der Besteller zur Entrichtung der vereinbarten Vergütung verpflichtet (§ 631 Abs. 1).

1. Der Werkvertrag ist das übliche Vertragsverhältnis des Handwerks. Er ist auf die Erzielung eines Arbeitserfolges gegen Entgelt gerichtet, den der Unternehmer selbständig unter eigener Verantwortung und auf eigene Gefahr für das Gelingen erbringen will.

Ueber die Abgrenzung zum Dienstvertrag und Auftrag vgl. oben S. 86, zum Werklieferungsvertrag unten VI.

2. Der Werkvertrag ist ein gegenseitiger schuldrechtlicher Vertrag, auf den die allgemeinen Vorschriften, ergänzt durch Sondervorschriften, Anwendung finden. Der Abschluß des Werkvertrages ist grundsätzlich formfrei.

3. Gegenstand des Werkvertrages kann jeder durch Arbeit ganz beliebiger Art erzielbare Erfolg sein (§ 631 Abs. 2). Meist wird er seinen Ausdruck an einer körperlichen Sache finden.

Beispiel: Bau eines Hauses, eines Denkmals, Herstellung eines Gemäldes, Reparatur einer Maschine, aber auch Vornahme einer Operation, Anfertigung eines Rechtsgutachtens oder Aufführung einer Oper.

Häufig sind Werkverträge mit anderen Verträgen verbunden (vgl. Teil I, S. 46).

Beispiel: Entgeltlicher Besuch einer Kinovorstellung (Werkvertrag mit untergeordneter Platzmiete), Bezug eines Elektroherdes mit Verpflichtung zur Aufstellung in der Wohnung (Kauf mit untergeordnetem Werkvertrag).

II. Pflichten des Unternehmers.

1. Allgemeines.

Der Unternehmer ist zur mangelfreien und rechtzeitigen Herstellung verpflichtet (siehe sogleich 2 und 3). Aus der Art des Vertrages können sich aber noch zahlreiche Nebenpflichten ergeben.

Beispiel: Instandhaltungspflicht der Verkehrsmittel und Warteräume bei der Personenbeförderung. Verwahrungspflicht von Kleidungsstücken, die zur Reinigung oder Reparatur weggegeben sind (hieran sind wegen der allgemeinen Sachverknappung besonders hohe Anforderungen zu stellen, insbesondere müssen wirksame Vorkehrungen gegen Diebstahl getroffen werden).

a) Anders als beim Dienstvertrag braucht der Unternehmer das Werk nur dann persönlich herzustellen, wenn sich dies aus der Art der Leistung ergibt, z. B. bei wissenschaftlichen oder künstlerischen Arbeiten.

Für ein Verschulden seiner Erfüllungsgehilfen haftet der Unternehmer gemäß § 278.

Beispiel: Verletzung von Besuchern eines Motorradrennens durch Verschulden von Rennfahrern (vgl. RGZ 127, 314).

b) Der Unternehmer ist vorleistungspflichtig. Der Anspruch auf die Vergütung entsteht erst bei der Abnahme des Werkes (§ 641).

2. Haftung für Mängel des Werks.

Stellt der Unternehmer das Werk mangelhaft her, d. h. fehlt ihm eine zugesicherte Eigenschaft oder ist es mit Fehlern behaftet, die den Wert oder die Tauglichkeit zu dem gewöhnlichen oder nach dem Vertrag vorausgesetzten Gebrauch aufheben oder mindern, so hat der Besteller außer den allgemeinen Rechtsbehelfen (§§ 320 ff.) noch folgende besondere:

a) Der Besteller kann die Abnahme eines mangelhaften Werkes ablehnen (§ 640 Abs. 2).

Nimmt er aber ab, so verliert er den Anspruch auf Neuherstellung (vgl. RGZ 107, 342).

b) Der Besteller kann die Beseitigung des Mangels verlangen (§ 633 Abs. 2 Satz 1).

Dieser Anspruch wird der besonderen Interessenlage des Werkvertrages gerecht und steht im Vordergrund gegenüber allen anderen Rechtsbehelfen.

Bei Verzug des Unternehmers mit der Nachbesserung kann der Besteller — ähnlich wie der Mieter (§ 538 Abs. 2) — den Mangel auf Kosten des Unternehmers selbst beseitigen (§ 633 Abs. 3).

Um den Unternehmer vor unbilligen Forderungen zu schützen, kann er die Nachbesserung verweigern, wenn sie einen unverhältnismäßigen Aufwand erfordern würde (§ 633 Abs. 2 Satz 2).

Beispiel: Zur Herstellung einer Mauer wurde eine andere Steinsorte als vereinbart verwendet. Durch nachträgliches Einfügen der vereinbarten Steinsorte würde der Vorteil für den Besteller zu dem für die Beseitigung der eingebauten Steine erforderlichen Aufwand an Kosten in offensichtlichem Mißverhältnis stehen (vgl. RGZ 66, 168).

c) Der Besteller kann wandeln oder mindern. Dieses Recht steht ihm jedoch grundsätzlich erst dann zu, wenn er dem Unternehmer eine angemessene Frist zur Beseitigung des Mangels unter Ablehnungsandrohung gesetzt hat und diese Frist fruchtlos verstrichen ist (§ 634 Abs. 1).

Eine Fristsetzung ist nicht erforderlich, wenn die Beseitigung des Mangels unmöglich ist (auch aus zeitlichen Gründen), vom Unternehmer verweigert wird oder wenn die sofortige Wandelung oder Minderung durch ein besonderes Interesse des Bestellers gerechtfertigt ist. Bei geringen Mängeln kann der Besteller zwar nicht Wandelung, wohl aber Minderung verlangen (§ 634 Abs. 2 und 3).

Die Durchführung der Wandelung und Minderung erfolgt nach Kaufrecht (§ 634 Abs. 4).

d) Der Besteller kann Schadenersatz wegen Nichterfüllung statt der Wandelung oder Minderung verlangen, wenn der Mangel des Werkes auf einem Umstand beruht, den der Unternehmer zu vertreten hat (§ 635).

Die Voraussetzung und die Durchführung des Anspruchs sind im übrigen dieselben wie bei der Wandelung und Minderung, außer daß der Anspruch auch bei unerheblichen Mängeln besteht. Zu beachten sind die Unterschiede zu Kauf (§ 463) und Miete (§ 538).

Der Schadenersatzanspruch besteht auch, wenn der Unternehmer eine besondere Garantie übernommen hat, d. h. die Gewähr für einen über die Vertragsmäßigkeit des Werkes hinausgehenden Erfolg zugesichert hat (vgl. grundlegend RGZ 165, 46 ff. und oben Seite 23).

Zu b) bis d):

aa) Sämtliche Gewährleistungsansprüche (§§ 633—635) unterliegen einer kurzen Verjährung (§ 638).

Sie beträgt regelmäßig 6 Monate, bei Arbeiten an einem Grundstück 1 Jahr, bei Bauwerken 5 Jahre von der Abnahme des Werkes an. Im übrigen finden auf die Verjährung die Vorschriften des Kaufrechtes entsprechende Anwendung (§ 639 Abs. 1), jedoch tritt eine Hemmung der Verjährung ein, solange die Frage der Nachbesserung noch ungeklärt ist (§ 639 Abs. 2).

bb) Der Ausschluß der Mängelhaftung in den §§ 637, 640 Abs. 2 ist dem Kaufrecht nachgebildet (vgl. §§ 476, 464, s. oben Seite 28).

3. Haftung für nicht rechtzeitige Herstellung.

Stellt der Unternehmer das Werk nicht rechtzeitig her, so ist der Besteller ebenfalls nicht auf die allgemeinen Rechtsbehelfe (Klage auf Erfüllung oder aus Verzug — Verspätungsschaden § 286, Ansprüche aus § 326) beschränkt. Der Besteller kann auch dann vom Vertrage zurücktreten, wenn die nicht rechtzeitige Herstellung des Werkes oder eines Teils desselben vom Unternehmer n i c h t zu vertreten ist (§ 636).

Die Voraussetzung des Rücktrittrechtes sind dieselben wie in 2c für die Wandelung dargestellt. Es gelten jedoch die allgemeinen Verjährungsvorschriften.

III. Pflichten des Bestellers.

1. Die Vergütungspflicht (§ 641).

Die Vergütung ist bei der Abnahme bzw. Vollendung des Werkes zu entrichten.

Ist das Werk in Teilen abzunehmen und die Vergütung für die einzelnen Teile bestimmt, so ist die Vergütung für jeden Teil bei dessen Abnahme zu entrichten (§§ 641, 646).

Die Vorschriften über die Entrichtung einer Vergütung und deren Höhe entsprechen denen des Dienstvertrages (§ 632 — vgl. § 612, s. oben Seite 88).

2. Die Abnahmepflicht (§§ 640, 646).

a) Um der Abnahmepflicht nachzukommen, muß der Besteller das Werk nicht nur tatsächlich (körperlich) entgegennehmen, sondern auch zu erkennen geben, daß er es als eine der Hauptsache nach vertragsgemäße Leistung anerkennt (vgl. RGZ 107, 343).

b) Ist nach der Beschaffenheit des Werkes eine Abnahme ausgeschlossen, so tritt an die Stelle der Abnahme die Vollendung des Werkes, z. B. bei künstlerischen oder wissenschaftlichen Arbeiten und bei Transportverträgen (vgl. RGZ 66, 16; 110, 404).

Die Abnahme bzw. Vollendung bewirkt:

Beginn der Verjährung (§ 638), Fälligkeit der Vergütung (§ 641), Uebergang der Gefahr auf den Besteller (§§ 644, 645), sowie Umkehr der Beweislast zum Nachteil des Bestellers für später auftretende Mängel (§ 363).

Da die Abnahme eine echte Schuldnerpflicht ist, kann der Unternehmer, wenn sie verweigert wird, auf Erfüllung klagen. Bei Verzug kann er Ersatz des Verzugschadens (§ 286) beanspruchen. Wenn die Abnahme eine Hauptpflicht ist, kann er auch nach § 326 vorgehen. Bei ordnungsgemäßem Angebot kann er sich schließlich auch auf Annahmeverzug (§§ 293 ff.) stützen.

3. Die Mitwirkung (§§ 642, 643).

Der Besteller hat häufig bei der Herstellung des Werkes mitzuwirken.

Beispiel: Lieferung von Material, Bereitstellung des Raumes, Anprobe des Anzugs, Erscheinen zum Malen eines Porträts oder zur Vornahme einer Operation.

Die Mitwirkung ist eine Gläubiger- und keine Schuldnerpflicht, sodaß der Unternehmer keinen klagbaren Anspruch auf Erfüllung hat (vgl. RGZ 53, 223). Unterläßt daher der Besteller die Mitwirkung, so kommt er nur in Annahmeverzug. Um den Interessen des Unternehmers aber gerecht zu werden, sind die Vorschriften des Annahmeverzuges (§ 304) dahin ergänzt, daß der Unternehmer

a) eine angemessene Entschädigung verlangen kann, die sich nach der Dauer des Verzuges und der Höhe der vereinbarten Vergütung unter Anrechnung der ersparten Aufwendungen und Arbeitskraft errechnet (§ 642);

Dieser Anspruch besteht neben der Vergütung, wenn das Werk später noch geleistet wird, oder neben Ansprüchen aus §§ 645, 649 (vgl. RGZ 100 S. 47).

Beispiel: Ein Dekorateur, der sich zur vereinbarten Zeit zwecks Anbringung von Gardinen einfindet, trifft den Besteller nicht an. Er kann Entschädigung für die verlorene Arbeitszeit verlangen.

b) dem Besteller eine angemessene Nachholungsfrist setzen kann mit der Erklärung, daß er den Vertrag kündige, wenn die Handlung nicht bis zum Ablauf der Frist vorgenommen werde (§ 643). Der Vertrag gilt dann nach fruchtlosem Fristablauf als aufgehoben, und der Unternehmer kann einen der geleisteten Arbeit entsprechenden Teil der Vergütung und Ersatz der in der Vergütung nicht inbegriffenen Auslagen verlangen (§ 645 Abs. 1).

IV. Gefahrtragung.

1. Der Unternehmer trägt die Vergütungsgefahr bis zur Abnahme bzw. Vollendung des Werkes (§§ 644, 646 — über die Vergütungsgefahr vgl. oben Seite 13).

Der Unternehmer verliert daher — im Gegensatz zum Dienstpflichtigen — den Anspruch auf die Vergütung, wenn das Werk vor diesem Zeitpunkt zufällig untergeht, z. B. durch Brandschaden, und haftet auch bis dahin für Sachmängel. Er braucht jedoch für den vom Besteller gelieferten und durch Zufall untergegangenen oder verschlechterten Stoff keinen Ersatz zu leisten (keine Haftung für die Leistungsgefahr).

Der Abnahme ist der Annahmeverzug des Bestellers und — entsprechend dem Versendungskauf — die Uebergabe an die Transportanstalt gleichgestellt.

2. Eine Art Teilung der Gefahrtragung tritt ein, wenn das Werk vor der Abnahme infolge eines Mangels des vom Besteller gelieferten Stoffes oder infolge einer vom Besteller für die Ausführung erteilten Anweisung untergegangen, verschlechtert oder unausführbar geworden ist, ohne daß den Unternehmer daran ein Verschulden trifft. Der Unternehmer kann dann einen der geleisteten Arbeit entsprechenden Teil der Vergütung und Ersatz der in der Vergütung nicht inbegriffenen Auslagen verlangen (§ 645).

Weitergehende Ansprüche des Unternehmers aus Verschulden des Bestellers (§§ 324, 642) bleiben unberührt.

V. Unternehmerpfandrecht und Sicherungshypothek.

1. Pfandrecht.

Der Unternehmer hat für alle Forderungen aus dem Werkvertrag an den von ihm hergestellten oder ausgebesserten beweglichen Sachen des Bestellers, die bei der Herstellung oder zum Zwecke der Ausbesserung in seinen Besitz gelangt sind, ein gesetzliches Pfandrecht (§ 647).

Das Pfandrecht besteht auch an unpfändbaren Sachen.

Ein gutgläubiger Erwerb ist möglich, da es sich um ein gesetzliches Besitzpfandrecht handelt, das auf der Uebergabe beruht (§§ 1207, 1257, str.).

2. Sicherungshypothek.

Der Unternehmer eines Bauwerkes kann für seine Forderungen die Einräumung einer Sicherungshypothek am Grundstück des Bestellers (und Eigentümers) verlangen (§ 648 Abs. 1).

Zu den Bauunternehmern gehören auch Bauhandwerker, aber nicht bloße Baustofflieferanten.

Der Inhaber einer Schiffswerft hat einen entspr. Anspruch auf Einräumung einer Schiffshypothek (§ 648 Abs. 2).

Die Sicherung dieser Ansprüche kann außer durch Klage auch durch Vormerkung (§ 883) auf Grund einstweiliger Verfügung (§ 885 Abs. 1 Satz 2), in besonders dringenden Fällen auch durch Arresthypothek erfolgen (§§ 916 ff. ZPO).

VI. Beendigung des Werkvertrages.

Der Werkvertrag endet regelmäßig durch Vollendung des Werkes und Abwicklung der beiderseitigen Leistungen. Eine vorzeitige Aufhebung des Werkvertrages durch Kündigung besteht in folgenden Fällen:

1. Der Unternehmer kann nur kündigen, wenn der Besteller die Frist zur Mitwirkung versäumt (§ 643, vgl. oben III, 3).

2. Der Besteller kann jederzeit kündigen, muß dann jedoch die vereinbarte Vergütung zahlen, gemindert um die infolge der Aufhebung des Vertrages ersparten Aufwendungen und anderweit erzielten oder böswillig unterlassenen Erwerb (§ 649).

Dies ist für den Besteller u. U. noch günstiger, als wenn er für das Werk, das für ihn ohne Interesse geworden ist, die volle Gegenleistung bezahlen müßte.

3. Ein besonderes Kündigungsrecht zugunsten des Bestellers besteht, wenn dem Vertrag ein Kostenanschlag zugrunde liegt, ohne daß der Unternehmer die Gewähr für die Richtigkeit des Anschlages übernommen hat und sich dann ergibt, daß das Werk nicht ohne eine wesentliche Ueberschreitung des Anschlages ausführbar ist. Hier braucht der Besteller, wenn er aus diesem Grunde kündigt, nur einen der geleisteten Arbeit entsprechenden Teil der Vergütung und Ersatz der in der Vergütung nicht inbegriffenen Auslagen zu bezahlen. Um von der Kündigungsmöglichkeit zu erfahren, hat der Unternehmer dem Besteller unverzüglich Anzeige zu erstatten, sobald eine Ueberschreitung des Kostenanschlages zu erwarten ist (§ 650).

Ein Bedürfnis für eine entsprechende Regelung besteht nicht, wenn der Unternehmer für die Innehaltung des Kostenanschlages garantiert hat; denn in diesem Fall ist der Kostenanschlag Vertragsinhalt und der Besteller ist nur in dessen Höhe zur Zahlung verpflichtet.

VII. Der Werklieferungsvertrag.

Beim Werklieferungsvertrag verpflichtet sich der Unternehmer zur Herstellung des versprochenen Werkes aus einem von ihm zu beschaffenden Stoffe (§ 651 Abs. 1).

Soll der Unternehmer nur Zutaten und sonstige Nebensachen liefern, so liegt ein reiner Werkvertrag vor (§ 651 Abs. 2).

Beispiel: Werklieferungsvertrag: Der Schuhmacher stellt aus von ihm zu liefernden Leder ein Paar Schuhe her.

Werkvertrag: Der Schuhmacher stellt aus vom Kunden gelieferten Leder ein Paar Schuhe her, wobei er selbst nur die Nägel zugibt.

Für die rechtliche Behandlung des Werklieferungsvertrages ist zu unterscheiden, ob sein Gegenstand vertretbar ist oder nicht.

1. Ist die herzustellende Sache vertretbar (§ 91), so finden auf den Werklieferungsvertrag die Kaufvorschriften Anwendung (§ 651 Abs. 1 Satz 2).

Beispiel: Bezug von herzustellenden Schuhen von einer Schuhfabrik nach Katalog.

2. Ist die herzustellende Sache nicht vertretbar — d. h. entsprechend den Wünschen des Bestellers anzufertigen —, so treten an die Stelle gewisser Kaufvorschriften die Vorschriften über den Werkvertrag mit Ausnahme der §§ 647, 648.

Nach Kaufrecht richtet sich insbesondere die Pflicht zur Eigentumsverschaffung und die Haftung für Rechtsmängel, nach Werkrecht die Haftung für Sachmängel und der Gefahrübergang bei beweglichen Sachen.

Beispiel: Bestellung von Schuhen nach Maß bei einem Schuhmacher.

§ 26

Der Mäklervertrag

I. Begriff und Abschluß.

Der Mäklervertrag ist ein Vertrag, in dem der eine Teil (Auftraggeber) dem anderen Teil (Mäkler) einen Lohn für den Nachweis einer Gelegenheit zum Abschluß eines Vertrages oder für die Vermittlung eines Vertrages verspricht (§ 652).

1. Der Mäklervertrag des BGB, der für die Vermittlung von Verträgen jeder Art gedacht ist, hat sein Anwendungsgebiet im wesentlichen auf dem Grundstücks- und Hypothekenmarkt, bei der Vermittlung von Miet- und Pachträumen und bei der nicht gewerbsmäßigen Vermittlung. Die Tätigkeit des Mäklers kann auf den bloßen Nachweis der Gelegenheit zum Vertragsabschluß (Nachweismäkler) beschränkt sein oder sich auf die eigentliche Vermittlung eines Vertrages (Abschlußmäkler) ausdehnen.

Sondervorschriften bestehen insbesondere für den gewerblichen Handelsmäkler (§§ 93 ff. HGB). Untersagt ist die Arbeits- und Stellenvermittlung (RG vom 5. 11. 35 — RGBl I, 1281, 1361; 1937, 1413) — außer für Konzertagenturen, Artisten- und Bühnennachweise.

2. Der Mäklervertrag ist ein Vertrag eigener Art. Seine Besonderheit gegenüber Dienst- und Werkvertrag besteht vor allem darin, daß der Mäkler nicht zur Tätigkeit für den Auftraggeber verpflichtet ist. Doch kann sich der Mäkler auch zur Tätigkeit verpflichten oder sogar einen Erfolg versprechen, dann sind die Vorschriften des Dienst- und Werkvertrages ergänzend heranzuziehen.

3. Der Abschluß des Mäklervertrages ist (auch wenn es sich um Grundstücke handelt) an keine Form gebunden.

II. Treupflicht des Mäklers.

Wird der Mäkler tätig, so muß er als Vertrauensmann seines Auftraggebers dessen Interessen wahrnehmen, ihm alles, was für seinen Entschluß wichtig sein kann, mitteilen (z. B. Zahlungsunfähigkeit des Interessenten, Mängel der Sache) und alles unterlassen, was die Interessen seines Auftraggebers gefährden könnte (Treupflicht des Mäklers).

1. Verletzt der Mäkler schuldhafterweise diese Pflicht, so wird er schadenersatzpflichtig und verwirkt in entsprechender Anwendung von § 654 seinen Lohnanspruch (vgl. RGZ 113, 269).

Bedient er sich eines Untermäklers, was im allgemeinen zulässig sein wird, so haftet er für diesen nach § 278.

2. Eine besondere Ausprägung findet die Treupflicht darin, daß der Mäkler den Anspruch auf Lohn und Ersatz seiner Aufwendungen verliert, wenn er vertragswidrig auch für den anderen Teil tätig geworden ist (§ 654).

Inwieweit ein Widerstreit der Interessen eine Tätigkeit für den anderen Teil ausschließt, richtet sich jeweils nach Inhalt und Zweck des Vertrages. Der Nachweismäkler wird häufig als unparteiischer Vermittler für beide Teile tätig sein können (vgl. §§ 98, 99 HGB), seltener der Vermittlungsmäkler.

III. Vergütungspflicht des Auftraggebers.

1. Voraussetzungen der Vergütungspflicht.

Der Auftraggeber muß den Mäklerlohn zahlen, wenn der Vertrag infolge der Tätigkeit des Mäklers zustandegekommen ist. Bis zum Vertragsabschluß ist der Auftraggeber jedoch völlig freigestellt und kann ohne Begründung sowohl den ihm zugeführten Interessenten wie den vorgeschlagenen Vertrag ablehnen.

Eine arglistige Vereitelung des Vergütungsanspruches ist selbstverständlich ausgeschlossen (vgl. RGZ 95, 137).

Der Vergütungsanspruch ist daher an folgende Voraussetzungen geknüpft:

a) Der Mäkler muß von dem Auftraggeber beauftragt sein.

Das kann auch stillschweigend geschehen, z. B. durch widerspruchslose Duldung der Mäklertätigkeit.

b) Der vorgesehene Vertrag muß gültig zustandegekommen sein.

Ist er nichtig, wird er erfolgreich angefochten, eine Genehmigung nicht erteilt oder ein Vorkaufsrecht ausgeübt, wodurch der wirtschaftliche Erfolg des Vertrages nicht erreicht wird, so besteht kein Anspruch auf Mäklerlohn. Ist der Vertrag unter einer aufschiebenden Bedingung geschlossen, so ist der Mäklerlohn erst nach deren Eintritt zu zahlen. Eine nachträgliche Aufhebung (z. B. durch Rücktritt oder Wandelung) ist unschädlich.

c) Der Vertrag muß infolge der Tätigkeit des Mäklers zustandegekommen sein.

Die Mäklertätigkeit muß ursächlich oder zumindest mit ursächlich für den Vertragsabschluß gewesen sein. Bei dem Nachweismäkler genügt das bloße Zuführen eines Interessenten, beim Vermittlungsmäkler muß eine gewisse Einwirkung auf den Interessenten hinzukommen, die eine Grundlage für den später abgeschlossenen Vertrag geschaffen hat. Darauf ist besonders dann abzustellen, wenn zunächst die Verhandlung gescheitert ist und dann ohne den Mäkler fortgesetzt und zum Abschluß gebracht wird.

d) Der Auftraggeber muß in Kenntnis der Mäklertätigkeit den Vertrag abgeschlossen haben, so daß er bei der Festsetzung der Vertragsbedingungen auf die Vergütung des Mäklers Rücksicht nehmen konnte.

2. Umfang der Vergütungspflicht.

a) Ist über die Vergütung nichts gesagt oder deren Höhe nicht bestimmt, so gilt die gleiche Regelung wie beim Dienstvertrage (§ 653 — vgl. § 612 s. oben Seite 88).

Ein für die Vermittlung von Dienstverträgen vereinbarter unverhältnismäßig hoher Mäklerlohn kann vor der Entrichtung durch richterliches Urteil herabgesetzt werden (§ 654 Abs. 2, nur noch wenig praktisch vgl. oben I, 1).

b) Auslagen sind dem Mäkler nur zu ersetzen, wenn dies besonders vereinbart ist (§ 652 Abs. 2). Dies gilt auch, wenn der Vertrag nicht zustandekommen ist, wird jedoch meist durch die sog. Spesenklausel ausgeschlossen.

IV. Beendigung des Mäklervertrages.

Der Mäklervertrag kann vom Auftraggeber jederzeit widerrufen, vom Mäkler jederzeit gekündigt werden.

Hat sich der Mäkler zur Tätigkeit verpflichtet, so hat er das Kündigungsrecht nur bei wichtigem Grunde (§ 626).

V. Sondervorschriften für die Heiratsvermittlung.

Die Heiratsvermittlung begründet keinen klagbaren Lohnanspruch (sog. Naturalobligation, vgl. Teil I S. 8), jedoch kann das zur Erfüllung Geleistete nicht deshalb zurückgefordert werden, weil eine Verbindlichkeit nicht bestanden hat (§ 656).

Unklagbar ist auch ein Schuldanerkenntnis oder eine sonstige Verbindlichkeit, die zur Erfüllung des Lohnversprechens eingegangen ist, z. B. ein Wechsel (vgl. die entsprechende Regelung bei Spiel und Wette §§ 762 ff. — unten Seite 133).

§ 27
Die Auslobung

I. Begriff und Rechtsnatur.

Die Auslobung ist ein einseitiges, öffentlich bekanntgemachtes Versprechen einer Belohnung für die Vornahme einer Handlung, insbesondere für die Herbeiführung eines Erfolges (§ 657).

1. Die Auslobung kann mannigfachen Zwecken dienen.

Beispiel: Aussetzung einer Belohnung (1) für die Teilnahme an einer Aktion zur Rettung verschütteter Bergleute oder an einer wissenschaftlichen Expedition (Vornahme einer Handlung); (2) zur Ablieferung landwirtschaftlicher Erzeugnisse in Ueberschreitung des Solls, Wiederbeschaffung gestohlener oder verloren gegangener Gegenstände, Ergreifung eines Verbrechers, Lösung technischer, wissenschaftlicher oder künstlerischer Aufgaben (Herbeiführung eines Erfolges).

Bei mangelnder Ernstlichkeit (z. B. bei marktschreierischer Reklame) ist die Auslobung gemäß § 118 nichtig.

2. Die Auslobung verpflichtet auf Grund des einseitigen öffentlichen Versprechens (Versprechenstheorie, anders die Vertragstheorie, die einen Vertragsantrag an eine unbestimmte Person annimmt). Die Verpflichtung zur Entrichtung der Belohnung besteht daher auch gegenüber demjenigen, der die Handlung ohne Kenntnis der Auslobung vorgenommen hat.

II. Das Widerrufsrecht.

Bis zur Vornahme der Handlung kann die Auslobung widerrufen werden, sofern nicht auf den Widerruf verzichtet worden ist (§ 658).

Der Widerruf muß in derselben Form wie die Auslobung erfolgen oder durch besondere Mitteilung geschehen, die dann aber nur gegenüber dem Empfänger wirkt. Ein Verzicht auf den Widerruf liegt i. Zw. in der Bestimmung einer Frist für die Vornahme der Handlung. Nach den allgemeinen Vorschriften (§§ 119 ff.) ist auch die Anfechtung der Auslobung zulässig, die dann aber auch in der gleichen Form wie der Widerruf zu geschehen hat.

III. Der Anspruch auf die Belohnung.

Den Anspruch auf die Belohnung erwirbt derjenige, der die Handlung zuerst vorgenommen hat; haben sie mehrere gleichzeitig ausgeführt, so ist die Belohnung zu teilen (näheres § 659); haben mehrere an der Herbeiführung des Erfolges gemeinsam mitgewirkt, so hat der Auslobende die Belohnung angemessen zu verteilen (Näheres § 660).

IV. Das Preisausschreiben.

Ein Unterfall der Auslobung ist das Preisausschreiben (§ 661).

Es unterscheidet sich von der Auslobung dadurch, daß die Belohnung nur den Bewerbern versprochen wird und der Anspruch erst mit der Entscheidung der Preisrichter entsteht.

Beispiel: Preisausschreiben für wissenschaftliche, künstlerische oder sportliche Leistungen, musikalischer Rätselfunk mit Preisen, Preisausschreiben in Zeitungen.

Das Preisausschreiben muß eine Frist für die Bewerbungen enthalten (daher i. Zw. unwiderruflich). Die Entscheidung erfolgt durch die Preisrichter unter Ausschluß des Rechtsweges (vgl. RGZ 143, 259 ff. „Schützenmeister"). Eine Eigentumsübertragung am Werk kann nur verlangt werden, wenn dies in der Auslobung selbst bestimmt war.

§ 28

Der Auftrag

I. Begriff und Abschluß.

Der Auftrag ist ein Vertrag, durch den sich der Beauftragte dem Auftraggeber gegenüber zur unentgeltlichen Besorgung eines Geschäfts verpflichtet (§ 662).

1. Der Auftrag ist der umfassende Begriff für den unentgeltlichen Betätigungsvertrag. Trotzdem kommt er praktisch wegen der Unentgeltlichkeit nur selten vor. Das Auftragsrecht gewinnt aber an Bedeutung, weil in zahlreichen Fällen darauf verwiesen wird. Dies gilt insbesondere für Dienst- und Werkverträge, die eine Geschäftsbesorgung zum Gegenstand haben (§ 675), für die Geschäftsführung ohne Auftrag (§§ 677 ff.) und für sonstige ständige Geschäftsführungen (vgl. u. a. §§ 27 Abs. 3, 86, 713, 2218).

2. Der Auftrag ist ein unvollkommen zweiseitiger Vertrag (vgl. Teil I S. 53), da der Beauftragte notwendigerweise, der Auftraggeber nur möglicherweise verpflichtet wird.

3. Gegenstand des Auftrages ist eine unentgeltliche Geschäftsbesorgung.

(Ueber den Begriff der Unentgeltlichkeit vgl. oben Seite 42.)

Wegen der zahlreichen Erscheinungsformen von Geschäftsbesorgungen konnte ein einheitlicher Begriff nicht aufgestellt werden. Um alle unentgeltlichen Tätigkeiten zu erfassen, sind als Geschäftsbesorgungen i. S. von § 662 (und § 677) die Vornahme von Rechtsgeschäften aller Art sowie von rechtsähnlichen und tatsächlichen Handlungen anzusehen. Sie müssen jedoch eine Tätigkeit darstellen, die an sich der Sorge des anderen (Auftraggebers) obliegen würde und durch die daher dessen Interessen gefördert werden (vgl. RGZ 97, 65). Da eine „Tätigkeit" erforderlich ist, genügt ein bloßes Gewähren noch nicht.

Beispiel: Geschäftsbesorgung innerhalb eines Auftrages ist das unentgeltliche Ueberbringen eines Paketes oder die Vornahme einer Reparatur sowie die Tätigkeit des Arztes, Rechtsanwaltes oder Lehrers, wenn sie unentgeltlich ausgeübt wird; auch die unentgeltliche Beschaffung von Waren, nicht aber die bloße Mitnahme in einem Kraftfahrzeug (vgl. RGZ 65, 18, aber auch 145, 394).

4. Der Abschluß des Auftrages bedarf keiner Form und kann auch stillschweigend erfolgen.

a) Eine Beauftragung wird regelmäßig die Bevollmächtigung enthalten, soweit ihr nicht ein anderes Rechtsverhältnis zugrunde liegt.

Jedoch müssen nach BGB Auftrag und Vollmacht streng unterschieden werden: Der Auftrag betrifft das Innenverhältnis zwischen Beauftragtem und Auftraggeber, das den Beauftragten zur Tätigkeit verpflichtet; die Vollmacht berührt dagegen nur das Außenverhältnis zwischen Beauftragtem und Drittem (vgl. aber auch §§ 168, 169). Je nach dem Inhalt des Auftrages kann der Beauftragte im eigenen Namen oder im Namen des Auftraggebers auftreten und entsprechend entweder sich selbst oder seinen Auftraggeber (§ 164) verpflichten.

b) Eine besondere Anzeigepflicht besteht bei Ablehnung von Aufträgen auf Geschäftsbesorgung für diejenigen, die zur Besorgung gewisser Geschäfte öffentlich bestellt sind oder sich hierzu öffentlich oder dem Auftraggeber gegenüber erboten haben (§ 663).

Die Verletzung der Anzeigepflicht läßt (anders als nach § 362 HGB) den Auftrag nicht zustandekommen, verpflichtet aber zum Ersatz des Vertrauensschadens (vgl. RGZ 104, 267).

Die Vorschrift hat wesentliche Bedeutung für die entgeltliche Geschäftsbesorgung gemäß § 675, z. B. für Agenten oder Mäkler, die durch Zeitungs- oder Rundfunkwerbung, durch Hausschild oder sonst öffentlich ihre Tätigkeit anbieten.

II. Die Pflichten des Beauftragten.

1. Pflicht zur sachgemäßen Durchführung.

Durch die Annahme des Auftrages wird der Beauftragte zu dessen sorgfältiger Ausführung verpflichtet. Trotz der Unentgeltlichkeit haftet der Beauftragte für jedes Verschulden (§ 276).

a) Der Beauftragte muß den Auftrag im Zweifel persönlich ausführen, doch ist die unterstützende Zuziehung von Gehilfen zulässig, für die der Beauftragte nach § 278 haftet. Ist dem Beauftragten aber die Uebertragung an einen Dritten (sog. Substitution) gestattet, so haftet er nur für ein Verschulden bei der Auswahl und in der Unterweisung des Dritten, nicht aber für dessen Verschulden und regelmäßig auch nicht für seine Beaufsichtigung (§ 664 Abs. 1).

Ist die Uebertragung vertragswidrig, so haftet der Beauftragte für jeden Schaden, der ohne die Uebertragung nicht eingetreten wäre. Ein Verschulden des Dritten ist dazu nicht erforderlich.

Ebenso wie der Beauftragte die Ausführung des Auftrages, darf auch der Auftraggeber den Anspruch darauf im Zweifel nicht übertragen (§ 664 Abs. 2 — vgl. § 613 — oben Seite 87).

b) Der Beauftragte hat den Weisungen des Auftraggebers zu folgen; er darf von den Weisungen nur abweichen, wenn er den Umständen nach annehmen darf, daß der Auftraggeber bei Kenntnis der Sachlage die Abweichung billigen würde. Der Beauftragte hat dies nach Möglichkeit vorher anzuzeigen und eine Entschließung des Auftraggebers abzuwarten (§ 665).

2. Pflicht zur Benachrichtigung, Auskunftserteilung.

Der Beauftragte ist verpflichtet, dem Auftraggeber die erforderlichen Nachrichten zu geben, auf Verlangen Auskunft zu erteilen und Rechenschaft abzulegen (§ 666).

3. Pflicht zur Herausgabe.

Der Beauftragte ist verpflichtet, dem Auftraggeber alles, was er zur Ausführung des Auftrages erhält und aus der Geschäftsbesorgung erlangt, herauszugeben (§ 667).

Die Herausgabepflicht ist umfassend und erstreckt sich nicht nur auf die in Ausführung des Auftrages erlangten Sachen, sondern auch auf das vom Auftraggeber erhaltene Arbeitsgerät, sowie auf sonstige Vorteile, insbesondere auf Sonderprovisionen und Schmiergelder, soweit der Beauftragte durch ihre Zuwendung zum Nachteil des Auftraggebers beeinflußt werden sollte (vgl. RGZ 99, 31; 146, 204).

Verwendet der Beauftragte Geld eigennützig für sich, so hat er es von der Zeit der Verwendung an zu verzinsen (§ 668).

Außerdem werden meist Schadenersatzansprüche aus § 823 (in Vbdg. mit §§ 246, 266 StGB) bestehen.

III. Die Pflichten des Auftraggebers.

1. Vorschußpflicht.

Der Auftraggeber ist verpflichtet, dem Beauftragten auf Verlangen Vorschuß für die (objektiv) erforderlichen Aufwendungen zu leisten (§ 669).

Bei Verweigerung kann der Beauftragte zwar nicht auf Erfüllung klagen, aber die Ausführung des Auftrages einstweilen verweigern (vgl. RGZ 82, 400).

2. Pflicht zum Ersatz von Aufwendungen.

Der Auftraggeber muß solche Aufwendungen ersetzen, die der Beauftragte für erforderlich halten durfte (§ 670).

Aufwendungen sind freiwillige Aufopferungen von Vermögenswerten, die in Ausführung des Auftrages oder nur in notwendiger Folge desselben gemacht sind (vgl. RGZ 122, 303).

Beispiel: Erstattung des Kaufpreises und der Fütterungskosten für den in Ausführung eines Auftrages gekauften Hund, der Reisekosten für seine Abholung, der Prozeßkosten, um ihn dem Auftraggeber zu erhalten.

3. Pflicht zum Ersatz von Schäden.

Ein besondere Bestimmung für den Ersatz von Schäden, die der Beauftragte in Ausführung des Auftrages erleidet, fehlt. Der Auftraggeber würde daher nur haften, wenn ihn ein Verschulden trifft (§ 276), wenn er z. B. den Beauftragten nicht vor einer ihm unbekannten Gefahr gewarnt hat.

Beispiel: Der Auftraggeber ist dem Beauftragten schadenersatzpflichtig, wenn er ihm nicht mitteilt, daß die abzuholende Flüssigkeit eine ätzende Säure ist, und der Beauftragte infolgedessen Schaden an seiner Gesundheit oder an seinen Sachen erleidet.

Da dieser Haftungstatbestand jedoch zu eng ist, hat die Rechtsprechung durch eine Erweiterung des Aufwendungsbegriffes geholfen und bei Schäden, die von keiner Partei verschuldet waren, einen Ersatzanspruch dann gegeben, wenn die Ausführung des Auftrages für beide Teile erkennbar mit einer besonderen Gefahr für Leben, Gesundheit oder Vermögen verbunden war.

Beispiel: Ersatz von Schäden, die der Beauftragte bei Einfangen eines tollwütigen Hundes (vgl. RGZ 94, 169), bei der Hilfeleistung zur Behandlung eines erkrankten Pferdes (vgl. RG JW 31, 3442), bei Rettungs- und Löscharbeiten im Brandfalle (vgl. RGZ 98, 195), bei der Verfolgung oder Bewachung von Verbrechern (vgl. RG JW 27, 441) erleidet. Noch weitergehend hat das RG sogar den Einsatz des Lebens als Aufwendung angesehen und den Hinterbliebenen des Beauftragten Ansprüche aus §§ 844, 845 zugebilligt (der Beauftragte wurde von dem ertrinkenden „Auftraggeber" zur Hilfe gerufen und ertrank selbst, vgl. RGZ 167, 89, und Weiglin SJZ 1946 S. 90, Fritzle SJZ 1946 S 218).

IV. Die Beendigung des Auftrages.

1. Der Auftrag findet seine natürliche Beendigung durch seine Ausführung. Außerdem bestehen neben den allgemeinen Endigungsgründen (u. a. Beendigung durch gegenseitiges Uebereinkommen, Ablauf einer vereinbarten Zeit, sonstige Zweckerreichung) folgende besondere Endigungsgründe:

a) Kündigung und Widerruf.

Der Auftrag kann (für die Zukunft) von dem Auftraggeber jederzeit widerrufen, von dem Beauftragten jederzeit gekündigt werden (§ 671).

Der Beauftragte soll jedoch ohne wichtigen Grund nicht zur Unzeit kündigen, d. h. nur in der Art, daß der Auftraggeber für das

Geschäft anderweit Fürsorge treffen kann. Die Kündigung ist sonst zwar gleichwohl wirksam, verpflichtet aber zum Schadenersatz. Ein Verzicht des Beauftragten auf das Kündigungsrecht ist wirkungslos, wenn ein wichtiger Grund vorliegt.

b) Tod, Geschäftsunfähigkeit.

aa) Bei Tod oder Geschäftsunfähigkeit des Auftraggebers bleibt der Auftrag im Zweifel bestehen (§ 672).

Ist eine Lösung vereinbart oder ergibt sie sich aus der Natur des Geschäftes, so hat der Beauftragte bei Gefahr im Verzuge das Geschäft so lange fortzuführen, bis anderweit Fürsorge getroffen werden kann; der Auftrag gilt insoweit als fortbestehend.

bb) Bei Tod des Beauftragten erlischt im Zweifel der Auftrag (§ 673).

Der Erbe ist anzeige- und fortsetzungspflichtig.
Geschäftsunfähigkeit des Beauftragten läßt den Auftrag zu rechtsgeschäftlichem Handeln wegen Unmöglichkeit (§§ 275, 105) erlöschen, inwieweit er in anderen Fällen erlischt, ist Auslegungsfrage.

2. Ein besonderer Schutz des Beauftragten besteht, wenn der Auftrag in anderer Weise als durch Widerruf erlischt. Der Auftrag gilt dann zugunsten des Beauftragten als fortbestehend, bis er von dem Erlöschen Kenntnis erlangt oder erlangen mußte (§ 674).

Der Beauftragte kann daher noch Ersatz seiner Aufwendungen verlangen, die er in gutem Glauben an den Fortbestand des Auftrages gemacht hat. Ist der Beauftragte zugleich Bevollmächtigter, so wirkt auch seine Vollmacht weiter, jedoch nicht gegenüber einem bösgläubigen Dritten (§§ 168 Satz 1, 169).

V. Die entgeltliche Geschäftsbesorgung.

Die meisten Vorschriften des Auftragsrechts kommen auf Dienst- und Werkverträge, die eine Geschäftsbesorgung zum Gegenstand haben, neben den Regeln jener Verträge zur entsprechenden Anwendung (§ 675).

Der Begriff der Geschäftsbesorgung in § 675 ist nach der h. L. enger als in § 662, doch neigt die Rechtsprechung immer mehr zur Gleichsetzung beider Begriffe.

Eine Geschäftsbesorgung i. S. von § 675 ist jede selbständige Tätigkeit wirtschaftlicher Art, die für einen anderen in dessen Interesse vorgenommen wird (h. L.). Sie umfaßt (wie § 662) rechtsgeschäftliche, rechtsähnliche und tatsächliche Handlungen.

Beispiel: Tätigkeit des Rechtsanwalts, Treuhänders, der Banken im Verhältnis zu ihren Kunden, des Bücherrevisors, des Kommissionärs, Spediteurs, nicht aber der Hausgehilfin (unselbständig) oder des Arztes oder Lehrers (nicht vermögensrechtlich).

VI. Rat und Empfehlung.

1. Wer einem anderen einen Rat, eine Empfehlung (oder eine Auskunft) erteilt, ist zum Ersatz eines Schadens, der aus der Befolgung entsteht, nicht verpflichtet (§ 676).

2. Ein besonderer Haftungsgrund kann sich aber als Haupt- oder Nebenpflicht eines (meist entgeltlichen) Vertrages oder aus unerlaubter Handlung (§§ 823 ff.) ergeben.

Beispiel: Haftung des Rechtsanwalts, der Auskunftei und des Reisebüros für erteilte Auskünfte, bei dauernden Geschäftsbeziehungen zwischen Bank und Kunden für die Bankauskunft (vertragsähnliches Vertrauensverhältnis, vgl. RGZ 126, 52), bei wissentlich falscher Auskunft über die Zuverlässigkeit einer anderen Firma (unerlaubte Handlung § 826, vgl. RGZ 76, 318).

§ 29

Die Geschäftsführung ohne Auftrag

I. Begriff und Rechtsnatur.

Eine Geschäftsführung ohne Auftrag liegt vor, wenn jemand (als Geschäftsführer) ein Geschäft für einen anderen (den Geschäftsherrn) unentgeltlich besorgt, ohne von ihm dazu beauftragt oder sonst dazu berechtigt zu sein (§ 677).

1. Die Geschäftsführung ohne Auftrag regelt die unerbetene Wahrnehmung fremder Interessen. Soweit die Rechtsordnung sie anerkennen muß und die Geschäftsführung daher berechtigt ist, muß der Geschäftsherr sie gegen sich gelten lassen und bedarf der Geschäftsführer des Schutzes; soweit sie lediglich eine unerwünschte Einmischung in fremde Angelegenheiten darstellt, muß der Geschäftsherr gesichert werden.

2. Die Geschäftsführung ohne Auftrag begründet ein gesetzliches, auftragsähnliches Schuldverhältnis, das an das einseitige Handeln der einen Partei geknüpft ist.

Bezüglich der Geschäftsfähigkeit ist sie jedoch den Rechtsgeschäften gleichgestellt, sodaß der Geschäftsführer bei Geschäftsunfähigkeit oder mangelnder Geschäftsfähigkeit nur nach dem Recht der unerlaubten Handlung und ungerechtfertigten Bereicherung und nicht nach dem strengeren Auftragsrecht verantwortlich ist (§ 682).

II. Voraussetzung der Geschäftsführung ohne Auftrag.

Die Geschäftsführung ohne Auftrag ist die Geschäftsbesorgung für einen anderen.

1. Der Begriff der Geschäftsbesorgung ist ebenso umfassend wie beim Auftrag (§ 662, vgl. oben Seite 103).

2. Die Geschäftsbesorgung muß für einen anderen geschehen; der Geschäftsführer muß daher das Bewußtsein und die Absicht haben, ein Geschäft zu führen, das zu dem Rechtskreis eines anderen gehört. Nicht erforderlich ist, daß der Geschäftsführer den Geschäftsherrn kennt, daher ist auch ein Irrtum in der Person des Geschäftsherrn unbeachtlich; es wird nur der wirkliche Geschäftsherr berechtigt und verpflichtet (§ 686).

Auch kann der Geschäftsführer neben den fremden Interessen zugleich eigene wahrnehmen (vgl. RGZ 126, 293) oder einem Dritten gegenüber zur Vornahme des Geschäftes verpflichtet sein (vgl. RGZ 82, 214).

Im einzelnen ist zu unterscheiden zwischen

a) objektiv fremden Geschäften, die bereits ihrer Natur nach einem fremden Rechtskreis angehören.

Beispiel: Bebauung eines fremden Grundstücks, Bezahlung fremder Schulden, Fütterung eines fremden Tieres.

Hier ergibt sich schon aus der Vornahme des Geschäftes die Vermutung für das Bewußtsein und die Absicht, ein fremdes Geschäft zu führen.

Bei irrtümlicher oder absichtlicher Führung eines fremden Geschäftes als eigenes gilt § 687 (vgl. unter IV), und

b) neutralen Geschäften, die erst durch die Absicht, ein fremdes Geschäft zu führen, dem fremden Rechtskreis zugerechnet werden können.

Beispiel: Ankauf von Waren für einen anderen.
Die Absicht, für einen anderen zu handeln, muß irgendwie erkennbar hervorgetreten sein und ist von dem Geschäftsführer zu beweisen, wenn er Rechte daraus herleiten will.

III. Rechtsfolgen der Geschäftsführung ohne Auftrag.

Für die rechtliche Beurteilung der Geschäftsführung ohne Auftrag ist darauf abzustellen, ob die Geschäftsführung als berechtigt anzuerkennen ist oder nicht.

1. Eine berechtigte Geschäftsführung liegt vor, wenn ihre Uebernahme dem wirklichen oder mutmaßlichen Willen des Geschäftsherrn entspricht (§ 678). Das gleiche gilt, wenn die Geschäftsführung von dem Geschäftsherrn genehmigt wird (§ 684 Satz 2).

Auf den Willen des Geschäftsherrn kommt es nicht an, wenn ohne die Geschäftsführung eine im öffentlichen Interesse liegende Pflicht oder eine gesetzliche Unterhaltspflicht des Geschäftsherrn nicht rechtzeitig erfüllt werden würde (§ 679).

Es ergeben sich dann folgende Verpflichtungen:

a) Der Geschäftsführer hat das übernommene Geschäft nach dem (objektiven) Interesse des Geschäftsherrn mit Rücksicht auf dessen wirklichen oder mutmaßlichen Willen zu führen (§ 677). Er hat, sobald es tunlich ist, dem Geschäftsherrn die Uebernahme der Geschäftsführung anzuzeigen und — falls nicht Gefahr im Verzuge ist — dessen Entscheidung abzuwarten. Außerdem hat er — entsprechend dem Beauftragten — die Pflicht zur Auskunft und Herausgabe des Erlangten sowie zur Verzinsung eigennützig verwandten Geldes (§ 681). Er haftet auch für leichte Fahrlässigkeit (§ 276), jedoch tritt eine Haftungsmilderung auf Vorsatz und grobe Fahrlässigkeit ein, wenn die Uebernahme der Geschäftsführung die Abwendung einer dem Geschäftsherrn drohenden dringenden Gefahr bezweckte (§ 680).

b) Der Geschäftsherr ist verpflichtet, dem Geschäftsführer die gemachten Aufwendungen zu ersetzen (§§ 683, 670 — vgl. oben Seite 106), es sei denn, daß der Geschäftsführer die Absicht hatte, von dem Geschäftsherrn keinen Ersatz zu verlangen (§ 685 Abs. 1). Letzteres ist im Zweifel anzunehmen, wenn Eltern oder Voreltern ihren Abkömmlingen oder diese jenen Unterhalt gewähren (§ 685 Abs. 2).

Beispiel: Es läßt jemand (Geschäftsführer) in den Mantel eines anderen (Geschäftsherr) bei einer günstigen Gelegenheit ein Futter einsetzen, was sich der Eigentümer des Mantels schon lange Zeit ersehnt hatte. Der Geschäftsführer kann Ersatz der Kosten verlangen, die er dafür bezahlt hatte außer wenn ihm eine Ersatzabsicht fehlte.

2. Liegt eine berechtigte Geschäftsführung gemäß 1. nicht vor, so gilt

a) der Geschäftsführer, der erkennen mußte, daß die Geschäftsführung unberechtigt ist, haftet sogar für zufälligen Schaden (§ 678), doch tritt auch hier eine Haftungsmilderung bei dringender Gefahr ein (§ 680);

b) der Geschäftsherr braucht keinen Ersatz von Aufwendungen zu leisten, sondern hat nur nach Bereicherungsrecht das herauszugeben, was er durch die Geschäftsführung erlangt hat (§ 684 S. 1).

Beispiel: Es läßt jemand in den Mantel eines anderen ein Futter einsetzen, ohne irgendeinen Anhaltspunkt für dessen dahingehende Absicht zu haben Der Geschäftsführer kann jetzt die Kosten für den Futtereinsatz nicht verlangen und ist außerdem dem Geschäftsherrn schadenersatzpflichtig, wenn diesem z B, während der Mantel beim Schneider war, eine günstige Verkaufsgelegenheit entgangen ist Der Geschäftsherr muß, wenn er den Mantel bereits mit dem Futter erhalten hat, das Futter gemäß § 812 herausgeben.

IV. Sonderfälle.

1. Irrtümliche Geschäftsführung ohne Auftrag

Besorgt jemand ein (objektiv) fremdes Geschäft irrtümlich in der Meinung, daß es sein eigenes sei, so ist eine Geschäftsführung ohne Auftrag begrifflich ausgeschlossen. Die §§ 677—686 finden daher keine Anwendung (§ 687 Abs. 1). Möglich ist dann eine Haftung kraft Bereicherungsrecht oder auch nach sachenrechtlichen Vorschriften (§§ 946 ff., 985 ff.); der Geschäftsführer kann auch aus unerlaubter Handlung nach § 823 verantwortlich sein

Beispiel: Läßt jemand ein fremdes Buch einbinden in der irrtümlichen Meinung, es gehöre ihm, so kann er gemäß §§ 947, 951, 812 für den Einband eine Vergütung in Geld verlangen.

Verkauft jemand irrtümlich ein fremdes Bild, so kann der Eigentümer gemäß § 816 die Herausgabe des durch den Verkauf des Bildes Erlangten verlangen.

2. Unechte Geschäftsführung ohne Auftrag.

Behandelt jemand ein (objektiv) fremdes Geschäft wider besseres Wissen als sein eigenes, so ist zwar auch eine Geschäftsführung ohne Auftrag nicht gegeben, doch kann der Geschäftsherr die Ansprüche aus Geschäftsführung ohne Auftrag geltend machen, muß aber selbst eine aus der Geschäftsführung erlangte Bereicherung herausgeben (§ 687 Abs. 2).

Dies bedeutet eine Verbesserung der Rechtslage des Geschäftsherrn, insbesondere deshalb, weil er gemäß §§ 681, 666, 667 den Anspruch auf Rechenschaftslegung und Herausgabe des Erlangten bekommt, worunter auch ein durch den Weiterverkauf erzielter Mehrerlös fällt. Diese Ansprüche würden nicht immer bestehen, wenn der Geschäftsherr nur aus unerlaubter Handlung (§ 823) oder ungerechtfertigter Bereicherung (§§ 812 ff.) vorgehen könnte.

Beispiel: 1. Ein Händler erwirbt ein wertvolles Bild von einem unkundigen Erben zu einem billigen Preise und verkauft es zu einem teuren weiter. Ficht dann der Erbe den Kaufvertrag mit dem Händler an (§ 123), so war der Weiterverkauf für den Händler ein „fremdes" Geschäft, da die Kenntnis der Anfechtbarkeit gemäß § 142 Abs. 2 der Kenntnis der Nichtberechtigung des Händlers (Geschäftsführers) gleichsteht. Der Erbe kann dann gemäß §§ 687 Abs. 2, 681, 666 die Herausgabe des vollen, bei dem Weiterverkauf erzielten Kaufpreises verlangen (vgl. RGZ 138, 49).

2. Vermietet jemand fremde Möbel unter Mißbrauch des Vermieterpfandrechts, so kann der Eigentümer der Möbel Herausgabe des erlangten Mietzinses verlangen (vgl. RGZ 105, 408).

§ 30

Die Verwahrung

I. Begriff und Gegenstand.

Durch den Verwahrungsvertrag wird der Verwahrer verpflichtet, eine ihm vom Hinterleger übergebene bewegliche Sache aufzubewahren (§ 688)

1. Die Verwahrung bezweckt die entgeltliche oder unentgeltliche Gewährung von Raum und Uebernahme der Obhut für eine fremde bewegliche Sache.

Erfolgt bloße (entgeltliche) Raumgewährung, so ist Miete gegeben (z. B. eines Stahlkammerfaches RGZ 141, 99); wird nur das Abstellen geduldet (z. B. von Fahrrädern in einem Laden — anders bei Parkplätzen), so liegt eine bloße Gefälligkeit vor.

Beim Verwahrungsvertrag der §§ 688 ff. stellt die Verwahrung den Hauptinhalt des Vertrages dar, doch kommen Verwahrungspflichten häufig als Nebenpflichten bei anderen Verträgen vor.

Beispiel: Aufbewahrungspflicht von Garderobe im Theater, auch wenn keine besondere Gebühr erhoben wird (Nebenpflicht zum Werkvertrag).

Sondervorschriften bestehen im Handelsrecht, insbesondere für das Lagergeschäft (§§ 416 ff. HGB), das Orderlagergeschäft (VO v.

16. 12. 31, RGBl. I 763) und für die Verwahrung von Wertpapieren (Depotgesetz vom 4. 2. 37, RGBl. I, 171).

2. Die Verwahrung ist ein Realvertrag, da sie durch die Hingabe der Sache zustandekommt. Ist sie entgeltlich, so stellt sie einen gegenseitigen Vertrag dar, ist sie unentgeltlich, so ist sie ein unvollkommen zweiseitiger Vertrag mit notwendigen Pflichten des Verwahrers und möglichen Pflichten des Hinterlegers.

3. Gegenstand der Verwahrung können nur bewegliche Sachen sein.

Der Vertrag über die Bewachung von Grundstücken ist daher nur als Dienst- oder Werkvertrag oder als Auftrag möglich.

II. Rechte und Pflichten der Vertragsteile.

1. Rechtsstellung des Verwahrers.

a) Der Verwahrer hat die Sache aufzubewahren (§ 698) und ist zur Obhut verpflichtet.

Aus der Obhutspflicht können sich nach Treu und Glauben auch gewisse Nebenpflichten, insbesondere Erhaltungspflichten, ergeben, z. B. Schutz der verwahrten Möbel vor Feuchtigkeit.

b) Der Verwahrer haftet regelmäßig für jedes Verschulden; bei der unentgeltlichen Verwahrung braucht er jedoch nur für diejenige Sorgfalt einzustehen, die er in eigenen Angelegenheiten anwendet (§ 690, vgl. § 277).

c) Die sonstigen Pflichten des Verwahrers sind ähnlich denen des Beauftragten geregelt: Im Zweifel muß er die Verwahrung selbst ausführen (§ 691; vgl. § 664), darf die vereinbarte Art der Aufbewahrung nur ändern, wenn die Billigung des Hinterlegers anzunehmen ist (§ 692, vgl. § 665) und hat eigennützig verwandtes Geld zu verzinsen (§ 698, vgl. § 668).

2. Rechtsstellung des Hinterlegers.

a) Der Hinterleger muß eine Vergütung zahlen, wenn eine solche vereinbart oder die Aufbewahrung den Umständen nach nur gegen eine Vergütung zu erwarten ist (§ 689).

Die Vergütung ist nach dem Ende der Verwahrung zu entrichten oder, wenn sie nach Zeitabschnitten berechnet ist, nach Ablauf der einzelnen Abschnitte (§ 699 Abs. 1).

Bei vorzeitiger Endigung bestimmt sich die Teilvergütung i. Zw. nach der erbrachten Leistung (§ 699 Abs. 2).

b) Der Hinterleger muß — wie der Auftraggeber nach § 670 — dem Verwahrer die Aufwendungen ersetzen, die dieser den Umständen nach für erforderlich halten durfte (§ 693).

c) Der Hinterleger muß den Schaden ersetzen, der dem Verwahrer durch die Beschaffenheit der Sache entsteht (Haftung aus vermutetem Verschulden).

Beispiel: Das in Verwahrung gegebene Tier ist krank und steckt die anderen Tiere des Verwahrers an.

Der Hinterleger kann den Schadenersatzanspruch nur durch den Nachweis seiner schuldlosen Unkenntnis der gefahrdrohenden Beschaffenheit, deren vorheriger Anzeige an den Verwahrer oder dessen sonstige Kenntnis abwehren (§ 694).

III. Beendigung der Verwahrung.

1. Der Verwahrer kann — wenn keine Zeit für die Verwahrung vereinbart ist — die Rücknahme jederzeit, bei vereinbarter Verwahrungszeit nur bei Vorliegen eines wichtigen Grundes, verlangen (§ 696).

2. Der Hinterleger kann die hinterlegte Sache jederzeit zurückfordern, auch wenn für die Aufbewahrung eine Zeit bestimmt ist (§ 695).

Zu 1. und 2.

Die Rückgabe hat an dem vertraglichen Verwahrungsort zu erfolgen. Sie ist also Holschuld (§ 697).

IV. Unregelmäßige Verwahrung (Hinterlegungsdarlehn).

1. Begriff.

Eine unregelmäßige Verwahrung (sog. Hinterlegungsdarlehn) liegt vor, wenn vertretbare Sachen in der Weise hinterlegt werden, daß das Eigentum auf den Verwahrer übergehen und dieser zur Rückgabe von Sachen gleicher Art, Güte und Menge verpflichtet sein soll (§ 700).

2. Wirtschaftliche Bedeutung und rechtliche Folgen.

a) Die unregelmäßige Verwahrung soll eine Verwertung der vertretbaren Sachen — also insbesondere von Geld — während der Dauer der Verwahrung gestatten. Dies ist nur möglich, indem der Hinterleger — anders als bei der regelmäßigen Verwahrung — das Eigentum an der Sache überträgt oder den Verbrauch gestattet. Damit ähnelt die unregelmäßige Verwahrung dem Darlehn, von dem sie sich nur dadurch unterscheidet, daß hier in erster Linie der Hinterleger, beim Darlehn aber der Empfänger der wirtschaftlich Interessierte ist.

Das Hauptbeispiel für eine unregelmäßige Verwahrung ist die Einzahlung von Geld mit jederzeitiger Verfügungsbefugnis („tägliches Geld") zu geringem Zinsfuß bei der Bank (Scheck- u. Girokonto) und der Postscheckvertrag.

b) Die Vorschriften über das Darlehn finden von dem Zeitpunkt der Uebereignung oder bei der Gestattung des Verbrauchs von der Aneignung ab Anwendung. Wegen der vom Darlehn unterschiedlichen Interessenlage gelten bezüglich Zeit und Ort der Rückgabe die Vorschriften des Verwahrungsvertrages (§ 700 Abs. 1), insbesondere hat der Hinterleger das Recht zur jederzeitigen Rückforderung (§ 695).

Bei Wertpapieren muß die Vereinbarung eines Hinterlegungsdarlehns ausdrücklich geschehen (§ 700 Abs. 2), im Depotrecht (§ 15 Depotgesetz) bedarf es sogar für jedes einzelne Geschäft der ausdrücklichen und schriftlichen Ermächtigung.

§ 31

Die Einbringung von Sachen bei Gastwirten

Der Gastwirt, der gewerbsmäßig Fremde beherbergt, haftet auch ohne Verschulden für Verlust und Beschädigung der vom Gast eingebrachten Sachen, sofern nicht ein besonderer Ausschließungsgrund vorliegt (§ 701 Abs. 1 Satz 1).

Durch diese gesetzliche Haftung soll der Gast, der sich meist über die näheren Verhältnisse in einem Gasthausbetrieb nicht im voraus unterrichten kann, gegen die sich aus dem Zusammenleben und dem häufigen Wechsel unbekannter Personen ergebenden Gefahren geschützt und der Gastwirt, der aus dem Betrieb den Vorteil zieht, zur Abwendung dieser Gefahren angehalten werden (vgl. RGZ 112, 59).

I. Voraussetzungen der Haftung.

1. Es muß ein Gastwirt sein, der gewerbsmäßig Fremde beherbergt.

Die Haftung besteht daher vor allem für Hotelbesitzer, aber auch für Pensionsinhaber, nicht aber für Schenk- und Speisewirte, Zimmervermieter, Schiffahrts- und Schlafwagengesellschaften (Beförderung Hauptleistung) und Sanatorien (ärztliche Betreuung Hauptleistung).

2. Der Gast muß zur Beherbergung aufgenommen sein.

Die Aufnahme ist ein einseitiger tatsächlicher Akt des Wirtes. Nur an ihn und nicht an den häufig damit verbundenen Beherbergungsvertrag (vgl. RGZ 169, 87) ist die Haftung geknüpft. Daher brauchen weder der Gast noch der Gastwirt geschäftsfähig zu sein (str.).

3. Die Sachen müssen vom Gast eingebracht sein.

Als eingebracht gelten die eigenen oder fremden Sachen des Gastes, die dem Gastwirt oder seinen Leuten, die zur Entgegennahme bestellt oder als bestellt anzusehen waren, übergeben oder an einen zur Unterbringung bestimmten Ort gebracht sind (§ 701 Abs. 2).

Beispiel: Uebergabe eines Koffers an den Hoteldiener am Bahnhof, Abstellung eines Kraftfahrzeuges in der Hotelgarage.

II. Umfang der Haftung.

Die Haftung geht auf vollen Schadenersatz, nur bei Geld, Wertpapieren und Kostbarkeiten ist sie auf 1000 RM begrenzt.

Die Haftung des Gastwirtes ist auch hier unbeschränkt, wenn er die Sachen in Kenntnis ihrer Eigenschaft als Wertsachen in Verwahrung genommen oder die Verwahrung abgelehnt hat oder wenn der Schaden von ihm oder seinen Leuten verschuldet worden ist (§ 702).

III. Ausschluß und Erlöschen der Haftung.

1. Gesetzlicher Ausschluß der Haftung.

Die Ersatzpflicht ist ausgeschlossen (§ 701 Abs. 1 Satz 2), wenn der Schaden

a) von dem Gast, einem Begleiter des Gastes oder einer Person, die er bei sich aufgenommen hat, mit oder ohne Verschulden verursacht worden ist;

b) durch die Beschaffenheit der Sache oder durch höhere Gewalt entstanden ist.

Ueber den Begriff der höheren Gewalt vgl. Teil I S. 35; Diebstahl (vgl. RGZ 75, 390) und Brandschäden sind keine höhere Gewalt.

2. Vertraglicher Ausschluß der Haftung.

Die Haftung kann vertraglich ausgeschlossen werden, jedoch genügt der bloße „Anschlag" nicht (§ 701 Abs. 3), noch darf eine Monopolstellung mißbraucht werden.

3. Erlöschen der Haftung.

Der Schadenersatzanspruch des Gastes erlischt, wenn der Gast nicht unverzüglich, nachdem er von dem Verlust oder der Beschädigung Kenntnis erlangt hat, dem Gastwirt Anzeige macht.

Der Anspruch erlischt nicht, wenn die Sachen dem Gastwirt zur Aufbewahrung übergeben waren (§ 703).

IV. Pfandrecht des Gastwirtes.

Der Gastwirt hat an den eingebrachten eigenen und pfändbaren Sachen des Gastes ein gesetzliches Pfandrecht. Es besteht für die Forderungen des Gastwirtes für Wohnung und andere Leistungen, die zur Befriedigung der Bedürfnisse des Gastes dienen (z. B. Speisen und Getränke, Bedienung), mit Einschluß der Auslagen. Es wird entsprechend dem Vermieterpfandrecht behandelt (§ 704).

IV. Gesellschaft und Gemeinschaft

Während die bisher besprochenen Rechtsverhältnisse auf einen Leistungsaustausch bei entgegengesetzten Belangen der Beteiligten gerichtet waren oder zumindest jeder sein eigenes Interesse verfolgte, ist bei den hier behandelten Rechtsbeziehungen die Wahrnehmung gemeinsamer Interessen entscheidend. Als Grundtatbestand hat das BGB die Gemeinschaft (§§ 742 ff.) vorgesehen, wenn mehreren ein Recht gemeinschaftlich zusteht. Die Vorschriften über die Gemeinschaft werden jedoch in den wichtigsten Fällen durch Sondervorschriften verdrängt oder finden nur hilfsweise Anwendung. Außer für die drei ehelichen Gütergemeinschaften und die Erbengemeinschaft gilt dies insbesondere für die Gesellschaft, die den vertragsmäßigen Zusammenschluß mehrerer zu einem gemeinsamen Zweck darstellt (§§ 705 ff.).

In der rechtlichen Form hat das BGB die Gesellschaft und die erwähnten familien- und erbrechtlichen Gemeinschaften nach dem Gesamthandsprinzip aufgebaut, während es bei der Gemeinschaft wegen der fehlenden Zweckverbindung von einer größtmöglichen Selbständigkeit der einzelnen Teilhaber ausgeht („Gemeinschaft nach Bruchteilen").

Entsprechend der Reihenfolge des Gesetzes wird zunächst die Gesellschaft und anschließend die Gemeinschaft dargestellt.

§ 32

Begriff und Errichtung der Gesellschaft

Die Gesellschaft ist ein Zusammenschluß von Personen, der auf die Erreichung eines gemeinsamen Zweckes nach Maßgabe des Gesellschaftsvertrages gerichtet ist (§ 705).

I. Grundsätzliches.

1. Das Anwendungsgebiet des Gesellschaftsrechtes ist sehr erheblich. Es umfaßt alle zweckgebundenen Personalgesellschaften, soweit nicht das HGB Sonderformen entwickelt hat (offene Handelsgesellschaft, Kommanditgesellschaft, stille Gesellschaft), aber auch auf diese Gesellschaftsformen finden die Vorschriften des BGB hilfsweise Anwendung. In neuerer Zeit sind die Gewinn- und Interessengemeinschaften (vgl. RGZ 148, 278), die Konzerne selbständiger Unternehmungen und die Kartelle (vgl. RGZ 136, 236) meist als BGB-Gesellschaft gebildet worden.

2. Die Gesellschaft muß einen gemeinsamen Zweck verfolgen.

a) Der Zweck kann dauernder oder nur vorübergehender Art sein, er kann einen vermögensrechtlichen Inhalt haben oder idealer Natur sein.

Beispiel: Gemeinsames Spielen eines Lotterieloses, Vereinigung von Minderkaufleuten (§ 4 HGB), von Aerzten zur Durchsetzung der freien Arztwahl bei

Krankenkassen, von Rechtsanwälten zur gemeinsamen Ausübung einer Praxis, von geistig Interessierten zur Föiderung kultureller Bestrebungen.

b) Der Zweck muß ein gemeinsamer sein (vgl. RG JW 1938, 1025).

Keine Gesellschaft liegt daher vor, wenn nur der Vorteil gewisser Gesellschafter bezweckt wird (sog. societas leonina). Gesellschaftsähnlich ist das partiarische Rechtsverhältnis, bei dem eine Leistung erbracht wird gegen eine Beteiligung am Gewinn, den der Leistungsempfänger erzielt (vgl. als Beispiel RGZ 105, 315).

c) Der Zweck muß durch das Zusammenwirken der Gesellschafter gefördert werden, insbesondere sind die vereinbarten Beiträge zu leisten (vgl. unten Seite 122).

3. Die Gesellschaft ist eine Gemeinschaft zur gesamten Hand ohne eigene Rechtspersönlichkeit (keine juristische Person). Die Gesellschafter sind miteinander dergestalt verbunden, daß sie nur gemeinschaftlich die ihnen zustehenden Rechte ausüben und über sie verfügen können. Dadurch wird das Gesellschaftsvermögen zu einem Sondervermögen gestaltet, das von dem Privatvermögen der einzelnen Gesellschafter getrennt ist und dessen Teilung während des Bestehens der Gesellschaft nicht verlangt werden kann.

Die Gesellschaft unterscheidet sich aber auch von dem nicht rechtsfähigen Verein. Dieser ist auf einen wechselnden Mitgliederstand abgestellt und körperschaftlich organisiert (Satzung, Vorstand, Mitgliederversammlung). Dagegen ist die Gesellschaft regelmäßig auf einen bestimmten Personenkreis zugeschnitten und entbehrt der korporativen Organisation (vgl. RGZ 143, 213).

Gemäß § 54 finden jedoch auf den nicht rechtsfähigen Verein die Vorschriften über die Gesellschaft Anwendung.

4. Die Gesellschaft ist zugleich Innen- wie Außengesellschaft. Das Innenverhältnis umfaßt die Rechtsbeziehungen der Gesellschafter untereinander, das Außenverhältnis die Beziehungen der Gesellschaft zu dritten Personen. Zum Innenverhältnis gehört z. B. die Geschäftsführung und Verwaltung, die Haftung der einzelnen Gesellschafter untereinander, zum Außenverhältnis dagegen z. B. das Auftreten der Gesellschaft im Rechtsverkehr, die Vertretungsmacht der Gesellschafter und ihre Haftung gegenüber Dritten.

II. Die Errichtung der Gesellschaft.

Die Gesellschaft wird durch den Abschluß des Gesellschaftsvertrages errichtet. Die Gesellschaftsgründung ist eine sozialrechtliche Einigung (Gierke).

1. Der Gesellschaftsvertrag ist nach der noch h. L. (vgl. RGZ 78, 305) ein gegenseitiger Vertrag im weiteren Sinne; er ist zwar nicht auf den

Austausch von Leistungen gerichtet, sondern auf die Erreichung eines gemeinsamen Zieles. Da jedoch jeder Gesellschafter dieses Ziel nicht einseitig erreichen, sondern sich als Entgelt seiner Leistung die Mitwirkung der anderen sichern will, stehen die einzelnen Leistungen in einem gegenseitigen Abhängigkeitsverhältnis.

a) Die Besonderheit der gemeinsamen Zielsetzung erfordert es, daß die Vorschriften über gegenseitige Verträge (§§ 320 ff.) nur insoweit Anwendung finden, als sie für den Gesellschaftsvertrag passen.

Die Entscheidung muß für jede einzelne Bestimmung gesondert getroffen werden; als feststehend gilt, daß die Rücktrittsrechte aus §§ 325 und 326 durch § 723 ausgeschlossen sind, wenn die Gesellschaft nach außen in den Rechtsverkehr getreten ist oder der Gesellschaftsvertrag sonstwie zur Ausführung gelangt ist, z. B. durch Bildung eines Gesellschaftsvermögens (vgl. RGZ 158, 326).

b) Unvereinbar mit den tatsächlichen Verhältnissen ist es auch, die Anfechtung eines Gesellschaftsvertrages mit der Folge rückwirkender Nichtigkeit (§ 142) oder die Berufung auf die Nichtigkeit unbeschränkt zuzulassen.

Für das Außenverhältnis ist daher bei einer ins Leben getretenen Gesellschaft wegen des Rechtsscheins des Bestandes und der damit verbundenen Erklärung an die Oeffentlichkeit eine Anfechtung (z. B. wegen Irrtums oder arglistiger Täuschung) oder die Geltendmachung von Nichtigkeitsfolgen ausgeschlossen (vgl. RGZ 142, 98). Aber auch für das Innenverhältnis hat die Rechtsprechung in neuester Zeit dieselben Folgerungen gezogen und die betroffenen Gesellschafter auf die Kündigung bei Vorliegen eines wichtigen Grundes (§ 723) verwiesen (vgl. RGZ 165, 203; DR 1943, 801).

2. Der Abschluß des Gesellschaftsvertrages ist grundsätzlich formfrei, soweit nicht aus anderen Gründen ein Formzwang besteht.

Beispiel: Formbedürftigkeit des Gesellschaftsvertrages, der die Verpflichtung zur Einbringung oder Verwertung eines Grundstückes enthält (§ 313, vgl. RGZ 162, 81).

§ 33

Die Rechtswirkung der Gesellschaft nach innen und außen

I. Rechte und Pflichten der Gesellschafter

1. Die Treupflicht.

Die Beziehungen der Gesellschafter beruhen auf ihrem gegenseitigen Vertrauen und sind daher besonders stark von Treu und Glauben (§ 242) beherrscht. Jeder Gesellschafter ist verpflichtet, die Interessen der Gesellschaft wahrzunehmen und alles zu unterlassen, was diese Interessen schädigt.

Beispiel: Unterlassung von schädigendem Wettbewerb, Stimmenthaltung bei Interessenkollision (vgl. RGZ 136, 245; 162, 373), keine heimliche Verschaffung von Sondervergünstigungen (vgl. RGZ 82, 10), Verschwiegenheit insbesondere hinsichtlich der Geschäfts- und Betriebsgeheimnisse.

Aus der Treupflicht der Gesellschafter folgt die Pflicht zur gleichmäßigen Behandlung. Jeder Gesellschafter kann verlangen, daß er unter gleichen Bedingungen die gleichen Vorteile genießt und Nachteile trägt wie auch die übrigen Gesellschafter, sofern er nicht selbst einer abweichenden Behandlung zustimmt (vgl. RGZ 151, 326).

2. Die Beitragspflicht.

Die Gesellschafter müssen die vereinbarten Beiträge leisten (§ 705).

Die Beiträge können sehr verschiedenartig sein und u. a. in der Leistung von Geld oder Sachwerten (z. B. einem Grundstück), Rechten (z. B. Patenten), sonstigen Vermögenswerten (z. B. Rezepten), Dienstleistungen (§ 706 Abs. 3) oder Unterlassungen (z. B. bei sog. Preiskartellen) bestehen.

Ist ein Beitrag erbracht, so wird er als Einlage bezeichnet (vgl. RGZ 76, 278).

a) Die Beiträge der einzelnen Gesellschafter haben in Ermangelung einer anderen Vereinbarung die gleiche Höhe (§ 706 Abs. 1).

b) Die einzubringenden Gegenstände können der Gesellschaft zu vollem Eigentum oder nur zur Benutzung übertragen werden. Welche Art gewollt ist, entscheidet der Gesellschaftsvertrag und -zweck. Bei verbrauchbaren und vertretbaren Sachen ist im Zweifel anzunehmen, daß sie gemeinschaftliches Eigentum der Gesellschafter werden (näheres § 706 Abs. 2). Die Haftung des Einbringenden für Sach- und Rechtsmängel richtet sich bei der Ueberlassung zu Eigentum — da es sich um ein kaufähnliches Rechtsverhältnis handelt — nach den entsprechend anzuwendenden Kaufvorschriften (§§ 445, 493); bei der Uebertragung zum Gebrauch werden meist die Mietvorschriften (§§ 535 ff.) herangezogen werden können.

c) Zur Erhöhung des vereinbarten Beitrages oder zur Ergänzung der durch Verlust geminderten Einlage ist der Gesellschafter nicht verpflichtet (§ 707).

Die Gefahr des zufälligen Unterganges trägt daher die Gesellschaft; bei der Ueberlassung zur Nutzung trägt sie nur die Benutzungsgefahr (vgl. § 732 Abs. 2).

Nach Auflösung der Gesellschaft besteht für etwa eingetretene Verluste eine Nachschußpflicht (vgl. § 735 — siehe unten Seite 126).

3. Die Haftung der Gesellschafter.

Das Vertrauensverhältnis der Gesellschafter läßt eine Haftungsmilderung auf diejenige Sorgfalt eintreten, die sie in eigenen Angelegenheiten anwenden (§ 708).

Diese Regelung ist bedenklich bei großen Gesellschaften. Sie gilt meist nicht bei dem nicht rechtsfähigen Verein (vgl. RGZ 143, 215 — vgl. auch RGZ 158, 311, keine Haftungsmilderung bei unbefugten Handlungen des geschäftsführenden Gesellschafters).

4. Die Unübertragbarkeit der Gesellschaftsrechte.

Schließlich gebietet das Vertrauensverhältnis der Gesellschafter, daß die Ansprüche, welche den Gesellschaftern aus dem Gesellschaftsverhältnis gegeneinander zustehen, nicht übertragbar sind (§ 717 Satz 1). Sie sind daher auch unpfändbar (§ 851 ZPO).

Davon ausgenommen sind nur solche Rechte, deren Geltendmachung durch Dritte dem Gesellschaftszweck nicht entgegensteht: Ansprüche des Gesellschafters aus seiner Geschäftsführung (z. B. Ersatz von Aufwendungen, Erstattung von Vorschüssen), soweit ihre Befriedigung vor der Auseinandersetzung verlangt werden kann, sowie Ansprüche auf einen Gewinnanteil oder auf dasjenige, was dem Gesellschafter bei der Auseinandersetzung zukommt (§ 717 Satz 2).

II. Die Geschäftsführung der Gesellschaft (Innenverhältnis).

Die Geschäftsführung ist ein Verwaltungsrecht, das sich aus der Mitgliedschaft ergibt. Sie bezieht sich nur auf das Verhältnis der Gesellschafter zueinander und entscheidet darüber, ob ein Gesellschafter seinen Mitgesellschaftern gegenüber zur Vornahme einer Handlung befugt ist oder sich ersatzpflichtig macht (vgl. über die Vertretung III). Die Geschäftsführung erstreckt sich auf alle Maßnahmen, die zur Verwirklichung des Gesellschaftszwecks beitragen. Sie kann rechtliche und tatsächliche Handlungen umfassen.

Beispiel: Einkauf von Waren, Erledigung des Zahlungsverkehrs, Einstellung und Unterweisung der Angestellten, Buchführung, Briefwechsel.

Nicht zur Geschäftsführung gehören die Handlungen, welche die sog. Gesellschaftsgrundlage, d. h. den organisatorischen Rahmen und den Bestand der Gesellschaft betreffen, z. B. Aenderung des Geschäftszweckes oder der Beiträge, Aufnahme oder Ausschluß neuer Mitglieder. Hierzu ist stets die Zustimmung aller Gesellschafter erforderlich (vgl. RGZ 162, 374).

1. Die Befugnis zur Geschäftsführung.

Entsprechend dem Gesamthandsprinzip steht die Führung der Gesellschaftsgeschäfte im Zweifel allen Gesellschaftern gemeinschaftlich zu. Für jedes Geschäft ist die Einstimmigkeit aller Gesellschafter erforderlich (Einstimmigkeitsprinzip § 709 Abs. 1 — vgl. RGZ 136, 243).

Die Geschäftsführung ist aber nicht nur ein Recht, sondern auch eine Pflicht des einzelnen Gesellschafters. Daher kann eine pflichtwidrig verweigerte Zustimmung im Wege der Klage erzwungen werden, falls der gemeinsame Zweck und das Wohl der Gesellschaft die Zustimmung erfordern (vgl. RGZ 162, 83).

Der Gesellschaftsvertrag kann jedoch auch Abweichendes bestimmen:

a) An Stelle der Einstimmigkeit kann die Mehrheit der Stimmen treten, wobei dann im Zweifel die Mehrheit nicht nach der Höhe der Einlage, sondern nach der Zahl der Gesellschafter zu berechnen ist (Personalistisches, nicht kapitalistisches Prinzip, § 709 Abs. 2).

b) Die Geschäftsführung kann aber auch einem oder mehreren Gesellschaftern unter Ausschluß der übrigen übertragen werden. Im Zweifel müssen dann die zur Geschäftsführung berufenen Gesellschafter gemeinschaftlich handeln (§ 710).

c) Die Geschäftsführung kann schließlich allen oder mehreren Gesellschaftern dergestalt zustehen, daß jeder geschäftsführende Gesellschafter allein zu handeln berechtigt ist. Dann kann jeder von der Geschäftsführung nicht ausgeschlossene Gesellschafter der Vornahme eines Geschäftes widersprechen, worauf es zu unterbleiben hat (§ 711).

2. Die Rechtsstellung des geschäftsführenden Gesellschafters.

a) Die Rechte und Pflichten des geschäftsführenden Gesellschafters bestimmen sich, soweit sich nicht aus dem Gesellschaftsvertrag ein anderes ergibt, nach den für den Auftrag geltenden Vorschriften (§§ 713, 664—670).

Der Geschäftsführer ist daher insbesondere zur persönlichen Geschäftsführung verpflichtet (§ 664), hat Auskunft zu erteilen und Rechenschaft zu geben (§ 666) und muß die erlangten Vermögenswerte an die Gesellschaft herausgeben (§ 667). Andererseits kann er Vorschuß (§ 669) und Ersatz seiner Aufwendungen (§ 670, ohne Vereinbarung keine Vergütung vgl. RGZ 170, 396), verlangen. Eine Haftung für schuldhafte Verletzungen seiner Verpflichtungen folgt bereits unmittelbar aus §§ 705, 708, 276.

b) Aus der mitgliedschaftlichen Stellung der Gesellschafter folgt die Beständigkeit ihrer Geschäftsführung. Nur bei Vorliegen eines wichtigen Grundes können die Gesellschafter durch einstimmigen Beschluß die Befugnis zur Geschäftsführung entziehen oder der Gesellschafter selbst die Geschäftsführung kündigen (§ 712).

Falls nach dem Gesellschaftsvertrag die Mehrheit der Stimmen entscheidet, genügt für die Entziehung ein Mehrheitsbeschluß.

3. Kontrollrechte der übrigen Gesellschafter.

Jeder Gesellschafter, auch wenn er von der Geschäftsführung ausgeschlossen ist, hat das Recht, sich von den Angelegenheiten der Gesellschaft persönlich zu unterrichten, die Geschäftsbücher und die Papiere der Gesellschaft einzusehen und sich aus ihnen eine Uebersicht über den Stand des Gesellschaftsvermögens anzufertigen (§ 716 — vgl. RGZ 148, 280).

Ein Verzicht auf dieses Kontrollrecht ist unwirksam, wenn Grund zu der Annahme unredlicher Geschäftsführung besteht.

III. Die Vertretung der Gesellschaft (Außenverhältnis).

Die Vertretung betrifft das Außenverhältnis der Gesellschaft zu Dritten und entscheidet darüber, inwieweit die Gesellschaft im Verhältnis zu Dritten berechtigt und verpflichtet wird.

1. Jeder Gesellschafter ist im Zweifel, soweit ihm die Geschäftsführung zusteht, auch ermächtigt, die anderen Gesellschafter Dritten gegenüber zu vertreten. Die Entziehung der Vertretung ist ebenso wie die der Geschäftsführung nur aus wichtigem Grunde zulässig (§§ 714, 715).

2. Durch die abgeschlossenen Verträge werden die Gesellschafter unmittelbar berechtigt und verpflichtet.

Sie haften regelmäßig als Gesamtschuldner mit ihrem gesamten Privatvermögen (§ 427), soweit nicht die Vertretungsmacht sich nur auf das Gesellschaftsvermögen bezog, doch muß diese Beschränkung dem Dritten erkennbar sein (vgl. RGZ 155, 87) Bei arglistigem Zusammenwirken des vertretenden Gesellschafters mit dem Geschäftsgegner zum Nachteil der Gesellschaft entfällt die Haftung (vgl. RGZ 71, 222).

§ 34

Das Gesellschaftsvermögen und die Gesellschaftsschulden

I. Das Gesellschaftsvermögen (die Aktiva).

Zur Durchführung der gemeinsamen Aufgaben gehört regelmäßig ein Gesellschaftsvermögen, obwohl dies für den Gesellschaftsbegriff als solchen nicht wesentlich ist.

Ein Gesellschaftsvermögen fehlt meist bei den sog. Innengesellschaften (vgl. RGZ 142, 21).

1. Das Gesellschaftsvermögen setzt sich zusammen aus (§ 718):

a) den Beiträgen der Gesellschafter, einschl. der Ansprüche auf Beitragsleistung (jetzt h. L. RGZ 76, 276, vgl. auch 136, 415: Gesellschaftererfindung),

b) den durch die Geschäftsführung erworbenen Gegenständen. Die Sachen und Rechte müssen für Rechnung der Gesellschaft erworben worden sein (h. L.) und

c) allem, was auf Grund eines zu dem Gesellschaftsvermögen gehörenden Rechtes oder als Ersatz für die Zerstörung, Beschädigung oder Entziehung eines zu dem Gesellschaftsvermögen gehörenden Gegenstandes erworben wird (vgl. § 818 Abs. 1 und dazu Beispiel unten S. 164).

2. Das Gesellschaftsvermögen stellt ein Sondervermögen dar, das den Gesellschaftern zur gesamten Hand zusteht. Jeder Gesellschafter hat daher sowohl an dem Gesellschaftsvermögen im ganzen wie an den einzelnen Gegenständen nur eine Gesamtberechtigung (Gesamthandseigentum, Gesamthandsforderungen — vgl. Teil I Seite 106) und keine ziffernmäßig bestimmbare Quote (anders bei der Gemeinschaft vgl. unten Seite 128). Auch der sog. Anteil des einzelnen Gesellschafters ist nichts weiter als der vermögensrechtliche Ausfluß der Mitgliedschaft.

Daraus ergibt sich:

a) Ein Gesellschafter kann nicht über seinen Anteil an dem Gesellschaftsvermögen und an den einzelnen dazugehörigen Gegenständen verfügen. Er ist (vor Auflösung der Gesellschaft) nicht berechtigt, Teilung zu verlangen (§ 719 Abs. 1).

b) Gegen eine Gesellschaftsforderung darf der Schuldner nicht mit einer Forderung gegen den einzelnen Gesellschafter aufrechnen (§ 719 Abs. 2 — Schuldnerschutz durch Anwendung von §§ 406—408 nach § 720).

Daß ein Gesellschafter nicht mit einer Gesellschaftsforderung gegen eine Forderung eines Dritten aufrechnen kann, folgt bereits aus seiner mangelnden Verfügungsmacht. Der Gesellschafter kann jedoch auf Leistung an alle Gesellschafter klagen (RG JW 35, 3296, str.).

c) Zur Zwangsvollstreckung in das Gesellschaftsvermögen bedarf es eines Titels gegen alle Gesellschafter (§ 736 ZPO). Der Anteil des Gesellschafters an den einzelnen zu dem Gesellschaftsvermögen gehörigen Gegenständen ist der Pfändung nicht unterworfen. Dagegen kann der Anteil des Gesellschafters am Gesellschaftsvermögen im ganzen gepfändet werden (§ 859 Abs. 1 ZPO). Der Pfändungsgläubiger hat jedoch während des Bestehens der Gesellschaft nur Anspruch auf einen Gewinnanteil, sofern er nicht von seinem Recht zur fristlosen Kündigung und damit zur Herbeiführung der Auseinandersetzung Gebrauch machen will (§ 725).

II. Die Gesellschaftsschulden (die Passiva).

Das Gesellschaftsvermögen ist mit den Gesellschaftsschulden belastet.

1. Die Gesellschafter haften persönlich mit ihrem eigenen Vermögen für alle Gesellschaftsschulden. Hierzu gehören insbesondere die Verpflichtungen aus Verträgen, die von allen Gesellschaftern oder den Ge-

schäftsführern für die Gesellschaft wirksam eingegangen sind oder auf unerlaubten Handlungen beruhen, die in Ausübung des Gesellschaftszwecks begangen sind (§§ 823 ff., 831). § 31 ist für die Gesellschaft nicht anwendbar.

Die gleiche Haftung besteht auch, wenn ein Gesellschafter den anderen Gesellschaftern in einem von der Gesellschaft unabhängigen Rechtsverhältnis gegenübertritt (vgl. RGZ 153, 305).

Ueber die Beschränkung der Haftung auf das Gesellschaftsvermögen vgl. oben S. 122.

2. Die Gesellschafter haften in der Regel als Gesamtschuldner (§§ 427, 431, 840 Abs. 1).

III. Rechnungsabschluß, Verteilung von Gewinn und Verlust.

Soweit im Gesellschaftsvertrag nichts anderes bestimmt ist, gilt:

1. Rechnungsabschluß und Verteilung von Gewinn und Verlust kann von jedem Gesellschafter erst nach Auflösung der Gesellschaft verlangt werden. Bei Gesellschaften von längerer Dauer besteht der Anspruch auf Rechnungsabschluß und Gewinnverteilung bereits nach Schluß jedes Geschäftsjahres (§ 721). Der Ausgleich des Verlustes erfolgt aber mangels gegenteiliger Vereinbarung erst bei Auflösung der Gesellschaft (§§ 707, 735).

2. Die Anteile am Gewinn und Verlust werden ohne Rücksicht auf die Art und Höhe der Beiträge im Zweifel nach Kopfteilen berechnet (§ 722).

§ 35

Die Beendigung der Gesellschaft

Zur Beendigung der Gesellschaft bedarf es deren Auflösung und der Auseinandersetzung über das Gesellschaftsvermögen.

I. Die Auflösung der Gesellschaft.

Außer auf Grund der allgemeinen Auflösungsgründe (z. B. Ablauf der vereinbarten Zeit, Eintritt einer auflösenden Bedingung, gemeinschaftlicher Beschluß der Gesellschafter) erlischt die Gesellschaft:

1. Durch Kündigung.

a) Kündigung durch einen Gesellschafter (§§ 723, 724): Ist die Gesellschaft nicht für eine bestimmte Zeit eingegangen, so kann sie jederzeit gekündigt werden. Das gleiche gilt für die auf Lebenszeit eines Gesellschafters gebildete oder nach Ablauf der für sie bestimmten Zeit stillschweigend fortgesetzten Gesellschaft. Eine vertragliche Kündigungsfrist ist jedoch einzuhalten.

Ist die Gesellschaft auf bestimmte Zeit eingegangen oder sind Kündigungsfristen vereinbart, so ist die (fristlose) Kündigung vor Zeitablauf nur möglich, wenn ein wichtiger Grund vorliegt, insbesondere bei wesentlicher Vertragsverletzung durch einen Gesellschafter (vgl. RGZ 142, 215).

Die Kündigung darf in beiden Fällen nicht zur Unzeit geschehen, außer wenn ein wichtiger Grund für die unzeitige Kündigung vorliegt, andernfalls sie zwar wirksam ist, den Gesellschafter aber zum Schadenersatz verpflichtet. Eine weitergehende Beschränkung des Kündigungsrechtes als gemäß § 723 Abs. 1 und 2 ist nichtig (§ 723 Abs. 3 — vgl. RGZ 162, 392).

b) Kündigung durch einen Pfändungsgläubiger (§ 725 — vgl. oben Seite 123).

2. Wenn der vereinbarte Zweck erreicht oder dessen Erreichung unmöglich wird (§ 726).

> Eine Unmöglichkeit der Zweckerreichung tritt im allgemeinen nicht schon durch kriegsbedingte Bewirtschaftungsmaßnahmen ein (vgl. RGZ 164, 143).

3. Durch Tod oder Konkurs eines Gesellschafters (näheres §§ 727, 728, aber auch § 736, vgl. unten S. 126).

Zu I.

Ein besonderer Schutz besteht für den gutgläubigen Geschäftsführer entsprechend dem Beauftragten (§ 729, vgl. § 674 oben S. 107).

II. Die Auseinandersetzung der Gesellschaft (die Liquidation).

Nach der Auflösung findet in Ansehung des Gesellschaftsvermögens die Auseinandersetzung unter den Gesellschaftern statt (§ 730 Abs. 1).

Sie dient der Abwicklung der Gesellschaft, insbesondere der Lösung der gesamthänderischen Bindung unter den Gesellschaftern.

1. Soweit es der Zweck der Auseinandersetzung erfordert, gilt die Gesellschaft während der Dauer der Auseinandersetzung als fortbestehend (§ 730 Abs. 2 Satz 1).

> An Stelle des Gesellschaftszwecks tritt der Liquidationszweck. Die Geschäftsführung steht aber mangels anderslautendem Vertragsinhalt allen Gesellschaftern gemeinschaftlich zu (§ 730 Abs. 2 Satz 2).

2. Die Art der Auseinandersetzung richtet sich zunächst nach dem Gesellschaftsvertrag. Trifft dieser keine Bestimmung, so gelten die §§ 732—735 (§ 731):

a) Die Gegenstände, welche ein Gesellschafter der Gesellschaft zur Benutzung überlassen hat — und für deren zufälligen Abgang oder Verschlechterung die Gesellschaft nicht ersatzpflichtig ist — sind ihm zurückzugeben (§ 732).

b) Aus dem Gesellschaftsvermögen sind zunächst die gemeinschaftlichen Schulden zu berichtigen, auch soweit den Gläubigern gegenüber nur eine geteilte Haftung der einzelnen Gesellschafter besteht (§ 420) oder einem Gesellschafter die übrigen Gesellschafter als Schuldner haften (§ 733 Abs. 1).

Von dem übrigbleibenden Gesellschaftsvermögen sind die Einlagen zurückzuerstatten (§ 733 Abs. 2).

Soweit es zur Schuldenberichtigung oder Einlagenerstattung erforderlich ist, wird das Gesellschaftsvermögen in Geld umgesetzt („versilbert" — § 733 Abs. 3).

c) Verbleibt nach der Berichtigung der Schulden und der Rückerstattung der Einlagen ein Ueberschuß, so gebührt er den Gesellschaftern nach dem Verhältnis ihrer Gewinnanteile (§ 734).

d) Reicht das Gesellschaftsvermögen zur Deckung der Schulden und Rückerstattung der Einlagen nicht aus, so haben die Gesellschafter für den Fehlbetrag nach dem Verhältnis ihrer Verlustanteile aufzukommen. Die Zahlungsunfähigkeit eines Gesellschafters wird auf die übrigen umgelegt (§ 735). Die Gesellschafter müssen sich daher eine Kürzung ihrer Einlagen gefallen lassen oder sogar Nachschüsse leisten.

§ 36

Ausscheiden und Eintritt eines Gesellschafters

I. Ausscheiden eines Gesellschafters.

Im Gesellschaftsvertrag kann bestimmt werden, daß im Falle der Kündigung, des Todes oder des Konkurses eines Gesellschafters die Gesellschaft unter Ausscheiden des betreffenden Gesellschafters von den übrigen fortgesetzt wird (§ 736). Ist eine solche Vereinbarung getroffen, so kann sogar ein Gesellschafter, in dessen Person ein wichtiger Kündigungsgrund für die übrigen Gesellschafter gegeben ist, durch gemeinschaftliche Erklärung der übrigen Gesellschafter ausgeschlossen werden (§ 737 — vgl. RGZ 162, 392).

Die Fortsetzung setzt voraus, daß mindestens 2 Gesellschafter übrigbleiben (es gibt keine „Einmann-BGB-Gesellschaft" — vgl. RGZ 68, 414; 163, 149).

1. Die Wirkung des Ausscheidens besteht darin, daß der Anteil des ausscheidenden Gesellschafters den übrigen Gesellschaftern „zuwächst" (§ 738 Abs. 1 Satz 1).

Da diese Anwachsung eine Folge des Gesamthandsverhältnisses ist, die kraft Gesetzes eintritt, sind besondere Uebertragungshandlungen nicht erforderlich.

Beispiel: Gehört zur Gesellschaft ein Grundstück, so steht das Gesamthandseigentum daran nunmehr den übriggebliebenen Gesellschaftern zu, ohne daß es der Auflassung und Eintragung bedarf (§ 925); stattdessen ist eine Grundbuchberichtigung erforderlich, wozu die übriggebliebenen Gesellschafter von dem Ausgeschiedenen die Zustimmung verlangen können (§ 894).

2. Da die Gesellschaft fortbesteht, findet eine Auseinandersetzung nicht statt. Der Ausscheidende kann nur Rückgabe der zur Benutzung überlassenen Gegenstände, Befreiung von den gemeinsamen Schulden und Auszahlung dessen verlangen, was er bei einer Auseinandersetzung im Zeitpunkt seines Ausscheidens erhalten haben würde (§ 738 Abs. 1 Satz 2). Für den dabei errechneten Fehlbetrag hat der Ausscheidende nach seiner Verlustbeteiligung (§ 739) aufzukommen.

3. Der Ausscheidende nimmt auch an dem Gewinn und Verlust der zur Zeit seines Ausscheidens schwebenden Geschäfte teil (§ 740).

Diese werden jedoch bei der Wertermittlung des Gesellschaftsvermögens z. Zt. seines Ausscheidens noch nicht berücksichtigt, sondern seine Beteiligung daran geschieht erst nach ihrer Beendigung. Sie erfolgt allein durch die übrigen Gesellschafter, doch stehen dem Ausscheidenden Kontrollrechte an dem Geschäftsergebnis zu.

II. Eintritt eines Gesellschafters.

Der Eintritt eines neuen Gesellschafters ist im Gesetz nicht geregelt.

1. In entsprechender Anwendung der Vorschriften über das Ausscheiden eines Gesellschafters (§ 738) kann ein neuer Gesellschafter unter Wahrung des Fortbestandes der alten Gesellschaft in sie eintreten (h. L.). Dadurch werden die Anteile der bisherigen Gesellschafter zugunsten des Neueintretenden ohne weiteres verkleinert („Abwachsung").

Für die bestehenden Schulden haftet der Neueintretende mit seinem Anteil am Gesellschaftsvermögen, jedoch ohne besondere Uebernahme (§§ 414 ff.) nicht mit seinem Privatvermögen (str.).

2. Der Eintritt geschieht durch Vertrag zwischen dem Eintretenden und den bisherigen Gesellschaftern bzw. deren Vertretern.

Die Aufnahme neuer Mitglieder kann auch schon im Gesellschaftsvertrag vorgesehen werden (vgl. Näheres RGZ 128, 176).

§ 37

Die Gemeinschaft

I. Allgemeines.

Die Rechtssätze über die Gemeinschaft nach Bruchteilen gelten, wenn mehreren ein Recht gemeinschaftlich zusteht, sofern sich nicht aus dem Gesetz ein anderes ergibt (§ 741).

1. Die Vorschriften der Gemeinschaft nach Bruchteilen finden einmal Anwendung bei den Gemeinschaften, die durch zufällige Ereignisse (z. B. Verbindung, Vermischung, Schatzfindung; §§ 947 Abs. 1, 948 Abs. 1, 984) zustandekommen. Gemeinschaften können aber auch durch Rechtsgeschäft entstehen, z. B. wenn in einem Testament derselbe Gegenstand mehreren vermacht wird (durch Verträge werden meist Gesellschaften — §§ 705 ff. — begründet). Die Hauptbedeutung des Gemeinschaftsrechts liegt jedoch darin, daß es hilfsweise für alle anderen Gemeinschaften des BGB gilt, teilweise sogar ausdrücklich für anwendbar erklärt wird (vgl. u. a. §§ 731 Satz 2, 1477 Abs. 1, 2038 Abs. 2, 2042 Abs. 2, 2044 Abs. 1, 2046 Abs. 3).

Praktisch häufig sind Gemeinschaften bei Sammellagern (§ 419 HGB) und Sammeldepot (DepotGes vom 4. 2. 37, RGBl. I, 171).

2. Die Gemeinschaft ist als ein einheitliches Recht aufzufassen, das der einzelne Teilhaber im Rahmen seines Anteils insoweit ausüben kann, als eine teilweise Ausübung möglich ist; im übrigen ist nur eine gemeinsame Ausübung aller Teilhaber möglich, bzw. darf der einzelne durch seine Ausübung die Interessen der übrigen Teilhaber nicht verletzen.

Die Gemeinschaft setzt keine Zweckverbindung der einzelnen Teilhaber untereinander voraus, sondern ist allein an die Tatsache geknüpft, daß mehreren ein Recht gemeinschaftlich zusteht.

Anders als bei der Gesellschaft hat daher der einzelne Teilhaber einen ziffernmäßig bestimmbaren Anteil (ideelle Quote), über den er frei verfügen kann. Er ist jederzeit berechtigt, Teilung zu verlangen. Auch gibt es bei der Gemeinschaft kein Sondervermögen.

3. Gegenstand der Gemeinschaft können Rechte aller Art sein, insbesondere das Eigentum („Miteigentum" — Ergänzungsvorschriften §§ 1008—1011, vgl. auch §§ 921—923) und sonstige dingliche Rechte (z. B. Pfandrecht, Nießbrauch, Dienstbarkeiten), auch Urheber- und Patentrechte.

Um eine Gemeinschaft an Forderungen zu begründen, bedarf es wegen der Sonderregelung der §§ 420, 432 einer ausdrücklichen Vereinbarung.

4. Die Anteile der Teilhaber sind im Zweifel, d. h. sofern sich nicht aus dem Entstehungsgrund der Gemeinschaft etwas anderes ergibt, gleich groß (§ 742).

II. Rechtsstellung des einzelnen Teilhabers.

1. Jeder Teilhaber kann über seinen Anteil verfügen, z. B. durch Veräußerung, Belastung, Pfändung. Ueber den Gegenstand im ganzen können die Teilhaber nur gemeinschaftlich verfügen (§ 747).

Das gleiche gilt auch für die gerichtliche Geltendmachung des einzelnen Anteils oder des gemeinschaftlichen Rechts gegenüber Dritten vorbehaltlich der §§ 432 (vgl. RG DR 40, 2170) und 1011.

2. Jedem Teilhaber gebührt ein seinem Anteil entsprechender Teil der Früchte (§ 743 Abs. 1).

Wird ein gemeinschaftlicher Gegenstand vermietet, so kann der Mietzins aber nicht einfach auf die einzelnen Teilhaber aufgegeteilt werden, sondern es muß erst unter Abzug der Unkosten und Lasten der Reinertrag ermittelt werden. An diesem steht dann jedem Teilhaber sein Anteil zu (vgl. RGZ 89, 176).

Entsprechend ist jeder Teilhaber dem anderen gegenüber verpflichtet, die Lasten des gemeinschaftlichen Gegenstandes, sowie die Kosten der Erhaltung, Verwaltung und einer gemeinschaftlichen Benutzung nach dem Verhältnis seines Anteils zu tragen (§ 748).

3. Jeder Teilhaber ist zum Gebrauch des gemeinschaftlichen Gegenstandes insoweit befugt, als dadurch nicht der Mitgebrauch der übrigen Teilhaber beeinträchtigt wird (§ 743 Abs. 2).

4. Die Teilhaber haften für jedes Verschulden (§ 276).

Keine Haftungsmilderung wie bei der Gesellschaft, da sich die Teilhaber ihre Mitteilhaber meistens nicht auswählen können.

III. Verwaltung der Gemeinschaft.

1. Die Verwaltung des gemeinschaftlichen Gegenstandes steht den Teilhabern gemeinschaftlich zu (§ 744 Abs. 1), jedoch kann durch Stimmenmehrheit, die nach der Größe der Anteile zu berechnen ist, eine der Beschaffenheit des gemeinschaftlichen Gegenstandes entsprechende ordnungsgemäße Verwaltung oder Benutzung beschlossen werden (§ 745 Abs. 1), nur darf damit weder eine wesentliche Veränderung des Gegenstandes eintreten, noch das Recht des einzelnen Teilhabers auf einen seinem Anteil entsprechenden Bruchteil der Nutzungen beeinträchtigt werden (§ 745 Abs. 3).

2. Im Interesse der Werterhaltung kann jeder Teilhaber notwendige Maßregeln ohne Zustimmung der anderen Teilhaber treffen (§ 744 Abs. 2); außerdem kann er — solange eine Vereinbarung oder ein Mehrheitsbeschluß noch nicht vorliegt — eine dem Interesse aller Teilhaber nach billigem Ermessen entsprechende Verwaltung und Benutzung verlangen (§ 745 Abs. 2).

3. Die getroffene Bestimmung der Verwaltung und Benutzung wirkt auch für und gegen den Sondernachfolger des einzelnen Teilhabers ohne Rücksicht auf dessen Kenntnis (§ 746, vgl. RGZ 78, 275).

Bei Grundstücken wirkt die Bestimmung gegen den Sondernachfolger eines Miteigentümers nur, wenn sie als Belastung des Anteils im Grundbuch eingetragen ist (§ 1010).

IV. Aufhebung der Gemeinschaft.

Die Aufhebung ermöglicht die Lösung der Gemeinschaft.

1. Voraussetzungen der Aufhebung.

Während häufig die Aufhebung der Gemeinschaft durch gütliches Zusammenwirken aller Teilhaber erfolgen wird, hat auch jeder einzelne Teilhaber einen unverjährbaren schuldrechtlichen Anspruch gegen die übrigen Teilhaber auf jederzeitige Aufhebung der Gemeinschaft (§§ 749 Abs. 1, 758).

a) Durch Vereinbarung kann der Aufhebungsanspruch für immer oder auf Zeit ausgeschlossen oder an eine Kündigungsfrist gebunden werden. Die Vereinbarung wirkt auch für und gegen einen Sondernachfolger vorbehaltlich der für Grundstücke nach § 1010 erforderlichen Eintragung (§ 751 Satz 1). Ein zeitlicher Ausschluß des Aufhebungsanspruches tritt jedoch beim Tode eines Teilhabers im Zweifel außer Kraft (§ 750).

b) Ohne Rücksicht auf vertragsmäßige Beschränkung oder Ausschluß des Aufhebungsanspruches kann jeder Teilhaber bei Vorliegen eines wichtigen Grundes jederzeit die Aufhebung der Gemeinschaft verlangen (§ 749 Abs. 2). Das gleiche Recht hat der Gläubiger, der auf Grund eines rechtskräftigen Schuldtitels den Anteil eines Teilhabers hat pfänden lassen (§ 751 Satz 2).

2. Durchführung der Aufhebung.

Die Aufhebung der Gemeinschaft erfolgt durch Teilung, die sich mangels anderer Vereinbarung wie folgt vollzieht:

a) Läßt sich der Gegenstand ohne Verminderung des Wertes in wirtschaftlich gleichartige, den Anteilen der Teilhaber entsprechende Teile zerlegen, so erfolgt die Teilung in Natur. Die Verteilung gleicher Teile geschieht durch das Los (§ 752).

Teilbar sind stets Geld, auch Wertpapiere, soweit Stückelung möglich, und unbebaute Grundstücke.

b) Ist eine Teilung in Natur nicht möglich, so wird der Gegenstand nach den Vorschriften über den Pfandverkauf (also regelmäßig durch öffentliche Versteigerung § 1235), bei Grundstücken durch Zwangsversteigerung, verkauft und der Erlös geteilt. Ist die Veräußerung an einen Dritten unstatthaft, so ist der Gegenstand unter den Teilhabern zu versteigern (näheres § 753).

Zu a) und b). Wird bei der Aufhebung einem Teilhaber ein gemeinschaftlicher Gegenstand zugeteilt, so haftet jeder der übrigen Teilhaber zu seinem Anteil für Sach- und Rechtsmängel wie ein Verkäufer (§ 757).

c) Bei Forderungen soll durch gemeinschaftliche Einziehung und Teilung oder, falls eine Einziehung noch nicht möglich ist, durch Verkauf der Forderung und Teilung des Erlöses vorgegangen werden (§ 754).

d) Gewisse Gesamtschulden der Gemeinschaft und Forderungen der Teilhaber untereinander müssen zur Vermeidung einer nachträglichen Inanspruchnahme auf Verlangen eines Teilhabers aus dem gemeinschaftlichen Gegenstand befriedigt werden (Näheres §§ 755, 756 BGB und § 51 KO).

3. Gerichtliche Geltendmachung.

Verweigert ein Teilhaber seine Zustimmung zur Aufhebung der Gemeinschaft, so muß sie klageweise erzwungen werden. Mit dieser Klage wird zweckmäßig gleich die Klage auf Vollziehung der Teilung verbunden. Hierzu muß ein der Sach- und Streitlage angepaßter Antrag auf Zustimmung zu einer vom Gesetz vorgesehenen Teilungsart (§§ 752, 753) gestellt werden. Das Urteil ist ein Leistungsurteil, das die Verpflichtung ausspricht, die beantragte Zustimmung zu geben. Wenn es in Rechtskraft vorliegt, gilt die Zustimmung als erteilt (§ 894 ZPO).

V. Gewagte Verträge

Den in diesem Abschnitt behandelten Verträgen ist das Eingehen eines Wagnisses begriffliches Erfordernis. Es sind dies die Leibrente, Spiel und Wette und das Differenzgeschäft. Gewagte Geschäfte sind außerdem das Darlehn (vgl. oben S. 81) und in weiterem Sinne auch die Bürgschaft (vgl. unten S. 135).

§ 38

Die Leibrente

I. Allgemeines.

Die Leibrente ist ein einheitlich nutzbares Recht, kraft dessen der eine Teil verpflichtet ist, dem anderen Teil auf Lebenszeit fortlaufend wiederkehrende gleichmäßige Leistungen in Geld oder vertretbaren Sachen zu erbringen (st. R., vgl. RGZ 137, 261).

1. Die ursprünglichste und noch häufigste Anwendung der Leibrente ist der sog. Leibrentenkauf, wobei der Rentennehmer eine Kapitalsumme hingibt, um bis zu seinem Tode in den Genuß einer Rente zu kommen, die den normalen Kapitalertrag übersteigt.

Der Rentenkauf birgt ein Wagnis für beide Parteien, da der Rentennehmer gegen die Hingabe des Kapitals ein bloßes Forderungsrecht eintauscht, während der Rentengeber den Umfang der Zahlungsverpflichtung wegen der ungewissen Dauer des menschlichen Lebens nicht voraussehen kann.

Die Leibrente kann auch schenkungshalber oder auf Grund einer Auslobung oder letztwilligen Verfügung bestellt werden. Häufig wird auch eine Leibrente als Gegenleistung für die Ueberlassung eines Grundstückes versprochen.

2. Erfolgt die Bestellung einer Leibrente durch Vertrag, so ist schriftliche Erteilung des Leibrentenversprechens erforderlich (§ 761), soweit nicht eine schärfere Form aus anderen Gründen vorgeschrieben ist (z. B. bei Grundstücken § 313, für die Schenkung § 518).

Der Mangel der Form wird durch die Entrichtung der Rente nicht geheilt (h. L.), außer wenn ein Schenkungsvertrag zugrunde liegt (§ 518 Abs. 2).

3. Entsprechende Anwendung finden die Vorschriften über die Vorauszahlung bei Ansprüchen aus unerlaubter Handlung (§§ 843—845) und auf Unterhalt (§§ 528, 1361, 1612).

II. Begriffserfordernisse.

Eine gesetzliche Begriffsbestimmung fehlt. Nach der Rechtsprechung (s. oben) ist erforderlich:

1. Die Leibrente muß auf die Lebenszeit eines Menschen bestellt werden.

Eine Befristung ist möglich, z. B. auf höchstens 30 Jahre, nicht aber auf 5 Jahre.

2. Die einzelnen Leistungen müssen regelmäßig wiederkehren, gleichmäßig und fest bestimmt sein und in Geld oder anderen vertretbaren Sachen bestehen.

Daher keine Leibrenten: Altenteilsrechte (da meist mit Sach- und Dienstleistungen verbunden — vgl. RGZ 162, 57; 104, 272) und Unterhaltsleistungen (da abhängig von der Bedürftigkeit).

3. Die Leibrente muß als selbständiges Stammrecht begründet werden, das unabhängig und losgelöst von den sonstigen Beziehungen und Verhältnissen der Parteien ist und zeit seines Bestehens die einzelnen Rentenansprüche hervorbringt (sog. Einheitstheorie, h. L., vgl. RGZ 67, 210).

Kein Leibrentenversprechen ist daher wegen des Zusammenhanges mit dem Dienstvertrag das Versprechen eines Ruhegehaltes (vgl. RGZ 94, 158).

Durch die Einheitstheorie wird eine vernünftige Beschränkung des Formerfordernisses von § 761 erzielt.

III. Gesetzliche Auslegungsregeln.

Das BGB beschränkt sich für die inhaltliche Regelung der Leibrenten auf einige Auslegungsregeln:

1. Die Rente ist im Zweifel für die Lebensdauer des Gläubigers zu entrichten. Der für die Rente bestimmte Betrag ist im Zweifel der Jahresbetrag der Rente (§ 759).

2. Die Leibrente ist im voraus zu zahlen; eine Geldrente jeweils auf 3 Monate, bei anderen Renten ist ihre Beschaffenheit und ihr Zweck für die Dauer der Vorauszahlung maßgebend (Näheres § 760).

3. Ein Leibrentenvertrag zugunsten eines Dritten begründet im Zweifel für den Dritten ein selbständiges Forderungsrecht (§ 330, echter Vertrag zugunsten Dritter, vgl. Teil I S. 61).

§ 39

Spiel und Wette, Differenzgeschäft

I. Allgemeines.

Spiel und Wette sind Verträge, bei denen Gewinn und Verlust von der Entscheidung einer Ungewißheit abhängig ist.

1. Beim Spiel versprechen sich die Parteien zum Zwecke der Unterhaltung und des Gewinnes Leistungen unter entgegengesetzten Bedingungen.

Hängt die Entscheidung ganz oder überwiegend vom Zufall ab, so ist ein Glücksspiel, hängt sie von der persönlichen Fähigkeit der Beteiligten ab, ein Geschicklichkeitsspiel gegeben.

2. Bei einer Wette versprechen sich die Parteien zur Bekräftigung widerstreitender Behauptungen für den Fall der Wahrheit oder Unwahrheit einseitig oder gegenseitig eine Leistung.

Das BGB behandelt — anders als das gemeine Recht — Spiel und Wette gleich.

II. Rechtliche Behandlung.

Wegen der mit Spiel und Wette verbundenen Gefahren verleiht das Gesetz ihnen nur geringe Wirksamkeit (neutrale Spiele) oder nimmt sie ihnen sogar ganz (verbotene Spiele), es sei denn, daß sich im Einzelfalle die volle Wirksamkeit aus einer besonderen staatlichen Genehmigung ergibt (konzessionierte Spiele).

1. Neutrale Spiele.

Durch die einfachen Spiel- und Wettverträge wird eine klagbare Verbindlichkeit nicht begründet (sog. Naturalobligation, vgl. Teil I S 8). Auch eine Sicherung durch Eingehung einer Verbindlichkeit, insbesondere ein

Schuldanerkenntnis, aber auch eine Pfandbestellung, Bürgschaftsleistung oder eine Wechselhingabe sind unwirksam.

Hat der Verlierer jedoch seine Spielschuld erfüllt, so kann das Geleistete nicht deshalb zurückgefordert werden, weil eine Verbindlichkeit nicht bestanden hat (§ 762).

2. Verbotene Spiele.

Verträge bei verbotenen Spielen (insbesondere öffentlichen oder gewerbsmäßigen Glücksspielen, §§ 284, 284a, 285 StGB) sind gemäß § 134 nichtig, sodaß über eine Rückforderung des Geleisteten nach Bereicherungsrecht zu entscheiden ist.

Eine Rückforderung ist bei Glücksspielen, die unter die §§ 284, 284a StGB fallen, gem. § 817 Satz 2 ausgeschlossen, da sich das Verbot auch gegen den Spieler richtet, anders bei § 285 StGB.

Spielverträge in öffentlichen Spielbanken sind neutrale Spiele (RG v. 14. 7. 1933, RGBl I, 480).

3. Konzessionierte Spiele.

a) Staatlich genehmigte Lotterie- oder Ausspielverträge sind verbindlich und klagbar (§ 763 Satz 1).

Durch den Lotterievertrag verspricht der Veranstalter gegen Einsätze Geldgewinne an die nach Maßgabe eines Spielplanes (Verlosung, Würfeln) ermittelten Gewinner zu zahlen; bestehen die Gewinne nicht in Geld, so liegt ein Ausspielvertrag vor (z. B. bei der Tombola).

Eine nicht genehmigte Lotterie oder Ausspielung gilt als neutrales Spiel (§ 763 Satz 2), sofern sie nicht sogar zu den verbotenen gehört (§ 286 StGB).

b) Rennwetten, die beim zugelassenen Totalisator oder Buchmacher abgeschlossen werden, sind nach Aushändigung eines Wettscheines oder Eintragung in das Wettbuch für den Unternehmer des Totalisators und den Buchmacher vollverbindlich; für den Wettenden ist die Verpflichtung zur Zahlung des Einsatzes nicht verbindlich, jedoch kann ein nicht gezahlter Einsatz vom Gewinn abgezogen und ein gezahlter nicht zurückgefordert werden (§ 4 Rennwett- und Lotteriegesetz v. 8. 4. 1922 RGBl I, 393, mit Aend.).

III. Das Differenzgeschäft.

1. Das Differenzgeschäft ist ein Vertrag, der zwar auf Lieferung von Waren oder Wertpapieren lautet, bei dem aber nur der Unterschied zwischen dem vereinbarten Preise und dem Börsen- oder Marktpreise des Lieferungstages von dem Verlierer an den Gewinner gezahlt werden soll (§ 764 Satz 1).

Meist wird das Differenzgeschäft nicht in der vom Gesetz vorgesehenen offenen Form vorgenommen, sondern die Parteien tätigen zunächst nur einen Kauf, um erst später ein Gegengeschäft abzuschließen und die Differenz zu verrechnen. Da auch hier eine wirkliche Lieferung nicht erfolgen soll, ist auch dieses Geschäft als Differenzgeschäft anzusehen (vgl. Beispiel RGZ 79, 237).

Die praktische Bedeutung von § 764 ist stark eingeschränkt, da Differenzgeschäfte fast nur als Börsentermingeschäfte vorkommen, dafür aber nach §§ 50—70 Börsengesetz (RG vom 8. 5. 1908 RGBl I, 215 mit zahlreichen Aend.) Sonderbestimmungen gelten.

2. Das Differenzgeschäft gilt als (neutrales) Spiel.

Es genügt, daß nur der eine Teil die Differenzabsicht hatte, der andere diese Absicht aber kannte oder kennen mußte (§ 764 Satz 2).

VI. Verträge auf Sicherung und Klarstellung einer Verpflichtung

Das Gesetz behandelt nacheinander Bürgschaft und Vergleich. Die Bürgschaft ist auf die Sicherung, der Vergleich auf die Klarstellung einer Verpflichtung gerichtet.

§ 40
Die Bürgschaft

I. Allgemeines.

Durch den Bürgschaftsvertrag verpflichtet sich der Bürge, dem Gläubiger eines anderen gegenüber, für die Erfüllung von dessen Verbindlichkeit einzustehen (§ 765 Abs. 1).

1. Die Bürgschaft bezweckt die wirtschaftliche Sicherung des Gläubigers, indem neben den Hauptschuldner noch ein Nebenschuldner tritt. Der Gläubiger erlangt damit rechtlich zwar nicht ein selbständiges Forderungsrecht — wie bei dem Schuldbeitritt und dem Garantievertrag — wohl aber ein seine Hauptforderung verstärkendes Nebenrecht. Dieses Recht ist daher von dem Bestehen und Umfang der Hauptforderung dauernd abhängig und kann von dem Gläubiger regelmäßig erst dann ausgeübt werden, wenn er sich durch die Geltendmachung der Hauptforderung nicht hat befriedigen können (sog. Abhängigkeit oder Akzessorietät der Bürgschaft).

Ueber die Abgrenzung von Schuldbeitritt und Bürgschaft vgl. Teil I S. 98 ff.

Ein Garantievertrag (vgl. oben S. 23) setzt neben der Selbständigkeit des Forderungsrechtes voraus, daß der Versprechende ein eigenes Interesse hat, für einen bestimmten Erfolg einzustehen, d. h. weniger für die Person des Schuldners als für eine sachliche Gefährdung des Gläubigers, z. B. für die Einlösung von Wechseln (vgl. RGZ 82, 337) oder für das Eingehen einer abgetretenen Forderung (vgl. RGZ 72, 140). Die Abgrenzung ist nur im Einzelfalle möglich, ist sie zweifelhaft, so ist zum Schutze des Schuldners Bürgschaft anzunehmen (vgl. RGZ 90, 417; Oertmann JW 34, 1924).

2. Die Bürgschaft ist regelmäßig ein den Bürgen einseitig verpflichtender Vertrag, der zwischen dem Gläubiger und dem Bürgen abgeschlossen wird.

3. Gegenstand der Bürgschaft kann die Sicherung jeder Schuld, nicht bloß einer Geldschuld sein. Auch künftige oder bedingte Verbindlichkeiten können durch eine Bürgschaft gesichert werden (§ 765 Abs. 2).

Der Hauptfall einer Verbürgung für künftige Verbindlichkeiten ist die Kreditbürgschaft, d. h. Bürgschaft für einen vom Gläubiger dem Schuldner zu eröffnenden Kredit (vgl. RGZ 136, 182).

4. Da die meisten Bürgschaften in der trügerischen Erwartung eingegangen werden, daß der Bürge nicht in Anspruch genommen wird, ist zur Gültigkeit des Bürgschaftsvertrages die schriftliche Erteilung der Bürgschaftserklärung erforderlich (§ 766 Abs. 1).

Formfrei ist die Bürgschaft des Vollkaufmanns, wenn sie — wie im Zweifel anzunehmen ist — für ihn ein Handelsgeschäft ist (§§ 350, 351 HGB).

Nur die Erklärung des Bürgen, nicht auch die Annahme des Gläubigers, muß schriftlich sein. Die Erklärung muß die wesentlichen Bestandteile des Bürgschaftsvertrages enthalten (vgl. RGZ 145, 231).

Soweit der Bürge die Schuld erfüllt, wird der Mangel der Form geheilt (§ 766 Abs. 2).

II. Arten der Bürgschaft.

Sind mehrere Bürgen beteiligt, so kann ihr Verhältnis untereinander und zum Gläubiger verschieden sein.

1. Mitbürgen sind mehrere Bürgen, die nebeneinander für dieselbe Hauptschuld einstehen, und zwar haften sie als Gesamtschuldner, auch wenn sie die Bürgschaft nicht gemeinschaftlich übernommen haben (§ 769).

2. Der Nachbürge steht dem Gläubiger dafür ein, daß der (Vor-) Bürge seine Verpflichtungen aus dem Bürgschaftsvertrag erfüllt.

3. Der Rückbürge übernimmt dem Bürgen gegenüber die Bürgschaft, daß der Hauptschuldner seine Ersatzverpflichtung gegenüber dem Bürgen erfüllt (vgl. RGZ 146, 70).

Ueber Ausfallbürgschaft vgl. unten S. 138.

III. Die Rechtsbeziehungen des Bürgen zum Gläubiger.

Die Rechtsbeziehungen des Bürgen zum Gläubiger ergeben sich aus der Abhängigkeit der Bürgschaft von der Hauptschuld und aus der dem Bürgen gewährten Einrede der Vorausklage.

1. Bestand der Hauptforderung.

a) Damit die Bürgschaft entstehen kann, muß eine wirksame Hauptschuld vorhanden sein. Ist die Hauptschuld aus irgendeinem Grunde nichtig (z. B. durch Anfechtung), so ist auch eine wirksame Bürgschaft nicht vorhanden.

Soll der Bürge auch bei Nichtentstehung der Hauptschuld haften, so liegt nicht Bürgschaft, sondern meist ein Garantievertrag vor.

b) Der Umfang der Haftung des Bürgen richtet sich nach dem jeweiligen Bestand der Hauptschuld.

Eine nachträgliche Erweiterung der Hauptschuld, die sich aus einem vom Hauptschuldner zu vertretenden Umstand (Verschulden, Verzug) ergibt, geht zu Lasten des Bürgen, nicht dagegen eine rechtsgeschäftliche Ausdehnung, die Gläubiger und Hauptschuldner nach Uebernahme der Bürgschaft vornehmen (z. B. nachträgliche Vereinbarung einer Vertragsstrafe). Auch ein zwischen Hauptschuldner und Gläubiger ergangenes Urteil hat keine Rechtskraft gegen den Bürgen (vgl. RGZ 122, 146), auf ein günstiges Urteil kann sich der Bürge aber berufen, ebenso wie ihm auch eine nachträgliche Verringerung der Hauptschuld immer zugutekommt.

Der Bürge haftet stets für die dem Gläubiger vom Hauptschuldner zu ersetzenden Kosten der Kündigung und Rechtsverfolgung (§ 767).

2. Einreden des Hauptschuldners.

a) Der Bürge kann sämtliche Einreden des Hauptschuldners geltend machen (z. B. Einrede des nicht erfüllten Vertrages, Verjährung, Stundung usw.), auch wenn der Hauptschuldner auf sie verzichtet hat (§ 768). Die Gestaltungsrechte der Anfechtung und Aufrechnung kann der Bürge nicht selbst ausüben, doch hat er ein Leistungsverweigerungsrecht, solange der Hauptschuldner anfechten oder der Gläubiger aufrechnen kann (§ 770, vgl. auch RGZ 137, 36).

§ 770 ist auf andere Gestaltungsrechte, z. B. Wandelung, Rücktritt, entsprechend anwendbar.

b) Weil es mit dem Sicherungszweck der Bürgschaft nicht vereinbar ist, kann sich der Bürge beim Tode des Schuldners weder auf die beschränkte Erbenhaftung (§ 768 Abs. 1 Satz 2) noch im Konkurs oder Vergleichsverfahren des Hauptschuldners auf einen dort geschlossenen Zwangsvergleich berufen (§§ 193 Satz 2 KO, 82 Abs. 2 VerglO).

3. Einrede der Vorausklage.

a) Der Bürge kann die Befriedigung des Gläubigers verweigern, solange nicht der Gläubiger die Zwangsvollstreckung gegen den Hauptschuldner ohne Erfolg versucht hat (sog. Einrede der Vorausklage, § 771).

Bei Geldforderungen genügt ein Vollstreckungsversuch in die am Wohnsitz des Hauptschuldners befindlichen beweglichen Sachen (Näheres § 772).

Hat sich der Bürge nur für den Ausfall verbürgt, den der Gläubiger an seiner Forderung erleidet (sog. Ausfallbürgschaft), so bedarf es der Einrede der Vorausklage nicht. Der Gläubiger muß dann nur den Ausfall beweisen (vgl. RGZ 145, 169).

b) Die Einrede der Vorausklage ist ausgeschlossen:

aa) Wenn der Bürge ein Vollkaufmann und für ihn die Bürgschaft ein Handelsgeschäft ist (§§ 349, 351 HGB);

bb) wenn der Bürge (ausdrücklich oder stillschweigend) auf die Einrede verzichtet hat (selbstschuldnerische Bürgschaft, § 773, Abs. 1 Ziff. 1);

cc) wenn die Rechtsverfolgung durch Wohnsitzwechsel des Hauptschuldners erheblich erschwert, über sein Vermögen der Konkurs eröffnet oder anzunehmen ist, daß die Vollstreckung nicht zur Befriedigung des Gläubigers führen würde (§ 773 Abs. 1 Ziff. 2—4);

dd) wenn kraft Gesetzes eine bürgschaftsgleiche Haftung bestimmt ist (vgl. §§ 571, 1251).

IV. Die Rechtsbeziehung des Bürgen zum Hauptschuldner.

1. Rückgriffsrecht.

a) Hat der Bürge den Gläubiger befriedigt, so richten sich die Ersatzansprüche des Bürgen gegen den Hauptschuldner nach dem zwischen ihnen bestehenden (Innen-)Verhältnis.

Meist wird Auftrag oder Geschäftsführung ohne Auftrag vorliegen. Der Bürge kann hier Erstattung seiner Aufwendungen (der Zahlung) nach § 670 verlangen. Die Verbürgung kann aber auch schenkungshalber erfolgt sein, dann bestehen keine Ansprüche.

b) Zur Verstärkung der Rechtsstellung des Bürgen geht jedoch kraft Gesetzes, soweit der Bürge den Gläubiger befriedigt, die Forderung des Gläubigers gegen den Hauptschuldner auf ihn über (§ 774)[1].

aa) Die Forderung geht in ihrem alten Bestand mit allen ihren Nebenrechten (z. B. Pfandrechten, Hypotheken, gesetzlichen Zinsen) auf den Bürgen über, andererseits verbleiben dem Hauptschuldner aber auch alle Einreden (z. B. Verjährung, Stundung) (vgl. §§ 401, 404, 412).

Der Hauptschuldner kann aber außerdem auch alle Einwendungen aus dem Innenverhältnis erheben (§ 774 Abs. 1 Satz 2).

---

1) Vgl. die ähnliche Regelung bei den Gesamtschuldverhältnissen (§ 426 Abs. 2, s. Teil I S. 105).

Der Hauptschuldner kann also z. B. den Rückgriff durch den Nachweis abwehren, daß die Verbürgung schenkungshalber erfolgt sei.

Es kann daher für den Bürgen unter Umständen günstiger sein, seinen Erstattungsanspruch nur aus dem Innenverhältnis herzuleiten, da dann nur Einwendungen aus diesem Verhältnis möglich sind: Der Hauptschuldner könnte sich z. B. gegenüber dem Erstattungsanspruch aus dem Innenverhältnis nicht darauf berufen, daß der Gläubiger ihm vor der Zahlung durch den Bürgen die Forderung gestundet habe.

bb) Der Uebergang der Forderung kann nicht zum Nachteil des Gläubigers geltend gemacht werden (§ 774 Abs. 1 Satz 2).

Beispiel: Befriedigt der Bürge den Gläubiger nur teilweise, so kann sich der Gläubiger aus den vorhandenen Pfandrechten und sonstigen Sicherungen vor dem Bürgen befriedigen (vgl. RGZ 136, 43 und § 268 Abs. 3 sowie Teil I S. 28).

cc) Bei Mitbürgen ist der Rückgriff nur anteilmäßig — im Zweifel zu gleichen Teilen — möglich (§§ 774 Abs. 2, 426).

2. Befreiungsanspruch.

Schon vor der Befriedigung des Gläubigers hat der Bürge, der sich im Auftrage des Hauptschuldners oder als dessen Geschäftsführer ohne Auftrag verbürgt hat, unter den Voraussetzungen des § 775 einen Befreiungsanspruch.

V. Die Beendigung der Haftung.

Die Bürgschaft erlischt — außer aus den allgemeinen Erlöschensgründen der Schuldverhältnisse — in folgenden Fällen:

1. Untergang der Hauptschuld.

Die Bürgschaft erlischt — wegen ihrer Abhängigkeit von der Hauptschuld — mit dem Erlöschen der Hauptschuld.

2. Zeitablauf bei Bürgschaft auf Zeit.

Der Bürge, der sich für eine bestehende Verbindlichkeit auf bestimmte Zeit verbürgt hat, wird frei, wenn der Gläubiger nicht unverzüglich nach ihrem Ablauf die Hauptforderung geltend macht und dann dem Bürgen anzeigt, daß er ihn in Anspruch nehme. Steht dagegen dem Bürgen die Einrede der Vorausklage nicht zu, so muß der Gläubiger nur unverzüglich nach Fristablauf Anzeige an den Bürgen machen, andernfalls Befreiung des Bürgen eintritt (Näheres § 777).

3. Vertragsmäßige Kündigung bei nicht zeitbedingten Bürgschaften.

Ein Kündigungsrecht hat der Bürge nur, wenn dies im Vertrage vereinbart ist.

Ein Kündigungsrecht wird aber dem Bürgen bei der Verbürgung für künftige Verbindlichkeiten (insbesondere bei Kreditbürgschaften) nach angemessener Zeit zuzubilligen sein.

4. Aufgabe von Rechten.

Gibt der Gläubiger ohne Zustimmung des Bürgen eine mithaftende Sicherung auf (z. B. Pfandrecht, Hypothek usw.), so wird der Bürge insoweit frei, als er aus dem aufgegebenen Rechte — nach § 774 — Ersatz hätte erlangen können (§ 776).

Wenn auch durch § 776 der Bürge vor einer unzumutbaren Verschlechterung seiner Rechtsstellung geschützt werden soll, so ergibt sich daraus jedoch noch nicht, daß der Bürge bei jeder Nachlässigkeit des Gläubigers von seiner Verbindlichkeit frei wird. Der Gläubiger darf jedoch nicht gegen Treu und Glauben verstoßen (vgl. RGZ 87, 328).

VI. Der Kreditauftrag.

Durch den Kreditauftrag beauftragt jemand einen anderen, im eigenen Namen und auf eigene Rechnung einem Dritten Kredit zu gewähren (§ 778).

Beispiel: Ein Vater (Auftraggeber) erteilt telegraphisch einer Schuhfabrik (Beauftragter) den Auftrag, seinem Sohn zur Eröffnung von dessen Schuhgeschäft Schuhe auf Kredit zu liefern. Die Schuhfabrik nimmt den Auftrag an (vgl. RGZ 87, 144).

1. Der Kreditauftrag ist ein echter Auftragsvertrag, der eine Verpflichtung des Beauftragten zur Gewährung des Kredites begründet.

Damit unterscheidet er sich von der formbedürftigen Kreditbürgschaft.

2. Bis zur Kreditgewährung untersteht der Kreditauftrag nur den Vorschriften über den Auftrag (bis dahin noch widerruflich), danach haftet der Auftraggeber dem Beauftragten für die aus der Kreditgewährung entstehende Verbindlichkeit als Bürge (§ 778).

§ 41
Der Vergleich

I. Begriff.

Der Vergleich ist ein gegenseitiger Vertrag, der den Streit oder die Ungewißheit der Parteien über ein Rechtsverhältnis im Wege gegenseitigen Nachgebens beseitigt (§ 779).

Auch der einen Prozeß beendigende Prozeßvergleich unterliegt dem BGB (vgl. RGZ 129, 43), während der Zwangsvergleich nach der KO und VglO bezüglich Abschluß und Wirkung durch Sonderbestimmungen in diesen Gesetzen geregelt ist.

Die einzelnen Voraussetzungen des Vergleiches sind:

1. Streit oder Ungewißheit über ein Rechtsverhältnis.

Der Streit kann auf tatsächlichem oder rechtlichem Gebiet liegen, die Ungewißheit in der wirklichen Sach- oder Rechtslage oder nur (subjektiv) in der Auffassung der Parteien bestehen. Ausreichend ist, daß die Verwirklichung eines Anspruches unsicher ist.

Beispiel: Die Parteien streiten über den Bestand oder den Umfang einer Kaufpreisforderung; sie sind ungewiß, ob eine im Vertrag vereinbarte Bedingung eintritt, etwa eine Einfuhrerlaubnis erteilt wird; die Durchsetzung des Zahlungsanspruches des Verkäufers ist durch die Zahlungsunfähigkeit des Käufers in Frage gestellt.

2. Gegenseitiges Nachgeben.

Jede Partei muß der anderen nachgeben.

Beispiel: Der Schuldner will mit einer Gegenforderung aufrechnen, die der Gläubiger in Abrede stellt. Beide Parteien einigen sich auf die Hälfte des vom Gläubiger verlangten Betrages.

Gibt nur eine Partei nach, so liegt kein Vergleich vor, z. B. wenn der Gläubiger auf den ganzen Anspruch verzichtet oder der Schuldner ihn im vollen Umfange anerkennt (vgl. RGZ 146, 358).

II. Rechtsnatur des Vergleiches.

1. Der Vergleich ist ein gegenseitiger Vertrag, auf den die allgemeinen Vorschriften Anwendung finden.

a) Der Vergleich stellt jedoch keinen bestimmten Vertragstyp dar (wie z. B. der Kauf), da die verschiedenartigsten Leistungen versprochen werden können. Jeder Vergleich weist jedoch ein spekulatives Moment auf, da jede Partei das Maß ihres Nachgebens von der Beurteilung des Rechtsverhältnisses nach Fortfall der Ungewißheit abhängig macht.

b) Der Vergleich bedarf daher regelmäßig keiner Form, außer wenn die Besonderheit seines Inhalts eine Form verlangt.

Formbedürftig ist nach § 313 der Vergleich, in dem die Verpflichtung zur Uebertragung von Eigentum an einem Grundstück neu übernommen oder verschärft wird (vgl. RGZ 109, 26).

Durch das Vormundschaftsgericht genehmigungsbedürftig ist der Vergleich des Vormundes bei einem Vergleichswert über 300 RM (§ 1822 Nr. 12, vgl. auch § 1714).

2. Der Vergleich ist ein schuldrechtlicher Verpflichtungsvertrag, kein Verfügungsgeschäft.

Es bedarf also stets noch besonderer Erfüllungshandlungen zu seiner Durchführung, z. B. Uebereignung, Erlaß, Abtretung, die jedoch häufig mit dem schuldrechtlichen Vertrag äußerlich zusammenfallen. Wegen der abstrakten Natur der Erfüllungshandlungen führt die Nichtigkeit des Vergleichs nicht unmittelbar zu deren Unwirksamkeit, sondern nur zum Ausgleich nach Bereicherungsrecht (§§ 812 ff.).

Ein Vergleich kann jedoch nicht nur über Schuldverhältnisse, sondern auch über dingliche Rechte, Erbrechte und Familienrechte geschlossen werden, soweit sie nicht der Verfügung der Parteien entzogen sind.

Kein Vergleich ist über die Gültigkeit einer Ehe oder den Nachlaß eines noch lebenden Dritten (§ 312) möglich.

3. Der Vergleich läßt das bisherige Rechtsverhältnis regelmäßig bestehen. Daher bleiben Nebenrechte (Pfänder, Bürgschaften und sonstige Sicherungen) unberührt, und soweit der Vergleich Lücken aufweist oder unwirksam wird, kann auf das bisherige Rechtsverhältnis zurückgegriffen werden.

Beispiel: Der über eine Kaufpreisforderung geschlossene Vergleich wird durch Rücktritt des Verkäufers wegen Zahlungsverzugs des Käufers gemäß § 326 aufgehoben. Der Verkäufer hat dann wieder die ursprüngliche Kaufpreisforderung.

Die Parteien können jedoch auch den Vergleich an die Stelle des bisherigen Schuldverhältnisses treten lassen. Dies ist aus den Umständen zu ermitteln; dann erlöschen die bisherigen Sicherungsrechte, und ein späteres Zurückgreifen auf das ursprüngliche Rechtsverhältnis ist nicht möglich (vgl. RGZ 164, 217).

III. Vergleichsirrtum.

Die besondere Eigenart des Vergleiches erfordert eine Sonderregelung der Irrtumsfrage.

1. Unwirksamkeit gemäß § 779.

Der Vergleich ist unter zwei Voraussetzungen unwirksam: Es muß sowohl

a) der nach dem Inhalt des Vergleichs als feststehend zugrunde gelegte Sachverhalt der Wirklichkeit nicht entsprechen,

Beide Parteien müssen über einen Sachverhalt geirrt haben, der sich außerhalb des Streits und der Ungewißheit befunden hat.

b) als auch anzunehmen sein, daß bei Kenntnis der Sachlage der Streit oder die Ungewißheit, welche die Parteien beseitigen wollten, nicht entstanden sein würde.

Der Irrtum muß „streitausschließend" gewesen sein. Er hat ohne weiteres die Unwirksamkeit des Vergleichs zur Folge; die zur Erfüllung erbrachten Leistungen bleiben wirksam, können jedoch gemäß § 812 zurückgefordert werden.

Beispiel: Die Parteien vergleichen sich darüber, welche Zahlung der Hypothekenschuldner noch erbringen muß, damit der „Hypothekengläubiger" in die Löschung der Hypothekenschuld einwilligt (feststehend zugrunde gelegter Sachverhalt, daß dem Gläubiger die Hypothek zusteht). Stellt sich nachträglich heraus, daß dem Gläubiger die Hypothek nicht zusteht, so ist der Vergleich unwirksam (vgl. RGZ 114, 120).

2. Anfechtung wegen Irrtums nach § 119.

a) Eine Anfechtung wegen Irrtums nach § 119 ist durch § 779 insoweit ausgeschlossen, als es sich um einen durch den Vergleich erledigten umstrittenen oder ungewissen Punkt handelt.

Beispiel (wie oben): Die Parteien vergleichen sich, welche Zahlung der Hypothekenschuldner an den „wahren" Hypothekengläubiger noch leisten muß (zutreffend als feststehend zugrunde gelegter Sachverhalt, daß dem Gläubiger die Hypothek zusteht). Der Gläubiger glaubt, noch 2000 RM fordern zu können, erklärt sich aber mit der Zahlung von 1000 RM zufrieden, weil er den Nachweis seiner höheren Forderung nicht glaubt führen zu können. Er kann den Vergleich nicht nachträglich anfechten, wenn er später eine Erklärung des Schuldners findet, aus der klar hervorgeht, daß ihm noch 2000 RM zustehen; denn der Streit über die Höhe der Schuld sollte ja gerade durch den Vergleich beseitigt werden.

b) Im übrigen ist jedoch die Anfechtung wegen Irrtums nach § 119 (z. B. bei Irrtum über den Inhalt der Erklärung, also Versprechen, Verschreiben) und unbegrenzt wegen arglistiger Täuschung und Drohung (§ 123) zulässig.

VII. Abstrakte Verträge

Während im allgemeinen jedes Schuldverhältnis den Zweck oder Rechtsgrund der Verpflichtung in sich trägt, kennt das BGB auch Schuldverhältnisse, die von ihrem Rechtsgrund losgelöst sind (sog. abstrakte Verträge). Es sind dies das Schuldversprechen (§ 780) und das Schuldanerkenntnis (§ 781), die Anweisung (§§ 783 ff.) und regelmäßig auch die Schuldverschreibung auf den Inhaber (§§ 793 ff.). Sie ermöglichen es, den Forderungen eine größere Sicherheit und Festigkeit zu geben und ihre Verkehrsfähigkeit zu steigern.

§ 42

Schuldversprechen und Schuldanerkenntnis

I. Begriff und Rechtsnatur.

Ein Schuldversprechen ist ein Vertrag, durch den eine Leistung in der Weise versprochen wird, daß das Versprechen die Verpflichtung selbständig begründen soll (§ 780).

Beispiel: „Hierdurch verspreche ich, den Betrag von 10 000 RM am 1. April 19.. an Herrn X zu zahlen."

Ein Schuldanerkenntnis ist ein Vertrag, durch den das Bestehen einer Schuld anerkannt und dadurch eine selbständige Verpflichtung begründet wird (§ 781).

Beispiel: „Hierdurch erkenne ich an, Herrn X den Betrag von 10 000 RM zu schulden."

Der Unterschied zwischen Schuldversprechen und Schuldanerkenntnis besteht nur in der gewählten Form. Sachliche Unterschiede sind nicht vorhanden.

1. Schuldversprechen und Schuldanerkenntnis wollen eine bestehende Verbindlichkeit zugunsten des Gläubigers sichern und festigen. Rechtlich findet dies darin seinen Ausdruck, daß der Gläubiger ohne Rücksicht auf Einwendungen aus dem Grundverhältnis Leistung verlangen kann und zur

Klagebegründung nur die Tatsache des Abschlusses des abstrakten Vertrages, nicht aber dessen Rechtsgrund darzutun braucht.

2. Ein Ausgleich muß jedoch zugunsten des Schuldners eintreten, wenn sich die Vermögensverschiebung als grundlos erweist, das Grundverhältnis also nicht besteht oder in Wegfall kommt. Er erfolgt nach den Vorschriften der ungerechtfertigten Bereicherung (§§ 812 ff), doch ist es Sache des Schuldners, die Voraussetzungen im einzelnen nachzuweisen.

Beispiel: Dem Schuldanerkenntnis lag eine Kaufpreisforderung zugrunde. Der Schuldner kann von dem Gläubiger das Anerkenntnis gemäß § 812 zurückfordern, wenn der Kaufvertrag in Wirklichkeit nicht zustandegekommen ist (z. B. bei fehlender Einigung), nichtig war (z. B. bei Geschäftsunfähigkeit eines der Vertragsschließenden) oder nichtig wird (z. B. bei Anfechtung wegen arglistiger Täuschung § 123).

Die Einwirkung des Grundverhältnisses zeigt sich auch in der Unverbindlichkeit des abstrakten Vertrages bei den sog. Naturalobligationen (vgl. §§ 656, 762 und auch unten III).

Da Schuldversprechen und Schuldanerkenntnis eine Verstärkung der alten Schuld bedeuten, treten sie im Zweifel gleichsam erfüllungshalber neben sie, nicht aber an Erfüllungs Statt an ihre Stelle.

II. Selbständigkeit der eingegangenen Verpflichtung.

1. Wesentliches Kennzeichen für ein Schuldversprechen oder Schuldanerkenntnis ist die Selbständigkeit der neu eingegangenen Verpflichtung. Der Wille der Parteien ist im Einzelfalle aus dem Sinn der getroffenen Vereinbarung zu entnehmen. Die Parteien müssen die Loslösung von dem Schuldgrund auch wirklich gewollt haben (vgl. RGZ 108, 411), andernfalls eine bloße Beweisurkunde vorliegt.

Ist in der Urkunde der Verpflichtungsgrund nicht oder nur ganz allgemein angegeben, so rechtfertigt dies meist den Schluß, daß eine abstrakte Verbindlichkeit begründet werden sollte; enthält die Schuldurkunde dagegen genaue Einzelheiten über den Schuldgrund, so wird dies meist für eine bloße Beweisurkunde sprechen.

Beispiel: „Ich bekenne 1000 RM (aus Kauf) dem Herrn X schuldig zu sein" (meist selbständiges Schuldanerkenntnis).

„Ich bekenne 1000 RM aus dem am 28. 7. 194 . geschlossenen Kauf über den Ford-Lastwagen KB Nr. .... Herrn X schuldig zu sein" (meist nur Beweisurkunde).

2. Das nur bestätigende (sog. deklaratorische) Schuldanerkenntnis kann aber die Wirkung haben, daß alle Einwendungen aus dem Grundverhältnis ausgeschlossen sind, die der Schuldner bei dessen Abgabe kannte (vgl. RGZ 75, 4).

3. Als Beweismittel für das Grundverhältnis kann auch das einseitige, vom Gläubiger nicht angenommene und daher nicht verbindliche Schuldversprechen oder -anerkenntnis in Frage kommen.

III. Formbedürftigkeit.

Schuldversprechen und Schuldanerkenntnis bedürfen der schriftlichen Form, falls nicht durch den Leistungsgegenstand (§ 313) oder das zugrundeliegende Geschäft (§ 518) eine strengere Form vorgeschrieben ist.

Die Form braucht nicht gewahrt zu werden bei dem negativen Schuldanerkenntnis (§ 397 Abs. 2) sowie bei einem Schuldversprechen oder Schuldanerkenntnis, das auf Grund einer Abrechnung oder im Wege des Vergleiches (§ 782) oder von einem Vollkaufmann als Handelsgeschäft (§§ 350, 351 HGB) abgegeben wird.

§ 43
Die Anweisung

I. Begriff und Rechtsnatur.

Die Anweisung ist eine schriftliche Ermächtigung des Anweisenden an den Angewiesenen, Geld, Wertpapiere oder andere vertretbaren Sachen auf Rechnung des Anweisenden an den Anweisungsempfänger zu leisten und zugleich eine Ermächtigung an den Anweisungsempfänger, die Leistung im eigenen Namen zu erheben (§ 783).

Beispiel. 1. Um ihren von München nach Berlin reisenden Angestellten hier mit den nötigen Geldmitteln zu versehen, weist eine Münchener Firma (Anweisender) ihren Berliner Schwesterbetrieb (Angewiesener), mit dem sie in Kontokorrentverkehr steht, an, auf ihre Rechnung dem Angestellten (Anweisungsempfänger) in Berlin sein Gehalt auszuzahlen. Auf Grund der Anweisung, die sie dem Angestellten aushändigt, ist er ermächtigt, die Zahlung im eigenen Namen zu erheben. Die Anweisung würde etwa lauten:

„An Firma X, Berlin. Zahlen Sie an Herrn Y aus München den Betrag von 500 RM und stellen Sie ihn uns in Rechnung.

München, den .... Firma Z, München."

2. Ein Großhändler ist einem Fabrikanten aus Warenlieferungen 1000 RM schuldig, hat aber selbst eine Forderung in gleicher Höhe gegen einen von ihm beziehenden Kleinhändler. Statt nun die 1000 RM zunächst bei dem Kleinhändler einzuziehen und sie dann an den Fabrikanten zu zahlen, händigt der Großhändler (Anweisender) dem Fabrikanten (Anweisungsempfänger) eine Anweisung aus, durch die der Kleinhändler (Angewiesener) angewiesen wird, den Betrag von 1000 RM auf Rechnung des Großhändlers an den Fabrikanten zu zahlen.

1. Die Anweisung ermöglicht, ähnlich wie der Vertrag zugunsten Dritter, eine mittelbare Vermögenszuwendung durch Leistung eines Dritten. Durch die e i n e Leistung des Angewiesenen an den Anweisungsempfänger wird zugleich eine Leistung vom Angewiesenen an den Anweisenden und vom Anweisenden an den Anweisungsempfänger erbracht. Die Anweisung führt damit zu einer Beschränkung im Austausch von Barmitteln. Ihre Aufgaben sind jedoch weitgehend durch ihre qualifizierteren Formen, nämlich den gezogenen Wechsel und den Scheck, übernommen, die im Wechsel- und Scheckgesetz geregelt sind. Ein Anwendungsfall der BGB-Anweisung ist der Kreditbrief, durch den der Anweisungsempfänger ermächtigt wird,

bei dem Angewiesenen für Rechnung des Anweisenden unter Vorzeigung des Briefes Geldbeträge bis zu einer bestimmten Höhe zu erheben.

Keine Anweisung i. S. des BGB ist die Postanweisung, da sie nur ein Rechtsverhältnis zwischen dem Einzahler und der Post begründet, während der Empfänger nur Adressat ist (vgl. RGZ 60, 24). Für die kaufmännische Anweisung werden die Bestimmungen des BGB durch die §§ 363—365 HGB ergänzt.

2. Ihrer Rechtsnatur nach enthält die Anweisung eine doppelte Ermächtigung. Sie ermächtigt den Angewiesenen für Rechnung des Anweisenden zu zahlen und den Anweisungsempfänger die Leistung beim Angewiesenen zu erheben.

Da die Anweisung nur ein Handeln im eigenen Namen gestattet, ist sie keine Vollmacht; da sie nur ermächtigt, begründet sie kein (zur Tätigkeit verpflichtendes) Auftragsverhältnis.

3. Den beiden Ermächtigungen entsprechen die beiden Rechtsverhältnisse, die jeder Anweisung zugrundeliegen und den wirtschaftlichen Zweck und den rechtlichen Grund für die Vermögensverschiebungen bilden: Das Verhältnis des Anweisenden zum Angewiesenen (Deckungsverhältnis) und das Verhältnis des Anweisenden zum Anweisungsempfänger (Valutaverhältnis). Diese Verhältnisse können von der verschiedensten Art sein:

a) Der Angewiesene kann Schuldner des Anweisenden sein und durch die Zahlung seine Schuld tilgen (Anweisung auf Schuld § 787), oder er will dem Anweisenden einen Kredit einräumen (Anweisung auf Kredit) oder eine Schenkung machen.

b) Der Anweisende kann Schuldner des Anweisungsempfängers sein und durch die Leistung des Angewiesenen diese Schuld tilgen (§ 788). Er will dem Anweisungsempfänger einen Kredit einräumen, eine Schenkung machen oder nur eine Einziehungsermächtigung erteilen.

Die beiden Ermächtigungen sind von den Grundverhältnissen vollkommen losgelöst (abstrakt) und daher in Bestand und Wirkung von ihnen unabhängig.

4. Gegenstand der Anweisung können nach § 783 nur Geld, Wertpapiere oder andere vertretbaren Sachen sein.

Eine entsprechende Anwendung auf andere Leistungen ist aber möglich, z. B. Anweisung auf Herausgabe von eingelagerten Sachen (vgl. RGZ 101, 297 — eingelagerter Sekt).

II. Verwertung der Anweisung (Anweisungsempfänger und Angewiesener).

1. Die Annahme der Anweisung.

Nimmt der Angewiesene die ihm vorgelegte Anweisung an, so ist er dem Anweisungsempfänger gegenüber zur Leistung verpflichtet (§ 784).

a) Die Annahme erfolgt durch schriftlichen Vermerk auf der Anweisungsurkunde. Ein besonderer Wortlaut ist nicht erforderlich, auch kann die bloße Unterschrift des Angewiesenen genügen, wenn daraus dessen Annahmewille klar hervorgeht.

b) Die Annahme der Anweisung ist eine einseitige unwiderrufliche Willenserklärung, die mit dem Zugang an den Anweisungsempfänger wirksam wird. Ist die Annahme bereits vor Aushändigung der Anweisung an den Anweisungsempfänger vermerkt worden, so tritt die Wirkung diesem gegenüber erst mit der Aushändigung ein.

2. Die Wirkungen der Annahme.

a) Die Annahme enthält ein selbständiges (abstraktes) Schuldversprechen (§ 780), welches dem Anweisungsempfänger losgelöst von den Grundgeschäften ein unmittelbares Forderungsrecht gegen den Angewiesenen gibt.

Dieses Forderungsrecht ist auch von der Gültigkeit der Anweisung unabhängig und entsteht daher auch dann, wenn die Anweisung gefälscht oder aus einem sonstigen Grunde, z. B. wegen Geschäftsunfähigkeit des Anweisenden, unwirksam ist.

b) Aus der Selbständigkeit des in der Annahme enthaltenen Schuldversprechens folgt, daß der Angewiesene dem Anweisungsempfänger nur solche Einwendungen entgegensetzen darf, welche

aa) die Gültigkeit der Annahme betreffen, z. B. Geschäftsunfähigkeit des Angewiesenen, Fälschung des Annahmevermerks, mangelnde Form;

bb) sich aus dem Inhalt der Anweisung oder der Annahme ergeben, z. B. Bedingungen oder Befristungen;

cc) dem Angewiesenen unmittelbar gegen den Anweisungsempfänger zustehen, z. B. Tilgung, Erlaß, Aufrechnung, Stundung.

Dagegen sind dem Angewiesenen sämtliche Einwendungen abgeschnitten, die sich aus dem Deckungs- oder Valutaverhältnis ergeben.

1. **Beispiel:** Der Angewiesene kann nicht einwenden, daß die Forderung des Anweisenden gegen ihn, um derentwillen er die Anweisung angenommen habe, gestundet sei oder nicht bestehe (fehlerhaftes Deckungsverhältnis). Erst recht kann er nicht einwenden, die Forderung, die den Anweisenden zur Ausstellung der Anweisungsurkunde auf den Anweisungsempfänger veranlaßt habe, sei noch nicht fällig oder bereits in Wegfall gekommen (fehlerhaftes Valutaverhältnis).

Der Angewiesene hat bei Unwirksamkeit eines dieser Verhältnisse gegen den Anweisungsempfänger auch keinen Anspruch aus ungerechtfertigter Bereicherung (§§ 812 ff.), sondern der Ausgleich hat nur zwischen den an dem mangelhaften Deckungs- oder Valutaverhältnis Beteiligten zu erfolgen.

2. **Beispiel.** 1. Hat der Angewiesene an den Anweisungsempfänger geleistet, und war das Deckungsverhältnis unwirksam, so kann er nur von dem Anweisenden Rückerstattung des gezahlten Betrages nach Bereicherungsrecht verlangen.

2. Hat der Angewiesene an den Anweisungsempfänger geleistet und war das Valutaverhältnis unwirksam, so kann der Angewiesene überhaupt nichts verlangen, da er an dem Valutaverhältnis nicht beteiligt ist. Der Anweisungsempfänger ist nur dem Anweisenden gegenüber zur Herausgabe nach Bereicherungsrecht verpflichtet.

Nur wenn sowohl das Deckungs- wie das Valutaverhältnis unwirksam sind oder nur das Deckungsverhältnis unwirksam ist, das Valutaverhältnis aber eine unentgeltliche Zuwendung enthält, ist nach der h. L. ein unmittelbarer Bereicherungsanspruch des Angewiesenen gegen den Anweisungsempfänger gegeben (str. vgl. RGZ 86, 347, RG JW 1934, 2458 m. Anm. v. Oertmann).

c) Der Angewiesene ist nur Zug um Zug gegen Aushändigung der Anweisungsurkunde zur Leistung verpflichtet (§ 785).

d) Der Anspruch des Anweisungsempfängers gegen den Angewiesenen aus der Annahme verjährt in 3 Jahren (§ 786).

III. Das Rechtsverhältnis zwischen Anweisendem und Angewiesenem (Deckungsverhältnis).

1. Da der Angewiesene durch die Anweisung lediglich ermächtigt wird, für Rechnung des Anweisenden zu zahlen, kann sich eine Verpflichtung zur Annahme der Anweisung nur aus dem Deckungsverhältnis ergeben. Jedoch wird eine solche Verpflichtung nicht schon dadurch begründet, daß der Angewiesene Schuldner des Anweisenden ist (§ 787 Abs. 2).

2. Der Anweisende kann die Anweisung gegenüber dem Angewiesenen widerrufen, solange dieser die Anweisung weder angenommen noch die Leistung bewirkt hat. Der Anweisende hat dieses Recht sogar dann, wenn er mit dem Widerruf eine Verpflichtung aus dem Valutaverhältnis verletzen würde (§ 790).

Die Zulässigkeit des Widerrufs folgt daraus, daß auch die Aushändigung der Anweisungsurkunde an den Anweisungsempfänger nur eine Ermächtigung zur Erhebung der Leistung darstellt (siehe IV).

3. Da die Leistung des Angewiesenen ihre eigentliche Rechtfertigung in dem Deckungsverhältnis findet, ergibt sich aus diesem auch, ob der Angewiesene bei dem Anweisenden Rückgriff für seine Leistung an den Anweisungsempfänger nehmen kann (z. B. bei einer Anweisung auf Kredit oder auf Grund eines Auftrages oder als Geschäftsführer ohne Auftrag des Anweisenden). Im Falle einer Anweisung auf Schuld wird der Angewiesene durch die Leistung an den Anweisungsempfänger in deren Höhe von seiner Schuld an den Anweisenden befreit (§ 787 Abs. 1).

§ 787 Abs. 1 will aber zugleich aussprechen, daß diese Befreiung erst durch die Leistung und nicht schon durch die Annahme der Anweisung eintritt.

Leistet der Angewiesene bei unwirksamem Deckungsverhältnis, so kann er von dem Anweisenden nach Bereicherungsrecht Erstattung verlangen (vgl. II, 2 b, 2. Bspl. 1).

IV. Das Rechtsverhältnis zwischen Anweisenden und Anweisungsempfänger (Valutaverhältnis).

1. Da auch der Anweisungsempfänger nur zur Erhebung der Leistung aus der Anweisung ermächtigt wird, kann sich eine Verpflichtung, dies zu tun, nur aus dem Valutaverhältnis ergeben. Unabhängig davon besteht eine Anzeigepflicht des Anweisungsempfängers, wenn er von der Anweisung keinen Gebrauch machen kann oder will, oder wenn der Angewiesene vor der Fälligkeit der Anweisung die Annahme oder wenn er die Leistung verweigert (§ 789).

2. Wie das Deckungsverhältnis über den endgültigen Ausgleich zwischen Anweisendem und Angewiesenem entscheidet, so ist das Valutaverhältnis für Anweisenden und Anweisungsempfänger maßgebend, ob der Anweisungsempfänger die Leistung endgültig behalten darf oder an den Anweisenden herausgeben muß (z. B. bei einer bloßen Einziehungsermächtigung). Ist die Anweisung zwecks Tilgung einer Schuld des Anweisenden an den Anweisungsempfänger erfolgt, so tritt die Tilgungswirkung erst mit der Leistung und nicht schon mit der Annahme der Anweisung durch den Angewiesenen ein („Anweisung ist noch keine Zahlung" § 788).

Nimmt der Anweisungsempfänger bei unwirksamem Valutaverhältnis die Leistung von dem Angewiesenen entgegen, so kann der Anweisende von dem Anweisungsempfänger Herausgabe nach Bereicherungsrecht verlangen (vgl. II, 2 b, 2. Bspl. 2).

V. Abtretung und Erlöschen der Anweisung.

1. Abtretung der Anweisung.

Der Anweisungsempfänger kann die Anweisung sowohl vor wie nach der Annahme auf Dritte übertragen. Die Uebertragung ist ein abstrakter Vertrag, zu dessen Gültigkeit Schriftform der Uebertragungserklärung und Aushändigung der Urkunde an den Dritten erforderlich sind (§ 792 Abs. 1).

Die Uebertragung kann der Anweisende ausschließen, doch ist dies gegenüber dem Angewiesenen nur wirksam, wenn der Ausschluß aus der Anweisung selbst ersichtlich ist oder von dem Anweisenden dem Angewiesenen vor der Annahme oder Leistung mitgeteilt worden ist (§ 792 Abs. 2).

Für die dem Angewiesenen gegenüber dem Erwerber zustehenden Einwendungen ist maßgeblich, ob die Uebertragung vor oder nach der Annahme erfolgt ist (§ 792 Abs. 3).

2. Erlöschen der Anweisung.

Die Anweisung erlischt außer durch Zahlung des Anweisungsbetrages oder durch Widerruf (vgl. III, 2), auch durch Vernichtung der Anweisungsurkunde. Der Tod oder der Eintritt der Geschäftsunfähigkeit eines der Beteiligten bilden dagegen keinen Erlöschungsgrund (§ 791).

§ 44

Die Schuldverschreibung auf den Inhaber

I. Begriff und Rechtsnatur.

Die Schuldverschreibung auf den Inhaber ist eine Urkunde, in der sich der Aussteller zu einer Leistung an den Inhaber der Urkunde verpflichtet (§ 793 Abs. 1).

Beispiel: Schuldverschreibungen des Staates und der Gemeinden, Schatzanweisungen des Reiches, Industrieobligationen, Hypothekenpfandbriefe, Lotterielose.

1. Die Schuldverschreibung auf den Inhaber ist ein Wertpapier, da zur Ausübung des darin verbrieften Rechtes die Innehabung der Urkunde notwendig ist. Sie verdankt — wie alle Wertpapiere — ihre Entstehung dem wirtschaftlichen Bedürfnis, die Uebertragung von Forderungen verkehrsfähig und verkehrssicher zu machen. Dies geschieht dadurch, daß die Ausübung des Forderungsrechts an die Innehabung der Urkunde geknüpft ist und die Uebertragung der Forderung nach sachenrechtlichen Grundsätzen durch Einigung und Uebergabe des Papiers erfolgt („Das Recht aus dem Papier folgt dem Recht am Papier"). So wird auch ein gutgläubiger Erwerb ermöglicht (§§ 932 ff.). Hiermit verbunden ist die der Urkunde verliehene Legitimationswirkung, die den Inhaber berechtigt, n u r auf Grund ihres Besitzes vom Schuldner Leistung zu verlangen und die den Schuldner befreit, wenn er die Leistung an den Inhaber erbringt. Schließlich wird den Verkehrserfordernissen damit Genüge getan, daß der Inhaber der Urkunde in Ausschluß von § 404 vor Einreden aus der Person seines Vormannes geschützt wird (§ 796).

Die §§ 793 ff. befassen sich nur mit den schuldrechtlichen Beziehungen zwischen Aussteller und Inhaber der Urkunde. Für die dinglichen Rechtsverhältnisse sind die sachenrechtlichen Vorschriften, insbes. §§ 929 ff., 935, maßgebend.

Die Vorschriften über die Inhaberschuldverschreibungen können auch für die Verbriefung von anderen als Forderungsrechten (z. B. Mitgliedschaftsrechten) entsprechend herangezogen werden.

2. Eine Schuldverschreibung auf den Inhaber setzt voraus:

a) die Verbriefung des Rechts in einer Urkunde. — Zur Gültigkeit ist deshalb Schriftform erforderlich; in Abweichung von § 126 bedarf es jedoch nicht der eigenhändigen Unterschrift des Ausstellers, sondern es genügt eine auf mechanischem Wege hergestellte Vervielfältigung (§ 793 Ab. 2).

b) Die Leistung muß dem Inhaber versprochen werden. Dies braucht nicht ausdrücklich zu geschehen (Inhaberklausel), es genügt, wenn sich aus dem Inhalt der Urkunde und der Verkehrssitte mit Sicherheit ergibt, daß der Aussteller an den Inhaber leisten will (z. B. bei Staatsschuldverschreibungen, Lotterielosen).

Die Leistung wird meist abstrakt versprochen (§ 780), doch kann zur Erhaltung von Einreden wegen § 796 auch der Schuldgrund in die Urkunde aufgenommen werden (z. B. Darlehn).

3. Gegenstand einer Schuldverschreibung sind meist Geldleistungen, jedoch können auch Leistungen anderer Art versprochen werden.

Beispiel: Lagerscheine auf den Inhaber, die zur Herausgabe eingelagerter Sachen verpflichten (vgl. RGZ 142, 150 — eingelagerter Zucker).

Zur Kontrolle des Geldmarktes und zum Schutze des Anlage suchenden Verkehrs bedürfen Schuldverschreibungen auf den Inhaber, die im Inland ausgestellt werden und auf eine bestimmte Geldsumme lauten, der staatlichen Genehmigung, sofern sie nicht (vom Reiche oder) von den Ländern ausgegeben werden (§ 795 Abs. 1 und 4 i. Vbdg. mit NotVO. vom 8. Dezember 1931 Teil 1 Kap. III § 6, RGBl. I, 703).

Die ohne staatliche Genehmigung ausgegebenen Schuldverschreibungen sind nichtig und verpflichten den Aussteller zum Ersatz des Vertrauensschadens (§ 795 Abs. 3). Außerdem macht sich der Aussteller nach § 145a StGB strafbar.

II. Entstehung des Forderungsrechtes.

Die Verpflichtung des Ausstellers zur Leistung wird durch einen Begebungsvertrag zwischen Aussteller und erstem Nehmer begründet, jedoch schützt bei fehlendem oder fehlerhaftem Begebungsvertrag der durch die Schaffung des Papiers erzeugte Rechtsschein eines gültig begebenen Papiers auch den gutgläubigen Dritterwerber (sog. Rechtsscheintheorie).

Nach anderer Auffassung wird die Verpflichtung n u r durch einen Vertrag zwischen Aussteller und erstem Nehmer, der auch zugunsten der späteren wirkt, begründet (Vertragstheorie), oder aus dem bewußten Inverkehrbringen der Urkunde (Emissionstheorie) abgeleitet.

Die noch herrschende Kreationstheorie (vgl. auch RGZ 131, 294) begründet die Verpflichtung des Ausstellers lediglich aus dem einseitigen Akt der Ausstellung der Urkunde. Die Auffassungen haben sich aber sehr angenähert.

1. Der Aussteller wird daher auch dem redlichen Erwerber gegenüber dann verpflichtet, wenn die Urkunde ihm gestohlen, verlorengegangen oder sonst ohne seinen Willen in den Verkehr gelangt ist (§ 794 Abs. 1).

2. Da die Ausstellung ein Rechtsgeschäft ist, muß der Aussteller mindestens bei der Ausstellung geschäftsfähig gewesen sein bzw. mit Zustimmung seines gesetzlichen Vertreters gehandelt haben, andernfalls ihm auch der „Rechtsschein" nicht zugerechnet werden kann. Dagegen schadet Geschäftsunfähigkeit oder Tod nach Ausstellung — also auch noch vor der Ausgabe — nichts (§ 794 Abs. 2).

III. Uebertragung der Schuldverschreibung.

Ist das Forderungsrecht entstanden, so erfolgt die Uebertragung der Forderung durch die Uebertragung des Eigentums am Papier (§§ 929 ff.). Gläubiger aus der Inhaberschuldverschreibung ist daher der jeweilige Eigentümer der Urkunde. Auch ist ein gutgläubiger Erwerb durch Dritte möglich, wenn das Papier dem Eigentümer gestohlen, verlorengegangen oder sonst abhanden gekommen ist (§ 935 Abs. 2, vgl. auch §§ 366, 367 HGB i. Vbdg. mit Art. III Kontr.Ges. Nr. 38).

IV. Einlösung der Schuldverschreibung.

1. Der Verkehrsschutz zeigt sich bei der Einlösung der Schuldverschreibung in der Legitimationskraft des Papiers (Rechtsvermutungen) und in der Beschränkung der dem Aussteller zustehenden Einwendungen.

a) Rechtsvermutung zugunsten des Inhabers.

Der Inhaber ist durch die Vorlage der Urkunde genügend legitimiert, um von dem Aussteller Zahlung zu verlangen. Ein Schutzbedürfnis besteht aber nur, wenn der Inhaber zur Verfügung über die Urkunde berechtigt ist (§ 793 Abs. 1 Satz 1), doch muß der Aussteller, der die Legitimation des Inhabers bestreitet, dessen Nichtberechtigung nachweisen.

Das Verfügungsrecht kann auch anderen Personen als dem Eigentümer der Urkunde zustehen, z. B. dem Pfandgläubiger, Ehemann, Testamentsvollstrecker, Konkursverwalter.

b) Rechtsvermutung zugunsten des Ausstellers.

Der Aussteller kann mit befreiender Wirkung an den Inhaber zahlen, und zwar auch dann, wenn der Inhaber der Urkunde nicht zur Verfügung über sie berechtigt ist (§ 793 Abs. 1 Satz 2). Der Aussteller ist also zur Prüfung der Verfügungsbefugnis nicht verpflichtet und wird auch dann frei, wenn der Inhaber geschäftsunfähig oder minderjährig ist. Eine Ausnahme muß jedoch gelten, wenn der Schuldner die Nichtberechtigung des Urkundeninhabers kennt und nachweisen kann (h. L.).

c) Ausschluß von Einwendungen.

Der Aussteller kann dem Inhaber — ähnlich wie der Angewiesene (§ 784 Abs. 1 siehe oben S. 147, vgl. auch Art. 17 WG) — nur solche Einwendungen entgegensetzen (§ 796), die aa) die Gültigkeit der Ausstellung betreffen, z. B. Geschäftsunfähigkeit des Ausstellers, Fälschung der Urkunde;

bb) sich aus dem besonderen Inhalt der Urkunde ergeben, z. B. darin aufgenommene Bedingungen und Befristungen;

cc) dem Aussteller unmittelbar gegen den Inhaber zustehen, z. B. Stundung, Zahlung, Erlaß, Aufrechnung.

2. Um den Aussteller vor doppelter Inanspruchnahme zu schützen, ist er nur gegen Aushändigung der Schuldverschreibung zur Leistung verpflichtet (§ 797). Die Schuldverschreibung muß ihm vorgelegt werden. Die Schuld ist also Holschuld.

Mit der Aushändigung erwirbt der Aussteller das Eigentum an der Urkunde, selbst wenn der Inhaber zur Verfügung über sie nicht berechtigt war, anders aber auch hier, wenn der Aussteller die Nichtberechtigung des Inhabers kannte und nachweisen konnte.

3. Ausschlußfrist und Verjährung.

a) Der Anspruch aus der Schuldverschreibung erlischt, wenn die Urkunde nicht innerhalb der Vorlegungsfrist präsentiert wird. Sie beträgt, wenn in der Urkunde nichts anderes bestimmt ist, 30 Jahre von dem Zeitpunkt an, der für die Leistung bestimmt ist (§ 801 Abs. 1 Satz 1).

b) Ist die Schuldverschreibung rechtzeitig vorgelegt, so unterliegt der Anspruch einer selbständigen 2jährigen Verjährung, die aber erst nach Vollendung der Vorlegungsfrist beginnt (§ 801 Abs. 1 Satz 2).

V. Erneuerung und Kraftloserklärung.

1. Erneuerung.

Ist eine Schuldverschreibung infolge Beschädigung oder Verunstaltung zum Umlauf nicht mehr geeignet, so kann der Inhaber auf seine Kosten von dem Aussteller gegen Rückgabe der alten Urkunde eine neue verlangen (§ 798).

In der alten Urkunde müssen jedoch der wesentliche Inhalt und die Unterscheidungsmerkmale noch mit Sicherheit erkennbar sein, andernfalls nur die Kraftloserklärung möglich ist.

2. Kraftloserklärung.

Eine abhanden gekommene oder vernichtete Urkunde kann im Wege des Aufgebotsverfahrens durch Ausschlußurteil für kraftlos erklärt werden (vgl. §§ 799 BGB, 1003 ff. ZPO).

a) Wer das Ausschlußurteil erwirkt, kann die Rechte aus der Urkunde geltend machen (§ 1018 ZPO) oder die Ausstellung einer neuen Urkunde verlangen (§ 800).

Schon während des Aufgebotsverfahrens kann der Antragsteller eine sog. Zahlungssperre erwirken, durch die vom Gericht dem Aussteller verboten wird, an den Inhaber des Papiers eine Leistung zu machen (vgl. Näheres §§ 1019 ff. ZPO und 802 BGB).

b) Die Kraftloserklärung kann vom Aussteller in der Urkunde ausgeschlossen werden. Kraft Gesetzes ist sie bei solchen Urkunden ausgeschlossen, die in besonders hohem Maße zum Umlauf bestimmt sind oder bei denen sich eine Kraftloserklärung nicht lohnt, insbesondere bei Zins-, Renten- und Gewinnanteilscheinen (vgl. aber § 804), und auf Sicht zahlbaren unverzinslichen Schuldverschreibungen (z. B. Banknoten).

VI. Verwandlung in ein Namenspapier.

Um die mit den Inhaberpapieren für den Gläubiger verbundenen Gefahren zu beseitigen, ist eine Umschaffung auf den Namen eines bestimmten Berechtigten möglich (sog. Festmachen des Inhaberpapiers, § 806). Zu dieser Umschreibung ist nur der Aussteller berechtigt, der auf die Schuldverschreibung einen entsprechenden Vermerk setzt. Das Papier verwandelt sich damit in ein Namenspapier, sodaß es zur Uebertragung der Forderung der Abtretung (§§ 398 ff.) bedarf und ein gutgläubiger Erwerb nicht möglich ist.

Für Reichs- und Staatsanleihen tritt an die Stelle der Umwandlung die Eintragung des Gläubigers in das Reichs- oder Staatsschuldbuch.

VII. Nebenpapiere.

Mit dem Stammpapier werden häufig Zins- und Gewinnanteilscheine, sowie ein Erneuerungsschein, der zum Empfang neuer Scheine berechtigt, ausgegeben.

1. Die Zinsscheine sind Inhaberschuldverschreibungen, die insoweit selbständig sind, wie es der Verkehr erfordert. Sie bleiben daher auch in Kraft, wenn die Hauptforderung erlischt oder die Verzinsung aufhört oder geändert wird. Gleichzeitig sind sie aber den Vorschriften über die Zinsverpflichtung unterworfen (§§ 248, 289), und der Aussteller ist berechtigt, bei Einlösung des Stammpapiers den Betrag einzubehalten, den er für die nicht vorgelegten Zinsscheine zu zahlen verpflichtet ist (§ 803). Die Vorlegungsfrist beträgt 4 Jahre (§ 801 Abs. 2). Ein Aufgebot ist ausgeschlossen (§ 799 Abs. 1 Satz 2), jedoch kann der Inhaber bei Verlust Anzeige erstatten und nach Ablauf der Vorlegungsfrist die Leistung von dem Aussteller verlangen, falls der Schein nicht anderweit vorgelegt wird (§ 804).

2. Die Gewinnanteilscheine, deren Höhe sich nach dem jeweilig erzielten Gewinn richtet, sind ebenfalls Inhaberpapiere. Wegen der stärkeren

Abhängigkeit von dem Stammpapier ist § 803 nicht entsprechend anwendbar (vgl. § 66 Abs. 2 AktGes), im übrigen gelten dieselben Rechtssätze wie für die Zinsscheine.

3. Der Erneuerungsschein (Talon) ist nicht zum selbständigen Umlauf bestimmt und daher kein Inhaberpapier, sondern nur ein Ausweispapier (Legitimationspapier, vgl. RGZ 74, 341). Infolgedessen kann der Inhaber des Stammpapiers der Ausgabe neuer Zins- und der ähnlichen Rentenscheine an den Inhaber des Erneuerungsscheins widersprechen und Aushändigung an sich selbst verlangen (§ 805). Für ein Aufgebotsverfahren besteht daher kein Bedürfnis.

§ 45

Unvollkommene Inhaberpapiere und Legitimationspapiere

Während die eigentlichen Inhaberschuldverschreibungen meist für größere Finanzierungsmaßnahmen ausgegeben werden, gibt es im täglichen Leben eine Reihe von Papieren, die entweder den Inhaberpapieren sehr nahe verwandt sind (unvollkommene Inhaberpapiere) oder nur der Ausweiserleichterung dienen (Legitimationspapiere). Die Abgrenzung zwischen beiden Gruppen ist oft nicht einfach, sie kann nur aus der Gesamtheit der Umstände unter besonderer Berücksichtigung der Verkehrssitte getroffen werden. Außerhalb dieser beiden Gruppen stehen die einfachen Beweispapiere.

Im einzelnen kann folgende Abstufung erfolgen:

I. Unvollkommene Inhaberpapiere (Inhaberzeichen).

Dies sind Karten, Marken oder ähnliche Urkunden, bei denen der Gläubiger nicht bezeichnet ist und sich der Aussteller zu einer Leistung an den jeweiligen Inhaber verpflichtet (§ 807).

Im Gegensatz zu den eigentlichen Inhaberschuldverschreibungen geben sie den Inhalt und Gegenstand der Leistung meist nur unvollkommen an, nennen häufig nicht den Aussteller oder lassen es an dessen Unterschrift fehlen.

Beispiel: Eisenbahnfahrkarten, Bahnsteigkarten, Eintrittskarten für Theater (vgl. RGZ 133, 388), Kino, Konzert usw., Bade- oder Biermarken.

Auf diese Papiere sind entsprechend dem Verkehrsbedürfnis die wichtigsten Vorschriften der Inhaberpapiere anwendbar (z. B. bezüglich Uebertragung, gutgläubigem Erwerb, Beschränkung von Einwendungen, Leistung gegen Aushändigung der Urkunde), während alle übrigen ausgeschlossen sind (Näheres § 807).

II. Legitimationspapiere.

Legitimationspapiere sind solche Urkunden, bei denen der Aussteller die darin versprochene Leistung an jeden Inhaber bewirken *kann*.

1. Die Legitimationspapiere sind im Gegensatz zu den Inhaberpapieren nicht selbständige Vermögensträger. Ihre Uebertragung erfolgt daher durch einfache Abtretung der Forderung (§§ 398 ff.), die gemäß § 952 den Eigentumserwerb am Papier nach sich zieht.

2. Die Legitimationspapiere dienen der Ausweiserleichterung nur zugunsten des Ausstellers, der, wenn er will, sich durch Leistung an den Inhaber befreien kann (§ 808 Abs. 1 Satz 1).

Eine Ausnahme gilt nur, wenn er die Nichtberechtigung des Inhabers kennt (vgl. RGZ 86, 87; 89, 403 str.).

Der Inhaber ist als solcher nicht berechtigt, die Leistung zu fordern (§ 808 Abs. 1 Satz 2). Er muß — anders als bei den Inhaberpapieren — sein Gläubigerrecht nachweisen, wenn der Aussteller die Leistung verweigert.

3. Innerhalb der Legitimationspapiere sind zwei Gruppen zu unterscheiden:

a) Die qualifizierten Legitimationspapiere.

Diese Papiere benennen den Gläubiger (§ 808 Abs. 1 Satz 1).

Beispiel: Sparkassenbücher, Leihhausscheine, Depotscheine, kraft besonderer Bestimmung (§ 4 Abs. 1 VersVertrGes) auch der Versicherungsschein auf den Inhaber (vgl. RGZ 145, 324).

Sie haben die Eigenart, daß der Aussteller nur gegen Aushändigung der Urkunde zu leisten braucht. Daher besteht bei ihrem Verlust die Möglichkeit eines Aufgebotsverfahrens (§ 808 Abs. 2).

b) Die einfachen Legitimationspapiere (Legitimationszeichen).

Diese Papiere benennen den Gläubiger nicht. Hierzu gehören alle Karten, Marken und ähnliche Urkunden, bei denen der Aussteller nicht zu einer Leistung an den Inhaber verpflichtet (im Gegensatz zu den in I. genannten Papieren), sondern nur dazu berechtigt ist.

Beispiel: Garderobenmarken, Gepäckscheine, Reparaturscheine.

Anders als bei den qualifizierten Legitimationspapieren kann hier der wahre Gläubiger auch ohne Vorlage der Urkunde die Leistung verlangen, wenn er sein Gläubigerrecht anderweit nachweist und der Schuldner nicht schon an den Inhaber geleistet hatte. Daher besteht hier kein Bedürfnis für ein Aufgebotsverfahren.

III. Einfache Beweispapiere.

Die einfachen Beweispapiere wollen es dem Gläubiger nur erleichtern, seinen Anspruch zu beweisen. Sie haben keinerlei Legitimationswirkung.

Beispiel: Der Akkordarbeiter erhält für jedes hergestellte Stück eine Marke. Er kann seinen Lohn auch dann beanspruchen, wenn ihm die Marken verlorengegangen sind oder sogar wenn ein anderer unter Vorlage der gefundenen Marken sich den Lohn erschwindelt hat.

VIII. Ungerechtfertigte Bereicherung

Die Vorschriften der ungerechtfertigten Bereicherung (§§ 812 ff.) bezwecken, den Ausgleich von grundlosen Vermögensverschiebungen herbeizuführen. Sie ergeben sich als notwendige Folge aus der Tatsache, daß unsere Rechtsordnung häufig wegen der Verkehrssicherheit, der Klarheit und leichten Durchsetzbarkeit der einzelnen Rechte oder aus sonstigen Gründen zunächst Rechtswirkungen eintreten läßt, ohne damit endgültig der materiellen Gerechtigkeit entsprechen zu wollen. Das Bereicherungsrecht ist daher insbesondere wegen der Selbständigkeit des abstrakten Erfüllungsgeschäftes (z. B. Eigentumsübertragung), das auch dann wirksam bleibt, wenn das zugrunde liegende Verpflichtungsgeschäft (z. B. Kauf) unwirksam ist oder wird, ausgebildet worden. Außerdem besteht ein Bedürfnis nach einem gerechten Ausgleich in zahlreichen anderen Rechtslagen, z. B. bei gewissen Vermögensverschiebungen, an denen ein gutgläubiger Dritter beteiligt ist oder bei Rechtsverlusten, die durch Verbindung, Vermischung oder Verarbeitung (§§ 946 ff.) eintreten. In all diesen Fällen gesteht das Gesetz dem Benachteiligten einen schuldrechtlichen Ausgleichsanspruch gegen den Bereicherten zu, der allein an die Tatsache der Bereicherung anknüpft und begrifflich neben einem Erfüllungsanspruch aus Vertrag ausgeschlossen ist.

In § 812 Abs. 1 Satz 1 ist der Grundtatbestand der Bereicherung aufgestellt, der in den folgenden Vorschriften erläutert und durch einige besonders wichtige Bereicherungsfälle ergänzt wird.

Abschließend werden Inhalt und Umfang der Bereicherung geregelt.

§ 46
Der Grundtatbestand der Bereicherung

Der allgemeine Bereicherungsanspruch setzt voraus, daß jemand durch die Leistung eines anderen oder in sonstiger Weise auf dessen Kosten etwas ohne rechtlichen Grund erlangt hat (§ 812 Abs. 1 Satz 1).

I. Der Bereicherte muß etwas „erlangt" haben.

Erlangt sein kann jeder irgendwie geartete Vermögensvorteil, sei es, daß ein Vermögenszuwachs eingetreten oder eine Vermögensminderung vermieden ist.

Hierhin gehört z. B. der Erwerb von dinglichen oder persönlichen Rechten (Eigentum, Pfandrecht, Forderungen usw.), die Befreiung von Schulden oder der Wegfall von Lasten, die Ersparung von Aufwendungen, die normalerweise entstanden wären, z. B. für den Gebrauch von Arbeitskräften oder fremden Sachen, die Erlangung des Besitzes (vgl. RGZ 98, 133) oder einer sonstigen vorteilhaften Rechtsstellung, z. B. durch fälschliche Eintragung als Eigentümer im Grundbuch (vgl. RGZ 119, 336), durch irrtümliche Auflassung, auf Grund derer die Eintragung im Grundbuch verlangt werden kann (vgl. RGZ 108, 332) oder durch schuldlose Verletzung eines literarischen Urheberrechtes (vgl. RGZ 121, 260).

II. Die Bereicherung muß durch die Leistung eines anderen oder in sonstiger Weise geschehen sein.

1. Die Leistung kann in Zuwendungen jeder Art bestehen, z. B. Uebertragung von Eigentum, Leistung von Diensten, Schulderlaß, Schuldübernahme, in dem vertraglichen Anerkenntnis des Bestehens oder Nichtbestehens eines Schuldverhältnisses (§ 812 Abs. 2) oder in Unterlassungshandlungen (z. B. Innehaltung eines Wettbewerbsverbotes).

2. Eine Bereicherung in sonstiger Weise kann eintreten durch Handlungen des Bereicherten selbst (z. B. Benutzung einer Wohnung nach Beendigung des Mietverhältnisses oder fremder Filme zum Photographieren), durch Handlungen Dritter (z. B. durch Verarbeitung von fremdem Material — vgl. RGZ 130, 312 oder Durchführung der Zwangsvollstreckung auf Grund unrichtigen Titels durch den Gerichtsvollzieher — vgl. RGZ 134, 143) oder durch rein tatsächliche Vorgänge (z. B. zufällige Vermischung verschiedener Weine, Anschwemmung einer Parzelle an ein anderes Grundstück).

III. Die Bereicherung muß auf Kosten eines anderen eingetreten sein.

Dem Gewinn auf der einen Seite muß ein Verlust auf der anderen Seite gegenüberstehen.

1. Zur vernünftigen Begrenzung des Bereicherungsanspruches wird daraus gefolgert, daß diese Vermögensverschiebung unmittelbar sein muß, d. h. durch ein und denselben Vorgang muß der eine reicher, der andere ärmer geworden sein, der Vermögensgegenstand darf also nicht erst in das Vermögen eines Dritten geraten sein.

Beispiel: Ein Einkaufskommissionär (als mittelbarer Stellvertreter) kauft von einem Händler für seinen Auftraggeber einen Gegenstand und überträgt ihm diesen. Ist der Kauf zwischen Kommissionär und Händler unwirksam, so ist nur der Kommissionär, nicht auch der Auftraggeber auf Kosten des Händlers bereichert (vgl. RGZ JW 1932, 735).

Ein Gastwirt beköstigte fremde Arbeiter. Er kann dafür nicht ohne weiteres kraft Bereicherungsrecht Ersatz von ihrem Arbeitgeber verlangen (vgl. RGZ 106, 386).

2. Andererseits ist für die Unmittelbarkeit der Vermögensverschiebung nicht erforderlich, daß die Anspruchsgegner mit den am Erwerbsvorgang Beteiligten personengleich sind. Es kann auch ein Dritter die Zuwendung vornehmen, sei es als Stellvertreter oder Bote oder indem er die Leistung im Auftrage und für Rechnung der einen Partei an die andere bewirkt (sog. unmittelbare Vermögensverschiebung durch mittelbare Zuwendung). Für

die Abgrenzung ist entscheidend, ob es sich um einen einheitlichen Uebertragungsvorgang oder um das Nacheinander mehrerer Erwerbsvorgänge handelt.

Beispiel: 1. Es bezahlt jemand für einen Schuldner dessen Schuld an den Gläubiger in der irrigen Annahme, dem Schuldner zur Zahlung verpflichtet zu sein. Bereicherungsanspruch des Zahlenden gegen den Schuldner, weil dieser durch die Zahlung auf Kosten des Zahlenden von seiner Schuld befreit wurde (vgl. auch RGZ 60, 24: Auszahlung von Geld durch die Post auf Grund gefälschter Postanweisung).

2. Bauhandwerker bauen im Auftrage und für Rechnung eines Bauherrn auf ein fremdes Grundstück ein Haus. Der Grundstückseigentümer erwirbt gemäß § 946 Eigentum an dem Haus. Bereicherungsansprüche des Bauherrn gegen den Grundstückseigentümer, weil dieser auf Kosten des Bauherrn bereichert ist (vgl. RGZ 130, 312).

Weitere Beispiele vgl. oben Seite 148 zur Anweisung und RGZ 79, 285 u. 81, 264.

3. Ausnahmen von dem Grundsatz der Unmittelbarkeit enthalten die §§ 816 Abs. 1 Satz 2 und 822, da wegen der Unentgeltlichkeit ein Schutzbedürfnis nicht besteht (vgl. über die rechtsähnliche Anwendung RG JW 34 2458 und oben Seite 148).

IV. Die Bereicherung muß ohne rechtfertigenden Grund erfolgt sein.

Nach dem Grundgedanken des Bereicherungsrechts ist eine Bereicherung dann grundlos, wenn die eingetretene Vermögensverschiebung zwar formell zu Recht besteht, im Verhältnis zwischen Benachteiligtem und Bereichertem aber materiell ungerecht erscheint.

1. Beruht die Bereicherung auf einer Handlung des Benachteiligten, so ist sie grundlos, wenn ein rechtfertigender Zweck fehlt. Die Parteien wollten z. B. zum Zwecke der Erfüllung einer Verbindlichkeit leisten, die in Wirklichkeit nicht bestand (1), oder sie glaubten, sich über die Zweckbestimmung der Leistung geeinigt zu haben, was in Wahrheit nicht der Fall war (2), oder der erreichte Zweck ist nachher wieder in Wegfall gekommen (3) (§ 812 Abs. 1 Satz 2).

Beispiel: 1. Ein Schuldner zahlt seine Schuld an einen anderen, den er irrtümlich für seinen Gläubiger hält (vgl. aber auch RGZ 98, 64).

2. Die eine Partei leistet, um ein Darlehn zu gewähren, während die andere die Leistung als Schenkung annimmt.

3. Der Käufer bezahlt eine Ware im voraus, nachträglich wird dem Verkäufer deren Lieferung unmöglich, so daß auch der Käufer nichts zu zahlen gehabt hätte (§ 323 Abs. 3 — vgl. auch als Beispiel RGZ 108, 110).

2. Beruht die Bereicherung auf einer Handlung des Bereicherten (1) oder eines Dritten (2), so ist sie regelmäßig grundlos, falls nicht im Einzelfalle ein rechtfertigender Grund vorliegt.

Beispiel: 1. Unerlaubter Verbrauch oder Gebrauch fremder Sachen, z. B. Vermietung fremder Möbel (vgl. RGZ 105, 408).

2. Unrichtige Eintragung in das Grundbuch durch den Grundbuchbeamten. Leistung an einen Nichtberechtigten gemäß §§ 407, 409.

3. Beruht die Bereicherung auf einer Rechtsänderung kraft Gesetzes, so ist nach dem Sinn und Zweck des Gesetzes zu entscheiden, ob die angeordnete Vermögensverschiebung endgültig sein soll oder nicht.

Beispiel: Kein Bereicherungsanspruch gegenüber dem Eigentumserwerb eines anderen an einem zugeflogenen Bienenschwarm (§ 964), wohl aber gegenüber dem Erwerb auf Grund Ersitzung (§§ 937 ff., vgl. RGZ 130, 69, str.).

§ 47

Die Sondertatbestände der Bereicherung.

I. Leistung einer Nichtschuld.

1. Der Bereicherungsanspruch ist gegeben, wenn eine Leistung zur Erfüllung einer Verbindlichkeit erbracht wird, die zur Zeit der Leistung nicht bestanden hat.

Unerheblich ist es, ob es sich um eine dingliche oder schuldrechtliche Verbindlichkeit handelte (vgl. RGZ 146, 360).

Beispiel: Ein Käufer bezahlt eine Rechnung noch einmal in der irrtümlichen Annahme, die vor Kriegsende erfolgte Zahlung hat den Verkäufer nicht mehr erreicht.

Dem Fehlen der Schuld ist das Vorhandensein einer dauernden Einrede gleichgestellt, da dadurch die Schuld praktisch auch nicht besteht (§ 813 Abs. 1 Satz 1).

Beispiel: Der Schuldner hat eine Forderung beglichen, die der Gläubiger auf Grund einer am Schuldner begangenen unerlaubten Handlung erlangt hat (§ 853).

Jedoch ist eine Rückforderung mit der Begründung ausgeschlossen, daß der Anspruch bei der Erfüllung bereits verjährt war (§ 813 Abs. 1 Satz 2).

Ebenso besteht kein Bereicherungsanspruch, wenn eine betagte Verbindlichkeit vorzeitig erfüllt wird, da hier keine Nichtschuld vorliegt, auch kann die Erstattung von Zwischenzinsen nicht verlangt werden (§ 813 Abs. 2).

2. Die Rückforderung ist ausgeschlossen (§ 814),

a) bei wissentlicher Zahlung einer Nichtschuld;

Erforderlich ist positive Kenntnis, daß es sich um eine Nichtschuld handelte, bloße Zweifel genügen nicht (vgl. RGZ 154, 396; aber auch 144, 91); die Zahlung muß freiwillig und nicht unter irgendwelchem Druck erfolgt sein.

Ueber die Beweislast vgl. RGZ 133, 275; 146, 360.

b) wenn die Leistung einer sittlichen Pflicht oder einer auf den Anstand zu nehmenden Rücksicht entsprach.

Beispiel: Unterhaltsleistung an Verwandte (z. B. Geschwister), denen gegenüber eine gesetzliche Unterhaltspflicht nicht besteht.

II. Nichteintritt des bezweckten Erfolges.

1. Der Bereicherungsanspruch besteht, wenn mit der Leistung der nach dem Inhalt des Rechtsgeschäftes bezweckte Erfolg nicht eintritt (§ 812 Abs. 1 Satz 2).

Die Erfolgsbestimmung muß nach dem Willen beider Parteien den wesentlichen Inhalt des Vertrages bilden.

Beispiel: Hingabe einer Quittung in Erwartung der Rückzahlung, die nicht erfolgt. Zahlung eines Schweigegeldes für die Nichtanzeige einer Straftat, wenn die Anzeige trotzdem erstattet wird.

Nicht ausreichend sind die bloß einseitige Bestimmung oder der Beweggrund einer Partei, auch wenn sie dem anderen Teil erkennbar waren.

Beispiel: Eine Aussteuer, die in Erwartung der Ehe der Tochter gegeben wird, kann zurückgefordert werden, wenn die Ehe nicht zustandekommt, deswegen kann aber nicht derjenige, der erkennbar einzelne Gegenstände für eine Aussteuer kauft, gegenüber dem Verkäufer Bereicherungsansprüche geltend machen.

Bei gegenseitigen Verträgen sind Bereicherungsansprüche regelmäßig nicht schon deshalb gegeben, weil die Gegenleistung ausbleibt (Sonderregelung durch §§ 325 ff., 346 ff.), wohl aber können sie bestehen, wenn ein über die Gegenleistung hinausgehender Erfolg bezweckt wird (vgl. RGZ 106, 98), z. B. günstiger Verkauf eines Geschäftes an den künftigen Schwiegersohn, der jedoch im Kriege fällt. Rückforderung möglich, um es der Tochter und damit der Familie zu erhalten.

2. Der Bereicherungsanspruch ist ausgeschlossen (§ 815),

a) wenn der Eintritt des Erfolges von Anfang an dauernd unmöglich war und der Leistende dies gewußt hat;

Beispiel: Abgabe eines Schuldanerkenntnisses (§ 781), um einen Verzicht des Wohnungsamtes auf künftige Inanspruchnahme der Wohnung herbeizuführen (vgl. RGZ 116, 340).

b) wenn der Leistende den Eintritt des Erfolges wider Treu und Glauben verhindert hat (vgl. auch § 162).

Beispiel. Der Verlobte kann seine Geschenke nicht zurückfordern (§ 1301), wenn er die Eheschließung treuwidrig verhindert hat (vgl. RG JW 1925, 2110).

Vgl. auch die Sonderbestimmungen in §§ 527, 2196.

III. Wirksame Verfügung oder Annahme einer Leistung durch einen Nichtberechtigten.

Soweit das Gesetz im Interesse der Verkehrssicherheit oder wegen eines sonstigen Schutzbedürfnisses zum Nachteil des Berechtigten einen Rechtsverlust eintreten läßt, schafft § 816 den erforderlichen Ausgleich. § 816 ist daher für das tägliche Rechtsleben eine außerordentlich wichtige Bestimmung. Dabei sind zwei Tatbestände zu unterscheiden:

1. Verfügung durch einen Nichtberechtigten.

§ 816 Abs. 1 setzt voraus, daß ein Nichtberechtigter über einen Gegenstand eine Verfügung trifft, die dem Berechtigten gegenüber wirksam ist.

Beispiel: 1. Der zu Unrecht als Eigentümer im Grundbuch Eingetragene bestellt zugunsten eines gutgläubigen Dritten eine Hypothek.

2. Der Uhrmacher verkauft und übereignet die ihm zur Reparatur übergebene Uhr an einen gutgläubigen Dritten.

3. Der durch den Erbschein ausgewiesene Nichterbe verkauft und übereignet Nachlaßgegenstände an einen gutgläubigen Dritten.

a) Der Nichtberechtigte haftet auf das durch die Verfügung Erlangte. Dies umfaßt insbesondere das auf Grund der Verfügung erlangte rechtsgeschäftliche Entgelt, einschl. eines dabei erzielten Gewinnes, der über den gemeinen Wert der Sache hinausgeht (vgl. RGZ 138, 45, str.).

Beispiel (wie oben): Der zu Unrecht eingetragene Eigentümer muß den Gegenwert für die Hypothekenbestellung an den wahren Grundstückseigentümer herausgeben.

Der Uhrmacher und der „falsche Erbe" müssen den erzielten Verkaufserlös herausgeben, einschl. der dabei etwa erzielten Ueberpreise.

War die Verfügung des Nichtberechtigten unwirksam, so kann sie der Berechtigte nach §§ 184, 185 durch Genehmigung heilen und sich damit die Ansprüche auf den Erlös verschaffen.

Beispiel: Der Eigentümer einer gestohlenen oder abhanden gekommenen Sache — an der bekanntlich ein gutgläubiger Erwerb nicht möglich ist (§ 935) — kann die „Veräußerung" der Sache von dem Besitzer an einen Dritten genehmigen und den dabei erzielten Erlös beanspruchen (vgl. RGZ 106, 45 — Pferd; RGZ 115, 34 — verschobener Metallschrott; auch RGZ 138, 46 ff., wo der Anspruch aus § 816 Abs. 1 daraus folgt, daß durch Anfechtung ein zunächst Berechtigter zu einem Nichtberechtigten wird).

b) Der Dritterwerber ist zur Herausgabe verpflichtet, wenn die Verfügung unentgeltlich erfolgt ist (§ 816 Abs. 1 Satz 2).

Beispiel: Der Entleiher unterschlägt das entliehene Fahrrad, indem er es einem gutgläubigen Dritten schenkt. Der frühere Eigentümer kann von dem Dritten die Herausgabe des Rades verlangen.

2. Leistung an einen Nichtberechtigten.

§ 816 Abs. 2 betrifft den Fall, daß an einen Nichtberechtigten eine Leistung bewirkt wird, die dem Berechtigten gegenüber wirksam ist. Der nichtberechtigte Empfänger ist dann dem Berechtigten zur Herausgabe des Geleisteten verpflichtet.

Beispiel: Der Schuldner zahlt in Unkenntnis der Abtretung noch an den alten Gläubiger (Abtretenden) (§ 407). Der alte Gläubiger muß den Betrag an den wahren Gläubiger (Abtretungsempfänger) herausgeben (vgl. RGZ 111, 301).

IV. Verwerflicher Empfang.

Der Bereicherungsanspruch wegen verwerflichen Empfanges will die Ausnutzung verbotenen oder unsittlichen Verhaltens verhindern.

1. Der Rückforderungsanspruch besteht, wenn der Zweck der Leistung in der Art bestimmt war, daß (nur) der Empfänger durch die Annahme gegen ein gesetzliches Verbot oder gegen die guten Sitten verstoßen hat (§ 817 Satz 1).

Beispiel: Ein Beamter nimmt zur Vornahme einer erlaubten Amtshandlung ein Geschenk an (passive Beamtenbestechung, § 331 StGB). Rückforderung zulässig.

2. Die Rückforderung ist ausgeschlossen, wenn dem Leistenden gleichfalls ein solcher Verstoß zur Last fällt (§ 817 Satz 2).

Beispiel: Einem Beamten wird zur Vornahme einer verbotenen Amtshandlung ein Geschenk gemacht (Beamtenbestechung nach §§ 332, 333 StGB). Rückforderung ausgeschlossen.

a) § 817 Satz 2 enthält nach der h. L. eine allgemeine Regel für alle Bereicherungsansprüche, die auch dann gilt, wenn der Bereicherungsanspruch auf § 812 gestützt wird. Daraus folgt, daß die Rückforderung auch dann ausgeschlossen ist, wenn n u r dem Leistenden ein Verstoß zur Last fällt.

Beispiel: Der Käufer von Inventar zur Fortsetzung eines Bordellbetriebes kann die von ihm auf den Kaufpreis geleisteten Abzahlungen nicht zurückfordern (vgl. RGZ 63, 346; 112, 151; 151, 70).

Ueber das Rückforderungsrecht des Darlehnswucherers vgl. RGZ 161, 53 und oben S. 82.

b) Rechtspolitisch ist § 817 Satz 2 seit je einer scharfen Kritik ausgesetzt gewesen, da dadurch bei beiderseitig verwerflichem Verhalten der Besitzende einseitig geschützt wird.

In dem Bestreben, das Rückforderungsrecht bei Beteiligung öffentlicher Belange auszuschließen, gilt § 817 Satz 2 nicht bei Verletzung der Preisvorschriften (für Grundstücke § 5 der VO vom 7. 7. 42. RGBl. I, 451, für bewegliche Sachen vgl. KG — DR 40, 869 m weit. Nachw.). Rückforderung des gezahlten Ueberpreises also möglich.

c) Um die zwangsweise Durchsetzung von Geschäften mit verwerflichen Zwecken zu verhindern, ist die Rückforderung zulässig, wenn die Leistung in der Eingehung einer Verbindlichkeit bestand. Ist die Verbindlichkeit aber schon erfüllt, so entfällt der Anspruch.

Beispiel: Dem Beamten wird für die Vornahme der verbotenen Handlung ein Schuldanerkenntnis gegeben. Dieses kann bis zur Erfüllung zurückgefordert werden.

3. Wegen des Strafcharakters von § 817 ist für die Betroffenen das Bewußtsein des unsittlichen Handelns (vgl. RGZ 151, 73; 161, 57) und daraus folgend Zurechnungsfähigkeit erforderlich (vgl. RGZ 105, 271).

§ 48

Gegenstand und Umfang des Bereicherungsanspruches

Der Bereicherungsanspruch wird inhaltlich durch den herbeizuführenden billigen Ausgleich bestimmt: Der Empfänger soll weder Vorteil noch Nachteil haben.

I. Gegenstand des Bereicherungsanspruches.

1. Herausgabe des Erlangten.

Der Empfänger hat zunächst das Erlangte selbst herauszugeben.

Beispiel: Rückgabe und -übereignung der empfangenen Sache, Rückauflassung des Grundstückes (vgl. RGZ 137, 336). Rückabtretung der abgetretenen Forderung, Wiederherstellung der erlassenen Forderung.

Die Herausgabepflicht umfaßt aber auch die (tatsächlich) gezogenen Nutzungen (1) sowie dasjenige, was der Empfänger auf Grund eines erlangten Rechtes (2) in dessen bestimmungsgemäßer Ausübung oder als Ersatz für die Zerstörung, Beschädigung oder Entziehung des erlangten Gegenstandes (3) erworben hat (§ 818 Abs. 1).

Beispiel: 1. Herausgabe der gezogenen Zinsen (vgl. RGZ 151, 127).

2. Herausgabe des mit dem empfangenen Lose erzielten Gewinns, nicht aber Herausgabe des Gewinns, wenn das Los erst auf Grund eines empfangenen Geldbetrages gekauft wurde (vgl. RGZ 136, 136).

3. Herausgabe der Versicherungssumme für den verbrannten Gegenstand.

2. Wertersatz.

Ist der Empfänger wegen der Beschaffenheit des Erlangten (1) oder aus sonstigen Gründen (2) zur Herausgabe nicht in der Lage, so ist der Wert des Erlangten zu ersetzen (§ 818 Abs. 2).

Beispiel: 1. Die Bereicherung besteht in Dienst- oder Werkleistungen, z. B. in der Herstellung von Anlagen für ein Wasserkraftwerk (vgl. RGZ 147, 396).

2. Der empfangene Gegenstand ist weiterveräußert. Der Veräußerer braucht ihn nicht zurückzuerwerben (vgl. RGZ 56, 383), sondern nur den gemeinen Verkehrswert zu ersetzen. Er kann einen bei der Weiterveräußerung erzielten spekulativen Gewinn abziehen, braucht aber andererseits nur den Erlös herauszugeben, wenn dieser unter dem gemeinen Wert liegt.

II. Allgemeiner Umfang des Bereicherungsanspruches.

1. Der Bereicherungsanspruch richtet sich nach der tatsächlich eingetretenen und (bei Rechtshängigkeit) vorhandenen Bereicherung (1). Er entfällt, soweit der Empfänger nicht mehr bereichert ist (2) (§ 818 Abs. 3). Ein Wegfall der Bereicherung liegt aber dann nicht vor, wenn der Empfänger durch die Verwendung des Erlangten Auslagen erspart hat, die er sonst gehabt hätte (3).

Der Bereicherte kann somit alle Vorteile und Nachteile zum Ausgleich bringen, die in innerem Zusammenhang mit der Bereicherung entstanden sind (vgl. RGZ 163, 360).

Beispiel: 1. Abzug der auf den Gegenstand gemachten Aufwendungen, der durch ihn erlittenen Schäden (Verderben anderer Sachen) oder sonstigen Nachteilen (steuerliche Mehrbelastung, vgl. RGZ 170, 67).

2. Wegfall der Bereicherung durch Verschenken des empfangenen Gegenstandes (siehe V).

3. Wegfall der Bereicherung bei Verwendung des Empfangenen zu außergewöhnlichen (Luxus-)Ausgaben, z. B. Verbrauch des zuviel gezahlten Gehaltes zu einer Vergnügungsreise (vgl. RGZ 68, 269; 83, 161), nicht aber wenn es zur Bezahlung von Schulden verwandt wurde.

2. Bei nichtigen gegenseitigen Verträgen, die beiderseits erfüllt sind, hat nur derjenige einen Bereicherungsanspruch, dessen eigene Leistung die Gegenleistung übersteigt. Sein Anspruch ist auf den Ueberschuß, den „Saldo", beschränkt, der sich nach Abzug seiner eigenen Leistung von der

Gegenleistung ergibt (sog. Saldolehre, h. L. vgl. RGZ 163, 360), anders die sog. „Zweikondiktionenlehre", die zwei selbständige Bereicherungsansprüche annimmt, aber zu unbefriedigenden Ergebnissen führt, wenn die Bereicherung der einen Partei ganz oder teilweise weggefallen ist[1]).

Beispiel: Der Verkäufer liefert verdorbenen Käse, weigert aber seine Rücknahme, worauf der Käufer den Käse versteigern läßt. Nachträglich stellt sich noch heraus, daß der Kaufvertrag nichtig ist. Der Käufer kann Erstattung des Kaufpreises unter Abzug des erzielten Versteigerungserlöses verlangen (vgl. RGZ 94, 255; 140, 161 u. RG JW 36, 1950).

III. Verschärfung der Haftung.

Eine Verschärfung der Haftung tritt ein, sobald der Empfänger mit der Rückgabe rechnen muß:

1. Mit Eintritt der Rechtshängigkeit haftet der Empfänger nach den allgemeinen Vorschriften (§ 818 Abs. 4 — §§ 291, 292, 987 ff. — vgl. Teil I, S. 42).

Der Empfänger haftet daher insbesondere auf Schadenersatz für schuldhafte Unmöglichkeit der Rückgewähr (§§ 292, 989), muß schuldhaft nicht gezogene Nutzungen herausgeben (§§ 292, 987) und Geld verzinsen (§§ 291, 288 Abs. 1).

2. Der Rechtshängigkeit ist die Kenntnis des Empfängers von dem Mangel des rechtlichen Grundes oder der Verwerflichkeit des Empfanges gleichgestellt (§ 819).

Positive Kenntnis auch der Rechtsfolgen ist erforderlich (vgl. RGZ 144, 205). Sie fehlt, wenn der Empfänger geglaubt hat, der Leistende habe den Mangel selbst gekannt und wollte eine unentgeltliche Zuwendung machen (RGZ 137, 179). Wegen des Schutzes der nicht unbeschränkt Geschäftsfähigen (§§ 104 ff.) ist auch deren Kenntnis unschädlich.

3. Schließlich besteht eine verschärfte Haftung, wenn von beiden Teilen der mit der Leistung bezweckte Erfolg als ungewiß oder der Wegfall des Rechtsgrundes als möglich angesehen wurde und der Erfolg nicht eintritt oder der Rechtsgrund wegfällt (§ 820 Abs. 1).

Die Haftung für Zinsen und Nutzung ist hier jedoch ermäßigt (§ 820 Abs. 2).

IV. Bereicherungseinrede.

Der Benachteiligte hat nicht nur die Bereicherungsklage gegen den Bereicherten, sondern ihm steht auch die Bereicherungseinrede zu. Ist der Benachteiligte grundlos eine Verbindlichkeit eingegangen, so kann er deren Erfüllung auch dann (einredeweise) verweigern, wenn der Anspruch auf Befreiung von der Verbindlichkeit schon verjährt ist (§ 821, vgl. als Beispiel RG JW 1936, 917).

---

[1]) Vgl. auch die ähnlichen Surrogations- und Differenzlehren im Verzugs- bzw. Schadenersatzrecht (vgl. Teil I S. 57).

V. Herausgabepflicht Dritter.

Hat der Empfänger das Erlangte unentgeltlich einem Dritten zugewendet und ist infolgedessen die Verpflichtung des Empfängers zur Herausgabe der Bereicherung ausgeschlossen, so haftet der Dritte auf die Herausgabe (§ 822).

Beispiel: Ein „Vermächtnisnehmer" erhält von dem Erben einen ihm angeblich testamentarisch zugedachten Nachlaßgegenstand und verschenkt ihn an seinen Freund. Das Testament war nichtig. War die Schenkung erfolgt, bevor der „Vermächtnisnehmer" von der Nichtigkeit Kenntnis hatte, so muß der Freund den Gegenstand an den Erben herausgeben, andernfalls ist nur der „Vermächtnisnehmer" ersatzpflichtig (§§ 819, 818, IV).

Auch wenn der „Vermächtnisnehmer" den Nachlaßgegenstand für 500 RM verkauft und das Geld seinem Freunde verschenkt hat, ist der Bereicherungs-Anspruch entsprechend gegen den Freund oder den „Vermächtnisnehmer" zu richten (vgl. RGZ 98, 136, str.).

§ 822 enthält wie § 816 Abs. 1 Satz 2 eine Ausnahme von dem Erfordernis der Unmittelbarkeit der Vermögensverfügung: In § 816 haftet der Dritte auf Grund einer Verfügung eines Nichtberechtigten unmittelbar, in § 822 haftet er auf Grund einer Verfügung eines Berechtigten hilfsweise.

IX. Unerlaubte Handlungen.

Das BGB behandelt in seinem 25. und letzten Titel der einzelnen Schuldverhältnisse unter dem Oberbegriff der „Unerlaubten Handlungen" die Schadenersatzverpflichtungen außerhalb bestehender Schuldverbindlichkeiten. Das Gesetz geht bei dieser Bezeichnung von dem Regelfall aus, daß sich die Ersatzpflicht an ein rechtswidriges und schuldhaftes, somit unerlaubtes Verhalten knüpft. Außerhalb dieser Gruppe der eig. Unrechtstatbestände besteht jedoch eine Haftung, der ein rechtmäßiges, vom Gesetz als besonders gefährlich angesehenes Verhalten zugrundeliegt, und die herkömmlicherweise als Gefährdungshaftung bezeichnet wird. Die Aufzählung dieser beiden Gruppen im BGB ist nicht erschöpfend. So finden sich z. B. Unrechtstatbestände im engeren Sinne auch im Handelsrecht (HGB, UWG), auf dem Gebiet des gewerblichen Rechtsschutzes (Pat.Ges., WZG, Urh.Gesetze) und im Verfahrensrecht (ZPO, KO, Anf.Ges.). In noch weitergehendem Maße ist aber die Gefährdungshaftung außerhalb des BGB entwickelt worden. Während das BGB in diesem Zusammenhang nur die Tierhalterhaftung (§ 833) kennt, haben insbesondere das Reichshaftpflicht-, Kraftfahrzeugs- und Luftverkehrsgesetz weitere sehr bedeutende Haftungstatbestände hinzugefügt. Auf diese Gesetze findet jedoch das BGB ergänzende Anwendung.

Zur Regelung der unerlaubten Handlungen schafft das BGB keine umfassende haftungsbegründende Formel, sondern stellt in den §§ 823 Abs. 1 und 2 und 826 drei allgemeine Tatbestände auf, denen es eine Reihe von einzelnen Haftungsfällen hinzufügt. Ihnen sind gewisse Grundsätze gemeinsam, die zunächst behandelt werden sollen.

§ 49
Allgemeine Grundlagen des Rechts der unerlaubten Handlungen

Die Vorschriften über die unerlaubten Handlungen bezwecken es, den einzelnen vor rechtswidrigen Eingriffen anderer in seinen Rechtskreis zu schützen. Sie setzen daher stets eine objektive Widerrechtlichkeit voraus, zu der — soweit es sich nicht um die erwähnte Gefährdungshaftung handelt — ein Verschulden des Schädigers hinzukommen muß. Die Mittel. mit denen der Schutz des einzelnen angestrebt wird, sind naturgemäß rein bürgerlich-rechtlicher Art und haben keinerlei strafrechtlichen Charakter. Am wichtigsten ist dabei die Haftung des Schädigers, d. h seine Verpflichtung zum Schadenersatz, doch können dem Geschädigten auch sonstige Rechte, z. B. Schmerzensgeld oder Unterlassungsansprüche zustehen. Reiht man daher die unerlaubten Handlungen in das System des BGB ein, so stellen sie einen gesetzlichen Haftungsgrund dar, auf den die allgemeinen Lehren der Schuldverhältnisse Anwendung finden (z B. die Lehre vom adäquaten Kausalzusammenhang zwischen Handlung und Schaden, Mitverschulden, Vorteilsausgleichung). Diese bedürfen jedoch einer durch die Natur der Sache gebotenen Vertiefung hinsichtlich der Rechtswidrigkeit und des Verschuldens. Außerdem muß das Verhältnis zur Vertragshaftung geklärt werden.

I. Die Rechtswidrigkeit.

Die unerlaubte Handlung muß objektiv widerrechtlich sein. Dies ist jeder Eingriff in eine fremde Rechtssphäre, dem keine besondere Befugnis zur Seite steht oder der die Grenzen einer vorhandenen Befugnis überschreitet (vgl. RG JW 1926, 364).

Eine Unterlassung ist dann rechtswidrig, wenn eine Rechtspflicht zum Handeln besteht. Eine solche Pflicht kann durch Gesetz oder Vertrag auferlegt sein, oder sich aus der Haftung für die Verkehrssicherheit ergeben (siehe S. 171).

Die wichtigsten Gründe für einen Ausschluß der Widerrechtlichkeit sind:

1. Befugnis zur Handlung auf Grund eines öffentlichen oder privaten Rechtes.

Beispiel: Enteignungsmaßnahmen auf Grund der Bodenreform, Waffengebrauch der Polizeibeamten, Beschlagnahme durch den Gerichtsvollzieher, Züchtigung der Kinder durch die Eltern, Aussage in Wahrnehmung berechtigter Interessen (vgl. RGZ 142, 116).

2. Handlung in Notwehr (§ 227), Notstand (§§ 228, 904), oder in den Grenzen erlaubter Selbsthilfe (§§ 229, 230).

3. Einwilligung des Verletzten, sofern die Einwilligung nicht gegen ein gesetzliches Verbot oder gegen die guten Sitten verstößt (vgl. § 226 a StGB und RGZ 66, 306).

Beispiel: Zulässig: Einwilligung des Kranken in eine Operation, deren der Arzt stets bedarf, es sei denn, daß Gefahr im Verzuge ist und sie deshalb nicht eingeholt werden kann, wie bei der Operation eines Bewußtlosen (vgl. RGZ 163, 137).

Unzulässig: Einwilligung in die eigene Tötung, Verstümmelung, Gesundheitsbeschädigung oder in eine sonstige strafbare Handlung, wie Verstoß gegen die Preisbestimmungen (vgl. RGZ 159, 102).

II. Verschuldensgrundsatz und Billigkeitshaftung.

1. Der Täter muß regelmäßig schuldhaft, d. h. vorsätzlich oder fahrlässig in dem in den allgemeinen Lehren behandelten Sinne gehandelt haben (vgl. Teil I Seite 34).

Es genügt, wenn sich die Schuld des Täters nur auf die Verletzung des geschützten Rechtsgutes (§ 823 Abs. 1) oder des Schutzgesetzes (§ 823 Abs. 2) erstreckt, auch wenn er den Erfolg seiner Tat nicht voraussehen konnte.

Beispiel: Der Täter braucht nur die Körperverletzung verschuldet, nicht aber den Tod vorausgesehen zu haben, der als ihre Folge eingetreten ist (vgl. RGZ 69, 344).

2. Um schuldhaft handeln zu können, muß der Täter zurechnungsfähig (deliktsfähig) sein.

a) Die Zurechnungsfähigkeit fehlt allgemein bei Kindern bis zu 7 Jahren; bei Jugendlichen zwischen dem 7. und 18. Lebensjahr und bei Taubstummen ist sie nicht gegeben, wenn bei Begehung der schädigenden Handlung die zur Erkenntnis der Verantwortlichkeit erforderliche Einsicht gefehlt hat (§ 828).

b) Völlig fehlt auch die Zurechnungsfähigkeit für Handlungen, die im Zustande der Bewußtlosigkeit oder in einem die freie Willensausübung ausschließenden Zustand krankhafter Störung der Geistestätigkeit begangen worden sind (§ 827 Satz 1).

Wer sich jedoch schuldhaft durch geistige Getränke oder ähnliche Mittel in einen vorübergehenden Zustand dieser Art versetzt hat, haftet, wie wenn ihm Fahrlässigkeit zur Last fiele (§ 827 Satz 2), d. h. wenn eine fahrlässige Begehung zum Schadenersatz verpflichtet, andernfalls die Haftung entfällt (z. B. bei § 826).

3. Eine Ausnahme von dem Verschuldensprinzip besteht aus Billigkeitsgründen:

Der Schuldunfähige haftet für einen von ihm gemäß §§ 823—826 verursachten Schaden, sofern Schadenersatz von einem aufsichtspflichtigen

Dritten nicht erlangt werden kann, insoweit als die Billigkeit nach den Umständen, insbesondere nach den Verhältnissen der Beteiligten, eine Schadloshaltung erfordert (§ 829).

Beispiel: Der Vater einer wohlhabenden Geisteskranken läßt sich von ihr auf ihrem Grundstück Hypotheken bestellen und benutzt sie, um sich damit Kredit zu beschaffen. Die Hypotheken sind gemäß §§ 104 Ziff. 2, 105 nichtig. Die Kreditgeber können sich an der Geisteskranken schadlos halten, sofern sie von ihrem Vater nichts erhalten (vgl. RGZ 146, 213).

Der Schuldunfähige muß den äußeren Tatbestand einer unerlaubten Handlung verwirklichen, während von dem Nachweis, daß sein Verhalten auch im natürlichen Sinne vorsätzlich oder fahrlässig gewesen ist, dann abzusehen ist, wenn gerade die Unzurechnungsfähigkeit den Schaden verursacht hat (vgl. RGZ 146, 215). Die Billigkeit erfordert eine Abwägung der beiderseitigen Interessen, wobei nicht nur die Vermögensverhältnisse, sondern auch sonstige Bedürfnisse der Beteiligten, nicht zuletzt ihr Verhalten bei und nach der Tat zu berücksichtigen sind. Daher kann auch auf eine nur teilweise Schadensersatzleistung erkannt werden. Ausdrücklich im Gesetz ausgesprochen ist, daß dem Schuldunfähigen nicht die Mittel entzogen werden dürfen, deren er zum standesgemäßen Unterhalt sowie zur Erfüllung seiner gesetzlichen Unterhaltspflichten bedarf.

III. Verhältnis von Delikts- und Vertragshaftung.

1. Während die Verletzung eines Forderungsrechtes als solche noch keine unerlaubte Handlung darstellt, kann jedoch ein den Vertragspflichten zuwiderlaufendes Verhalten zugleich einen der Tatbestände der §§ 823 ff. erfüllen und dadurch eine unerlaubte Handlung begangen werden.

Beispiel: Es haften auf Grund Vertrages und unerlaubter Handlung der Vermieter, der schuldhaft die Zugänge zu der vermieteten Wohnung in einem verkehrsgefährdenden Zustand läßt, sodaß der Mieter Schaden erleidet; der Verwahrer, der die verwahrte Sache schuldhaft beschädigt oder veräußert; der Arzt, der bei Durchführung der Operation einen schweren Kunstfehler begeht.

a) Die Ansprüche aus Vertrag und unerlaubter Handlung bestehen dann grundsätzlich nebeneinander (vgl. RGZ 88, 433), und der Geschädigte kann sich den für ihn günstigeren Anspruch aussuchen oder auch beide nebeneinander geltendmachen.

Vorteilhaft ist bei der Haftung auf Grund unerlaubter Handlung der Anspruch auf Schmerzensgeld (§ 847). Außerdem besteht ein besonderer Gerichtsstand (§ 32 ZPO). Nachteilig ist die Möglichkeit des Entlastungsbeweises bei der Haftung für Gehilfen (§ 831) und die kurze Verjährung (§ 852).

b) Soweit das Gesetz jedoch für einzelne Vertragsverhältnisse eine Begrenzung der Haftung eintreten läßt (z. B. bei Leihe, Verwahrung und für die Post — §§ 599, 690 BGB, 11, 12 PostGes), tritt eine entsprechende Einschränkung auch für den Anspruch aus unerlaubter Handlung ein, da andernfalls die Haftungsmilderung bedeutungslos sein würde (vgl. RGZ 66, 364).

Beispiel: Die Post haftet auf Grund des Postbeförderungsvertrages bei Verlust von Wertbriefen nur in Höhe des darauf angegebenen Betrages. Sie kann daher auch nicht zu einem höheren Betrage haftbar gemacht werden, wenn der Verlust des Briefes auf einer unerlaubten Handlung eines Postangestellten beruht (vgl. RGZ 70, 314).

Der Verleiher, der nur für Vorsatz und grobe Fahrlässigkeit haftet (§ 599), kann nicht auf dem Umwege über die Deliktshaftung wegen leichter Fahrlässigkeit verantwortlich gemacht werden.

2. Eine Milderung oder sogar ein Ausschluß der Haftung für eine unerlaubte Handlung kann durch Vertrag erfolgen. Dies ist auch stillschweigend möglich, und wird häufig bei sog. Gefälligkeitsverhältnissen vorliegen. § 276 Abs. 2 ist aber zu beachten.

Beispiel: Stillschweigender Haftungsausschluß kann vorliegen bei unentgeltlicher Mitnahme in einem Kraftfahrzeug (vgl. aber RGZ 145, 394).

Eine Beschränkung tritt auch ein beim Handeln auf eigene Gefahr, worin eine einseitige Einwilligung in eine von vornherein für möglich gehaltene Schädigung gesehen wird (vgl. RGZ 141, 264).

§ 50

Die allgemeinen Unrechtstatbestände

I. Verletzung eines Rechtsguts oder absoluten Rechts (§ 823 Abs. 1).

Gemäß § 823 Abs. 1 ist schadenersatzpflichtig, wer vorsätzlich oder fahrlässig das Leben, den Körper, die Gesundheit, die Freiheit, das Eigentum oder ein sonstiges Recht eines anderen widerrechtlich verletzt.

1. Das BGB kennt kein umfassendes Persönlichkeitsrecht, sondern sichert die Persönlichkeitssphäre des einzelnen, indem es die Rechtsgüter Leben, Körper, Gesundheit und Freiheit schützt.

Auch ein besonderer Schutz der Ehre ist dem BGB unbekannt. Die Ehre ist aber mittelbar durch § 823 Abs. 2 (in Vbdg. mit §§ 185 ff. StGB) sowie durch §§ 824, 826 geschützt.

a) Verletzung des Lebens bedeutet Tötung (Mord, Totschlag, fahrlässige Tötung, Körperverletzung mit Todeserfolg).

b) Körperverletzung ist jeder äußere Eingriff in die körperliche Unversehrtheit, während die Verletzung der Gesundheit die inneren Vorgänge des Körpers stört, was auch durch geistige Einwirkung geschehen kann.

Beispiel: Gesundheitsbeschädigung durch Ansteckung mit einer Geschlechtskrankheit (RGZ 135, 9) durch fortgesetzte Aufforderung zum gesellschaftlichen oder beruflichen Boykott (Verletzung der geistigen Gesundheit).

c) Verletzung der Freiheit ist Entziehung der körperlichen Bewegungsfreiheit, nicht dagegen eine sonstige Beeinträchtigung des Willens oder der wirtschaftlichen Freiheit (vgl. RGZ 58, 28).

Beispiel: Keine unzulässige Freiheitsbeschränkung, wenn einem Leichenbestatter die Bestattung wegen taktlosen Verhaltens auf dem städtischen Friedhof untersagt wird (vgl. RGZ 100, 214), wohl aber unzulässige Freiheitsbeschränkung bei ungesetzlicher Unterbringung einer Person in einer Irrenanstalt.

2. Die Sicherung der Sachgüterwelt erfolgt durch den Schutz des Eigentums oder der „sonstigen Rechte".

a) Die Eigentumsverletzung umfaßt jede körperliche oder rechtliche Einwirkung auf die Sache (z. B. Zerstörung, Beschädigung, Beschmutzung, Entziehung).

Zu beachten ist, daß für das Verhältnis von Eigentümer und Besitzer durch die Sonderregelung der §§ 987 ff. eine Haftung aus unerlaubter Handlung ausgeschlossen ist, sofern nicht der Besitzer die Sache nach § 992 erlangt hat oder als Fremdbesitzer die Grenzen seines Besitzrechtes schuldhaft überschreitet (vgl. RGZ 101, 309 — Veräußerung der gemieteten Sache, auch RGZ 157, 132).

b) Zu den sonstigen Rechten gehören die dem Eigentum gleichgestellten absoluten Rechte. Dies sind u. a. alle dinglichen Rechte (z. B. Pfandrechte, Dienstbarkeiten), der Besitz, die Urheberrechte einschl. der gewerblichen Schutzrechte, das Namensrecht einschl. des Firmenrechtes sowie die Familienrechte (z. B. das Recht des Ehemannes auf Verwaltung und Nutznießung am Frauenvermögen), soweit nicht neben der familienrechtlichen Sonderregelung die Anwendung von § 823 ausgeschlossen ist (vgl. RGZ 151, 160). Die Rechtsprechung hat auch den eingerichteten und ausgeübten Gewerbebetrieb als sonstiges Recht anerkannt und vor jedem unmittelbar gegen seinen Bestand gerichteten Eingriff gesichert (vgl. RGZ 135, 247).

Keine sonstigen Rechte sind das Vermögen als solches — es stellt nur einen Inbegriff von Rechten dar (vgl. RGZ 95, 173) — und die Forderungsrechte, da sie nur bestimmte Personen verpflichten (vgl. RGZ 111, 302).

3. Aus § 823 Abs. 1 hat die Rechtssprechung eine allgemeine Haftung für die Verkehrssicherheit entwickelt, die jeden trifft, der eine Gefahrenquelle schafft. Im wesentlichen gilt:

a) Jeder, der auf seinem eigenen oder seiner Verfügung unterstehenden Grund und Boden einen Verkehr für Menschen eröffnet, muß für die Verkehrssicherheit Sorge tragen (RGZ 147, 278).

Beispiel: Haftung der Gemeinden für die Verkehrssicherheit der Straßen, Plätze und Brücken, des Hausbesitzers für die Flure, Treppen und Zugänge, der Gastwirte und Kaufleute für die von ihnen betriebenen offenen Geschäfte.

Desgleichen muß jeder, der einen selbständigen Haushalt oder Betrieb führt, ihn so organisieren, daß daraus weder Gefahr noch Schaden für andere erwächst (vgl. als Beispiel RGZ 70, 49).

b) Jeder, der am öffentlichen Verkehr teilnimmt, darf den Verkehr nicht gefährden, andere schädigen oder mehr als unvermeidbar behindern oder belästigen.

(Vgl. jetzt im einzelnen die VO über das Verhalten im Straßenverkehr vom 13. November 1937 — RGBl I, 1179.)

Beispeil: Haftung des Herstellers für ein Kraftfahrzeug, das von ihm trotz der Konstruktionsfehler in den Verkehr gebracht wird (vgl. RGZ 163, 26).

c) Bedient sich der Verantwortliche zur Erfüllung der Verkehrspflicht eines Dritten, so trifft ihn eine allgemeine und fortlaufende Ueberwachungspflicht, deren Umfang sich nach den Umständen des Einzelfalles richtet. Sie ist von der Leitungspflicht aus § 831 zu unterscheiden.

Beispiel: Der Inhaber eines Geschäftshauses beauftragt zum Streuen bei Winterglätte eine zur Verrichtung geeignete Person, sodaß es einer besonderen Leitung gemäß § 831 nicht bedarf. Er haftet jedoch, wenn er es an der ihm obliegenden Aufsichtspflicht fehlen läßt (vgl. RGZ 113, 295).

II. Verletzung eines Schutzgesetzes (§ 823 Abs. 2).

Gemäß § 823 Abs. 2 ist schadensersatzpflichtig, wer gegen ein den Schutz eines anderen bezweckendes Gesetz verstößt.

1. Schutzgesetz ist jede Rechtsnorm, die dem Schutz des einzelnen oder eines bestimmten Personenkreises dienen soll. Das Gesetz darf nicht nur für den Schutz der Allgemeinheit bestimmt sein, während es andererseits nicht erforderlich ist, daß der besondere Schutz der vom Gesetzgeber gewollte Hauptzweck des Gesetzes ist, er muß nur mitgewollt sein (vgl. RGZ 128, 300). Schließlich muß auch der Schaden an dem Rechtsgut eintreten, dessen Schutz das Gesetz bezweckt (vgl. als Beispiel RGZ 72, 128).

Schutzgesetze sind daher die Mehrzahl der Strafgesetze (z. B. §§ 185, 263, 266, 299 StGB), zahlreiche Polizeiverordnungen oder sonstige verwaltungsrechtlichen Bestimmungen (z. B. des Gewerberechtes) sowie solche bürgerlich-rechtlichen Normen, die erkennbar den Schutz des einzelnen bezwecken (vgl. §§ 226, 858, 906 ff., 1004).

2. Das Verschulden des Täters braucht sich nur auf die Uebertretung des Schutzgesetzes zu beziehen, nicht aber auf die Voraussehbarkeit des schädigenden Erfolgs (vgl. RGZ 145, 115).

Beispiel: Wer trotz Verbots feuergefährliche Stoffe in ein öffentliches Verkehrsmittel mitnimmt, haftet auch, wenn die Stoffe zur Explosion kommen und Personen- oder Sachschäden eintreten, ohne daß dies voraussehbar war.

Verbietet das Schutzgesetz nur das vorsätzliche Handeln, so macht auch nur ein vorsätzlicher Verstoß schadenersatzpflichtig, andernfalls fahrlässige Zuwiderhandlung genügt. Ist aber nach dem Inhalt des Schutzgesetzes ein Verstoß gegen dieses sogar ohne Verschulden möglich, z. B. bei zahlreichen Polizeiverordnungen, so tritt eine Ersatzpflicht nur im Fall des Verschuldens ein (§ 823 Abs. 2 Satz 2).

III. Verstoß gegen die guten Sitten (§ 826).

Gemäß § 826 ist schadenersatzpflichtig, wer in einer gegen die guten Sitten verstoßenden Weise einem anderen vorsätzlich Schaden zufügt.

1. § 826 erfaßt jede Schadenszufügung im weitesten Sinne. Das Gesetz beschränkt sich nicht auf die Verletzung bestimmter Rechte oder Rechtsgüter, sondern ein haftbar machender Tatbestand kann ebenso auch in einer nachteiligen Einwirkung auf die Vermögenslage in ihrer Gesamtheit sowie auf ideelle oder materielle Interessen bestehen.

Beispiel: Eine sittenwidrige Vermögensschädigung liegt in der Beeinträchtigung einer bloß tatsächlichen Erwerbsaussicht, so wenn sich die „Freundin" eines verheirateten Mannes als Belohnung für geschlechtliche Hingabe ein Grundstück schenkungshalber übertragen läßt, wodurch es dem Erbrecht der Ehefrau entzogen werden soll (vgl. RGZ 111, 156).

2. Der Schaden muß in einer gegen die guten Sitten verstoßenden Weise zugefügt sein. Als allgemeiner Maßstab kann dienen, „was dem herrschenden Volksbewußtsein, dem Anstandsgefühl aller billig und gerecht Denkenden entspricht" (RG seit RGZ 48, 114 ständig). Dabei ist von dem Rechtsbewußtsein des anständigen Menschen auszugehen und zwischen einer besonders vornehmen Denkungsart und mangelhafter Moralauffassung das richtige Maß zu halten. Die Sittenwidrigkeit ist ein objektives Erfordernis, sodaß sich der Täter seines sittenwidrigen Verhaltens nicht bewußt zu sein braucht (wohl aber der Schadenszufügung, siehe 3).

Daher schließt die redliche Ueberzeugung des Täters von der Zulässigkeit seines Handelns die Sittenwidrigkeit nicht zwangsläufig aus (vgl. RGZ 79, 23; 123, 278).

Auch eine Unterlassung kann sittenwidrig sein, wenn die Vornahme einer Handlung einem sittlichen Gebot entspricht.

3. Der Schaden muß vorsätzlich zugefügt sein, der Schädiger muß sich also bewußt sein, daß sein Verhalten einen schädigenden Erfolg hat; eine schädigende Absicht ist nicht erforderlich, es genügt sogar bedingter Vorsatz (vgl. RGZ 143, 51).

Fahrlässigkeit — auch grobe — ist daher für § 826 nicht ausreichend (vgl. aber über die Aufstellung unwahrer Behauptungen und ehrverletzender Auskünfte RGZ 72, 175; RG JW 32, 2858).

4. Die Entscheidung, ob ein Verhalten gegen die guten Sitten verstößt, ist stets Sache des Einzelfalles, wobei besonders auf den verfolgten Zweck und die angewendeten Mittel abgestellt werden muß. Mit dieser Einschränkung sollen einige Beispiele der sehr umfangreichen Rechtsprechung zu § 826 aufgeführt werden, die als typische Erscheinungsformen gelten können. In neuerer Zeit hat die Lehre vom Rechtsmißbrauch zu einer gewissen Systematik geführt (vgl. RGZ 155, 58).

a) Sittenwidrige Vertragsverletzungen.

aa) Sittenwidrig ist ein arglistiges Verhalten bei Vertragsschluß z. B. durch Verschweigen von Umständen, deren Offenbarung der andere Teil erwarten durfte (Zahlungsunfähigkeit des Hauptschuldners, RGZ 91, 80; Schwamm in einem Hause, RGZ 103, 154), durch Bestechung der Angestellten des Vertragsgegners (RGZ 134, 55) — und ebenso im Rahmen der Vertragsausführung, z. B. durch einen Vertrauensbruch (RGZ 79, 194) oder eine planmäßige Vereitelung der Vertragserfüllung.

bb) Sittenwidrig ist die Verletzung fremder Forderungsrechte, wenn der Dritte planmäßig mit dem einen Vertragsteil zusammenarbeitet, um den anderen zu schädigen (vgl. RGZ 90, 355), insbesondere bei Verleitung zum Vertragsbruch (vgl. RGZ 78, 14; 148, 364) oder bei Ausnutzung des Mißbrauchs einer Vollmacht (vgl. RGZ 145, 315). Sittenwidrig sind auch Kredittäuschungsverträge, meist mit sog. Knebelungsverträgen verbunden, bei denen dem Schuldner die wirtschaftliche Unabhängigkeit genommen, nach außen aber der Anschein der Zahlungsfähigkeit gewahrt wird, wodurch Schädigungen künftiger Kreditgeber vorauszusehen sind (vgl. RGZ 136, 247 und 295; 132, 273).

b) Mißbrauch einer formalen Rechtsstellung.

Hierhin gehören die Ausnutzung eines durch unlauteres Verhalten erlangten Urteils (str. vgl. RGZ 165, 28), die Erhebung der Einrede der Verjährung, nachdem der andere Teil von der rechtzeitigen Geltendmachung der Forderung abgehalten wurde (vgl. RGZ 124, 115), Berufung auf die mangelnde Form, nachdem ihre Innehaltung vereitelt wurde (vgl. RGZ 107, 357).

c) Mißbrauch des Eigentums oder anderer absoluter Rechte,

z. B. dem Nachbarn werden mit Schädigungsvorsatz Licht und Luft entzogen (vgl. RGZ 98, 15).

d) Sittenwidriges Verhalten im Wirtschaftskampf.

Ausübung des Wirtschaftskampfs in einer Art und Weise, die nicht das gebotene Maß innehält, z. B. durch Ausbeutung einer Monopolstellung (vgl. RGZ 143, 28), durch Boykott, der mit unlauteren Mitteln die Vernichtung des Gegners bezweckt (vgl. RGZ 140, 431), durch planmäßiges Ausspannen von Angestellten des Mitbewerbers (vgl. RGZ 149, 114), durch Ausnutzung fremder Arbeitsleistungen, wodurch eine Verwechslungsgefahr entsteht (vgl. RGZ 135, 395), durch Verwertung fremder Geschäftsgeheimnisse, durch unzulässig vergleichende Reklame (vgl. RGZ 143, 362) oder Mitteilung persönlicher Verhältnisse des Mitbewerbers (vgl. RGZ 76, 110).

§ 51

Die besonderen Unrechtstatbestände

Die besonderen Unrechtstatbestände sind auf den Schutz bestimmter Einzelinteressen gerichtet oder wollen gewisse Arten von schädigenden

Handlungen treffen. Neben der Amtspflichtverletzung (§ 839 — siehe unten Seite 180 ff.) gehören dazu:

I. Die Kreditgefährdung (§ 824).

§ 824 begründet eine Schadenersatzverpflichtung, wenn die wirtschaftliche Wertschätzung eines anderen durch schuldhafte Behauptung oder Verbreitung wahrheitswidriger Tatsachen angegriffen wird.

Während durch § 823 Abs. 2 (i. Vbdg. mit §§ 185 ff. StGB) bereits die verbotene, insbesondere strafbare Handlungsweise erfaßt ist, stellt § 824 der Kreditgefährdung (§ 187 StGB) die Herbeiführung sonstiger Nachteile für Erwerb oder Fortkommen gleich und erkennt auch die fahrlässige Behauptung und Verbreitung unrichtiger Tatsachen als für einen Schadenersatzanspruch ausreichend an (vgl. RGZ 140, 395).

1. Die Schadenersatzpflicht setzt objektiv voraus:

a) Die Behauptung oder Verbreitung von wahrheitswidrigen Tatsachen. Es muß etwas als geschehen oder vorhanden bezeichnet worden sein, was zur Zeit der Verbreitung sachlich unrichtig war.

Auch in der Abgabe eines Werturteiles kann die Behauptung einer Tatsache stecken, wenn das Urteil in einer Weise abgegeben ist, daß die Richtigkeit oder Unrichtigkeit des zur Rechtfertigung Behaupteten objektiv nachprüfbar ist (vgl. RGZ 101, 338; 58, 209).

b) Die behauptete oder verbreitete Tatsache muß geeignet sein, den Kredit (das Vertrauen auf die Zahlungsfähigkeit), den Erwerb (die wirtschaftliche Stellung) oder das Fortkommen (die wirtschaftlichen Entwicklungsmöglichkeiten) eines anderen zu gefährden.

Beispiel: Unrichtige Zeitungsmeldung, daß eine namentlich genannte Person in Zahlungsschwierigkeiten geraten sei (vgl. RGZ 148, 155).

c) Es muß durch die Behauptung oder Verbreitung ein Schaden entstanden sein.

2. Subjektiv ist erforderlich, daß die Partei die Unwahrheit der Tatsache kennt oder fahrlässigerweise nicht kennt.

Die Fahrlässigkeit braucht sich nur auf die Unkenntnis der Wahrheit (vgl. RGZ 83, 366) zu erstrecken, nicht auf die Schädigung.

Fällt dem Täter nur Fahrlässigkeit zur Last, so bleibt er von der Haftung frei, wenn er oder der Empfänger an der Mitteilung ein berechtigtes Interesse haben (§ 824 Abs. 2), was insbesondere für Auskunfteien und ihre Benutzer von Bedeutung ist.

Zu beachten ist, daß im Unterschied zu § 193 StGB auch das berechtigte Interesse des Empfängers der Mitteilung ausreicht.

II. Die Verführung (§ 825).

§ 825 begründet eine Schadenersatzverpflichtung für denjenigen, der eine Frau durch bestimmte unlautere Mittel zur Gestattung der außerehelichen Beiwohnung bestimmt.

Während durch § 823 Abs. 1 bereits der bürgerlich-rechtliche Schutz der Gesundheit der Frau geschaffen ist (z. B. Ansteckung mit einer Geschlechtskrankheit) und durch § 823 Abs. 2 (i. Vbdg. mit § 176 StGB), eine Haftung für die strafbare Verletzung der Geschlechtsehre eintritt, begründet § 825 darüber hinaus eine bedeutsame Erweiterung.

1. Der Schadenersatzanspruch setzt voraus, daß die Frau zur Gestattung der außerehelichen Beiwohnung durch Hinterlist, durch Drohung oder Ausnutzung eines Abhängigkeitsverhältnisses bestimmt wurde und dadurch einen Schaden erlitten hat.

Beispiel: Vorspiegelung der ernstlichen Heiratsabsicht (RGZ 149, 148), Drohung mit der Anzeige einer Straftat, Ausnutzung der wirtschaftlichen Ueberlegenheit des Arbeitgebers.

Die Mittel müssen für den Schaden ursächlich gewesen sein, worauf besonders zu achten ist, wenn der Mißbrauch eines Abhängigkeitsverhältnisses behauptet wird.

2. Der zu ersetzende Schaden kann sowohl vermögensrechtlicher wie auch ideeller Art sein (i. Vbdg. mit § 847 Abs. 2 — s. unten Seite 191).

Beispiel: Ersatz von Kosten, die durch den Eintritt der Schwangerschaft entstehen (Entbindung, Verlust der Stellung, Entgehen einer Heiratsaussicht).

Unbescholtenheit ist nicht erforderlich (vgl. aber den u. U. gleichzeitig gegebenen Anspruch aus § 1300).

III. Die Haftung für Gebäudeeinsturzschäden (§§ 836—838).

§ 836 begründet eine Haftung für Schäden durch Einsturz von Gebäuden und Grundstückswerken, die auf dem vermuteten Verschulden des (Grundstücks-) Besitzers beruht.

Daher besteht keine Haftung bei mangelnder Zurechnungsfähigkeit.

1. Die Haftung setzt voraus (§ 836 Abs. 1 Satz 1):

a) Den Einsturz eines Gebäudes oder eines mit einem Grundstück verbundenen Werkes oder die Ablösung von Teilen des Gebäudes oder Werkes.

„Werke" sind mit Grund und Boden verbundene Gegenstände, die nach der menschlichen Erfahrung künstlich hergestellt sind (vgl. RGZ 76, 261), z. B. Dämme, Schleusen, Brücken, Gerüste, dagegen nicht natürliche Bodenbepflanzungen und aufgeschüttete Sandhaufen.

„Gebäudeteile" bedürfen einer Verbindung mit dem Gebäude zu baulichen Zwecken, ohne daß es sich um wesentliche Bestandteile (§§ 93 ff.) handeln muß (z. B. Steine, Dachziegel, Fensterscheiben und Türen).

b) Der Einsturz oder die Ablösung müssen die Folge fehlerhafter Einrichtung oder mangelhafter Unterhaltung sein.

Nicht erforderlich ist, daß sie die alleinige Ursache sind (z. B. auch Mitwirkung von Witterungseinflüssen möglich), doch werden außergewöhnliche Naturereignisse (z. B. orkanartiger Sturm) den Ursachenzusammenhang ausschließen.

c) Durch den Einsturz oder die Ablösung muß ein Mensch getötet, der Körper oder die Gesundheit eines Menschen verletzt oder eine Sache beschädigt sein.

2. Die Haftung entfällt, wenn sich der Besitzer durch den Nachweis entlasten kann, daß er die zum Zwecke der Abwendung der Gefahr im Verkehr erforderliche Sorgfalt beobachtet hat (§ 836 Abs. 1 Satz 2).

3. Ersatzpflichtig ist,

a) jeder Eigenbesitzer für die Dauer seiner Besitzzeit; bei Besitzwechsel erlischt die Haftung des früheren Eigenbesitzers nach einem Jahre (§§ 836 Abs. 2 und 3, 872);

b) an Stelle des Eigenbesitzers, wer auf einem fremden Grundstück in Ausübung eines Rechts ein Gebäude oder ein anderes Werk besitzt (§ 837);

Beispiel: Haftung des Bauunternehmers für das von ihm errichtete Baugerüst; der Mieter haftet nur, wenn er in Ausübung eines Rechts ein Gebäude errichtet hat, das nur er zu Eigenbesitz hat, z. B. ein Behelfsheim (vgl. RGZ 59, 8 ff., OLG Hamburg MDR 47, 122 ff.).

c) neben dem Eigenbesitzer haftet derjenige, der die Unterhaltung des Gebäudes vertragsgemäß übernommen hat, z. B. als Hausverwalter, oder wer dafür vermöge eines Nutzungsrechtes (z. B. als Nießbraucher oder Ehemann) zu sorgen hat (§ 838).

4. Haftung für Ruineneinsturz.

Bei der Anwendung von § 836 für die durch Kriegsereignisse entstandenen Häuserruinen ist Zurückhaltung geboten, da der Gesetzgeber derartige Fälle naturgemäß nicht voraussehen konnte. Soweit eine Ruine noch als ein „Gebäude" anzusehen ist, wird es bei der gegenwärtigen Lage der Bauwirtschaft dem Grundstücksbesitzer häufig nicht möglich sein, aus eigenen Kräften alle Gefahrenstellen zu beseitigen, so daß eine Verletzung der Sorgfaltspflicht (§ 836 Abs. 1 Satz 2) meist gar nicht vorliegen wird. Trotzdem muß auch schon heute von dem Grundstücksbesitzer erwartet werden, daß er — gegebenenfalls unter Mitwirkung des Bauamtes — soweit möglich Schadensstellen beseitigt. Im Einzelfalle wird für die Haftung auf den Grad der Zerstörung, die Art und Lage des Grundstücks, die Natur der Gefahrenquelle sowie den zur Beseitigung des Schadens erforderlichen Aufwand abzustellen sein. Eine gewisse Vermutung wird jedoch vorläufig noch immer gegen eine Verletzung der Sorgfaltspflicht sprechen (vgl. OLG Celle, „Haus und Wohnung" 1947, S. 252, LG Berlin das. 1948, S. 26).

§ 52

Die Haftung für Tiere

I. Die Tierhalterhaftung (§ 833).

§ 833 begründet eine Haftung des Halters eines Tieres für den durch dieses entstandenen Schaden. Die Haftung war ursprünglich eine reine Gefährdungshaftung (§ 833 Satz 1), wurde jedoch später zum Schutze der Halter von Nutztieren durch die Verschuldenshaftung modifiziert (§ 833 Satz 2).

1. Die allgemeine Tierhalterhaftung setzt voraus,

a) daß ein Mensch getötet oder der Körper oder die Gesundheit eines Menschen verletzt oder eine Sache beschädigt wird;

Daher keine Haftung aus § 833 (u. U. aus § 823), wenn jemand wegen Belästigung durch einen Hund eine geschäftliche Verabredung verpaßt und dadurch einen Vermögensschaden erleidet.

b) daß der Schaden „durch ein Tier" verursacht ist.

aa) Der Tierbegriff ist nach der allgemeinen Verkehrsanschauung zu bestimmen, Bakterien sind daher keine Tiere i. S. des § 833.

bb) „Durch ein Tier" sind nur solche Schädigungen verursacht, die durch die eigentliche Tiergefahr hervorgerufen sind, d. h. durch ein selbständiges, willkürliches Verhalten des Tieres, das sich als Ausfluß der gefährlichen tierischen Natur darstellt (vgl. RGZ 141, 407).

Den Gegensatz bilden solche Fälle, wo das Tier ohne jede Selbständigkeit als mechanisches Werkzeug benutzt wird oder ein äußeres Ereignis mit so übermächtiger Gewalt auf das Tier einwirkt, daß das Tier zwangsläufig in einer bestimmten Art handeln muß. Die Abgrenzung ist oft schwierig.

Beispiel: Tierhalterhaftung besteht, wenn ein Pferd durch ein herannahendes Kraftfahrzeug, ein Geräusch oder einen Schmerz (z. B. bei der Impfung — RG JW 1933, 693) erschreckt wird, nicht aber wenn es zu Zwecken des Kastrierens gefesselt und niedergeworfen wird und dann zwangsläufige Gegenbewegungen macht (vgl. RGZ 69, 399), oder wenn es vor einen Wagen gespannt, lediglich dem Willen des Kutschers folgt (vgl. RGZ 65, 104).

Keine Haftung des Halters einer Katze, wenn ein anderer die Katze als Wurfgeschoß benutzt.

2. Die Schadenersatzpflicht trifft den Halter des Tieres. Das ist derjenige, der das Tier in seinem Haushalt oder Wirtschaftsbetrieb im eigenen Interesse verwendet. Es braucht nicht notwendig der Eigentümer zu sein, sondern es kann auch ein Nießbraucher oder Pächter, nicht aber ein Trainer oder Verwahrer sein (vgl. aber 4).

3. Sonderregelung für Haustiere.

Haustiere sind für die Hauswirtschaft gehaltene zahme Tiere (z. B. Pferde, Schweine, Hunde, Kaninchen und Geflügel, nicht aber Bienen — vgl. RGZ 158, 391).

Die Ersatzpflicht tritt nicht ein, wenn sowohl

a) der Schaden durch ein Haustier verursacht wird, das dem Berufe der Erwerbstätigkeit oder dem Unterhalte des Tierhalters zu dienen bestimmt ist (Nutztiere — nicht Luxustiere),

Beispiel: Nutztiere sind Ackerpferde und Wachhunde, nicht aber das Luxuspferd des Sonntagsreiters oder der Schoßhund der Filmschauspielerin.

Entscheidend ist die Zweckbestimmung, auch wenn das Tier im Zeitpunkt der Schadenszufügung nicht dieser Zweckbestimmung gedient hat, z. B. bei der Benutzung eines Ackerpferdes zu einer Spazierfahrt (vgl. RGZ 76, 229).

als auch

b) der Tierhalter den Entlastungsbeweis führt, daß er entweder bei der Beaufsichtigung des Tieres die im Verkehr erforderliche Sorgfalt beobachtet oder der Schaden auch bei Anwendung dieser Sorgfalt entstanden sein würde (§ 833 Satz 2).

Die Ausgestaltung ist entsprechend § 831 (siehe unten S. 184) und setzt daher als Verschuldenshaftung Zurechnungsfähigkeit voraus, sodaß Deliktsunfähige hier nicht haften.

4. Haftung des Tierhüters.

Neben dem Tierhalter haftet, wer die Führung einer selbständigen Aufsicht über ein Tier vertragsgemäß übernimmt (sog. Tierhüter).

Beispiel: Verwahrer, Mieter, Trainer, nicht aber Kutscher und Stallknechte.

Auch der Tierhüter kann sich durch den Nachweis seiner Schuldlosigkeit entlasten, und zwar anders als in § 833 ohne Rücksicht auf die Art des Tieres und den Grund, warum es gehalten wird (§ 834).

5. Ausschluß der Haftung.

Die Haftung für Tierschäden kann ausgeschlossen werden. Häufig geschieht das nicht ausdrücklich, sondern ergibt sich aus den Umständen.

Insbesondere ist die Tierhalterhaftung bei solchen Arbeitsleistungen am Tier ausgeschlossen, mit denen die ausschließliche und selbständige Herrschaft über das Tier verbunden ist, z. B. bei einem Trainer, nicht aber bei einem Kutscher (vgl. RGZ 58, 410). Auch bei Gefälligkeitsfahrten wird insbesondere unter dem Gesichtspunkt des Handelns auf eigene Gefahr eine Haftung meist ausgeschlossen sein (vgl. RGZ 67, 431). Im übrigen ist bei mitwirkendem Verschulden des Verletzten § 254 anwendbar.

II. Die Haftung für Wild- und Jagdschäden.

Durch das Reichsjagdgesetz vom 3. 7. 1934 (RGBl I, 549 m. Aend.) sind die bisher im BGB und im Landesrecht enthaltenen Bestimmungen über Wild- und Jagdschaden ersetzt worden. Die Haftung ist weitgehend als Gefährdungshaftung ausgestaltet. Danach wird dem Geschädigten, dem das Jagdrecht nicht selbst zusteht, ein Schadenersatz zugebilligt:

1. für Wildschäden, d. h. solche Schäden, die durch Schalenwild oder wilde Kaninchen an Grundstücken, einschl. an den getrennten, aber noch nicht eingeernteten Erzeugnissen, angerichtet werden (§§ 44, 46 RJagdG).

Die Ersatzpflicht richtet sich nach den Rechtsverhältnissen am Jagdbezirk und nach den Jagdpachtverträgen. Sie trifft entweder die Jagdgenossenschaft, den Jagdpächter oder den Jagdausübungsberechtigten (§ 44 RJagdG).

2. für Jagdschäden, d. h. solche Schäden, die bei mißbräuchlicher Ausübung der Jagd — insbesondere an Feldfrüchten — entstehen.

Ersatzpflichtig ist jeder Jäger, außerdem muß der Jagdausübungsberechtigte, ohne sich entlasten zu können, für den von ihm bestellten Berufsjäger oder Jagdaufseher und den Jagdgast einstehen (§ 48 RJagdG).

Zu 1 und 2: Der Anspruch muß von dem Ersatzberechtigten binnen einer Ausschlußfrist von drei Tagen, nachdem er von dem Schaden Kenntnis erhalten hat oder bei Anwendung gehöriger Sorgfalt hätte erhalten können, bei der Ortspolizeibehörde angemeldet werden (Näheres § 49 RJagdG).

§ 53

Die Amtspflichtverletzung

§ 839 begründet eine Haftung des Beamten, der schuldhaft die ihm einem Dritten gegenüber obliegende Amtspflicht verletzt, für den Schaden, der dem Dritten daraus entsteht.

I. Grundsätzliches.

§ 839 schafft einen selbständigen Haftungstatbestand, der sowohl den schutzwürdigen Belangen des mit dem Beamten in Berührung kommenden Publikums, wie denen des Beamten selbst Rechnung tragen will. Der Beamte haftet daher n u r nach § 839, auch wenn er mit der Amtspflichtverletzung zugleich gegen §§ 823 ff. verstoßen hat (vgl. RGZ 154, 123; 155, 267, str.). Eine wichtige Ergänzung findet § 839 durch Artikel 131 der Weimarer Reichsverfassung, der bei einer Amtspflichtverletzung eines Beamten in Ausübung öffentlicher Gewalt an Stelle des Beamten die Haftung des Staates treten läßt.

II. Voraussetzungen der Haftung.

1. Die schadensbringende Handlung muß von einem Beamten vorgenommen worden sein.

Beamter ist, wer in einem öffentlich-rechtlichen Dienstverhältnis zum Staate oder einer öffentlich-rechtlichen Körperschaft steht.

Für die Staatshaftung (siehe IV) gilt jedoch unabhängig von dem staatsrechtlichen Beamtenbegriff jeder als Beamter, den der Staat oder eine öffentlich-rechtliche Körperschaft mit öffentlicher Gewalt umkleidet hat[1]) (vgl. RGZ 118, 244 und auch § 359 StGB).

Beispiel: Als Beamte für die Staatshaftung gelten: Der Leiter einer Krankenkasse (vgl. RGZ 145, 99), der Feld- und Forsthüter mit Polizeibefugnissen (vgl. RGZ 142, 190), nicht aber der Rechtsanwalt, Vormund, Pfleger und Konkursverwalter.

2. Der Beamte muß eine ihm einem Dritten gegenüber obliegende Amtspflicht verletzt haben.

a) Ob der Beamte im Einzelfall eine Amtspflicht erfüllen muß, richtet sich nach dem öffentlichen Reichs- oder Landesrecht, sowie den erteilten Dienstanweisungen oder -anordnungen. Eine Amtspflichtverletzung kann auch dadurch begangen werden, daß ein Beamter seine Zuständigkeit überschreitet oder sein Ermessen mißbraucht, sofern ein innerer Zusammenhang zwischen der Handlung und dem dienstlichen Aufgabenbereich besteht (vgl. dazu noch unter III 2).

b) Die Amtspflicht muß dem Beamten einem Dritten gegenüber obliegen. Dies ist nicht der Fall bei solchen Vorschriften, die nur zum Wohle des Staates oder der Allgemeinheit erlassen sind oder nur für den internen Dienstbetrieb Bedeutung haben.

Maßgebend für die oft schwierige Abgrenzung ist der Zweck, dem die Amtspflicht dienen soll (vgl. RGZ 140, 427).

Beispiel: Ordnet eine Gemeinde die Absuchung von Feldern nach Kartoffelkäfern an, so wird damit nur eine Verpflichtung gegenüber der Allgemeinheit erfüllt und nicht gegenüber dem einzelnen Nutzungsberechtigten. Es bestehen daher keine Ansprüche aus Amtspflichtverletzung für denjenigen, dessen Felder die Kolonne versehentlich nicht abgesucht hat (vgl. RGZ 169, 312).

Nach der Rechtsprechung ist „Dritter" aber nicht nur derjenige, der an dem Amtsgeschäft unmittelbar beteiligt ist, sondern jeder, dessen Interesse durch das Amtsgeschäft berührt und in dessen Rechtskreis dadurch eingegriffen wird (vgl. RGZ 151, 398).

Beispiel: Eine „Ermittlungsstelle" einer Stadtgemeinde gibt dem Jugendamt schuldhafterweise eine falsche Person als Vater eines unehelichen Kindes an. Darauf vollstreckt das Jugendamt bei diesem. Die Ehefrau der Betroffenen erleidet einen Nervenzusammenbruch, durch die dadurch gewonnene (irrtümliche) Vorstellung über die eheliche Untreue ihres Mannes. Sie kann die Erstattung der Heilungskosten verlangen, da auch ihr gegenüber die Amtspflicht zu einer richtigen Auskunft bestand (vgl. RGZ 170, 135).

c) Die Verletzung der Amtspflicht muß schuldhaft erfolgen, wobei entsprechend dem allgemeinen bürgerlich-rechtlichen Verschuldungsbegriff die Kenntnisse und die Sorgfalt eines pflichtgetreuen Durchschnittsbeamten zugrunde zu legen sind.

---

[1]) Dies ist nach Abschaffung des Berufsbeamtentums für Berlin (vgl. VOBl. Groß-Berlin 1945 S. 29) und die sowjetische Besatzungszone besonders wichtig. Das LG Berlin hat auch die vom Magistrat Berlins bzw. den Bezirksämtern seinerzeit eingesetzten Haus-, Straßen- und Gebietsobleute haftungsrechtlich als Beamte angesehen (vgl. „Haus und Wohnung" 1948, S. 11).

Fahrlässigkeit liegt daher insbesondere bei Verletzung klarer und unzweideutiger Vorschriften vor (vgl. RGZ 60, 398).

III. Beschränkung der Haftung.

1. Fällt dem Beamten nur Fahrlässigkeit zur Last, so kann er nicht in Anspruch genommen werden, wenn der Verletzte auf andere Weise Ersatz zu erlangen vermag (§ 839 Abs. 1 Satz 2).

Die Behauptung dieser Tatsache gehört zur Schlüssigkeit der Klage. Maßgeblich ist der Zeitpunkt der Klageerhebung. Der Beamte haftet aber auch dann nicht, wenn der Verletzte eine frühere rechtlich oder tatsächlich vorhandene Ersatzmöglichkeit schuldhaft versäumt hat (z. B. durch Eintretenlassen der Verjährung); der Beamte darf den Verletzten aber nicht auf eine zukünftige Ersatzmöglichkeit verweisen (vgl. RGZ 161, 376). Gleichgültig ist, ob die anderweitige Ersatzmöglichkeit auf Gesetz oder Vertrag beruht.

Beispiel: Wird ein Schaden von einem Beamten in Zusammenwirken mit einem Dritten herbeigeführt, so kommt eine Haftung aus § 839 nicht in Betracht, wenn der Dritte gemäß §§ 823 ff. ersatzpflichtig und zahlungsfähig ist. Das gleiche gilt, wenn der Geschädigte auf Grund eines Versicherungsvertrages von seiner Versicherung Ersatz bekommt (vgl. RGZ 145, 262).

Bei Beteiligung mehrerer Beamter darf die Haftpflicht aber nicht von einem Beamten auf den anderen abgewälzt werden (vgl. RGZ 141, 286, Notar und Grundbuchrichter).

2. Für eine Amtspflichtverletzung bei Erlaß eines Urteils haftet der Richter nur, wenn die Pflichtverletzung mit einer im Wege des gerichtlichen Strafverfahrens zu verhängenden öffentlichen Strafe bedroht ist (§§ 839 Abs. 2 BGB; 334, 336 StGB).

„Urteil" ist rein im prozeßtechnischen Sinne zu verstehen (End-, Teil- und Zwischenurteil, nicht aber Beschlüsse, vgl. RGZ 116, 90). Daher gilt die Haftungsbeschränkung nicht für die pflichtwidrige Verweigerung oder Verzögerung der Amtsausübung.

3. Die Ersatzpflicht ist gänzlich ausgeschlossen, wenn der Verletzte es schuldhaft unterlassen hat, den Schaden durch den Gebrauch eines Rechtsmittels abzuwenden (§ 839 Abs. 3).

Beispiel: Ein Grundbuchrichter löscht versehentlich eine Hypothek, wodurch eine zeitlich danach eingetragene Hypothek, deren Gläubiger bezüglich der Löschung gutgläubig war, ihren Platz einnimmt. Der ursprüngliche Hypothekengläubiger kann den Grundbuchrichter nicht haftbar machen, wenn er trotz Benachrichtigung von der Löschung kein Rechtsmittel dagegen eingelegt hat, z. B. durch Erwirken eines Widerspruchs (vgl. RGZ 138, 114).

Unter Rechtsmittel ist jeder Rechtsbehelf im weitesten Sinne zu verstehen, der sich gegen die schädigende Amtshandlung richtet und ihre Beseitigung oder Berichtigung ermöglicht, z. B. auch die Dienstaufsichtsbeschwerde (vgl. RGZ 163, 125).

4. Der Schadenersatz kann grundsätzlich nur in einer Geldentschädigung bestehen und nicht auf Wiedergutmachung durch Vornahme oder Unterlassung gehen.

Dies würde sonst bei der Trennung der Gerichte und der Verwaltung eine unzulässige Einmischung der Gerichte in die Tätigkeit der Verwaltungsbehörden und eine Ueberschreitung der gerichtlichen Befugnisse bedeuten (vgl. RGZ 150, 143).

IV. Die Haftung des Staates bei Ausübung öffentlicher Gewalt.

„Verletzt ein Beamter in Ausübung der ihm anvertrauten öffentlichen Gewalt die ihm einem Dritten gegenüber obliegende Amtspflicht, so trifft die Verantwortlichkeit grundsätzlich den Staat oder die Körperschaft, in deren Dienst der Beamte steht. Der Rückgriff gegen den Beamten bleibt vorbehalten. Der ordentliche Rechtsweg darf nicht ausgeschlossen werden" (Artikel 131 Abs. 1 der Reichsverfassung von Weimar).

Es haften daher neben dem Staat auch die Gemeinden und solche Körperschaften, denen öffentliche Gewalt übertragen ist, z. B. die Ortskrankenkassen und Versicherungsanstalten.

Diese Bestimmung ist kein Programmsatz, sondern ein grundlegender Bestandteil unserer Rechtsordnung.

Artikel 131 wird durch die besonderen Haftungsgesetze des Reichs und der Länder ergänzt, insbesondere durch das Reichsbeamtenhaftungsgesetz vom 22. Mai 1910 (RGBl. I, 798). Es setzt in § 3 die ausschließliche Zuständigkeit der Landgerichte bei Streitigkeiten aus Amtspflichtverletzungen fest. Durch § 5 wird eine Staatshaftung für Beamte, die auf Gebühren angewiesen sind (z. B. Notare), ausgeschlossen.

1. Die Rechtsprechung hat den Bereich der Ausübung öffentlicher Gewalt immer mehr ausgedehnt und darunter in negativer Abgrenzung jede dienstliche Betätigung eines Beamten verstanden, die sich nicht als Wahrnehmung bürgerlich-rechtlicher Belange darstellt. Ausübung öffentlicher Gewalt umfaßt daher nicht nur Maßnahmen des staatlichen Zwanges, sondern u. a. auch der öffentlichen Fürsorge, Beurkundung und Beaufsichtigung.

Beispiel: Als Ausübung öffentlicher Gewalt wurde angesehen: Einziehung von Versicherungsbeiträgen (vgl. RGZ 156, 229), Beurkundung des Grundbuchrichters im Grundbuch (vgl. RGZ 138, 114), Aufsichtstätigkeit des Lehrers bei Spielen auf dem Schulhofe (vgl. RGZ 125, 85), im Gegensatz zur Tätigkeit eines Direktors eines kommunalen Betriebes (Verkehrsgesellschaft, Gas-, Wasser-, Elektrizitätswerk oder Schlachthof).

In neuester Zeit hatte das RG im Gegensatz zu früheren Entscheidungen sogar die Paketbeförderung der Reichspost als Ausübung öffentlicher Gewalt bezeichnet (vgl. RGZ 158, 84, anders noch RGZ 139, 149), während es die Reichsbahn weiterhin als bürgerlichrechtlichen Geschäftsbetrieb auffaßte (vgl. RGZ 169, 379).

2. Die Amtspflichtverletzung muß in Ausübung der öffentlichen Gewalt geschehen sein, d. h. in innerem Zusammenhang mit ihr stehen (nicht nur bei Gelegenheit der Ausübung erfolgt sein).

Beispiel: Der Zusammenhang ist zu bejahen, wenn sich Wachmannschaften, die zur Bewachung eines Verpflegungslagers eingesetzt sind, an der Plünderung des Lagers beteiligen (vgl. RGZ 104, 306), aber zu verneinen, wenn ein Polizeibeamter ein Dienstfahrzeug zu einer Schwarzfahrt mißbraucht (zweifelhaft oft bei teilweiser Schwarzfahrt — vgl. RGZ 161, 151).

3. Der Staat haftet nur an Stelle des Beamten, sodaß der Tatbestand des § 839 voll erfüllt, insbesondere eine anderweitige Ersatzmöglichkeit ausgeschlossen sein muß.

Haftbar ist die Körperschaft, die den Beamten angestellt hat, auch wenn er im Schadensfalle deren Hoheitsrechte nicht ausgeübt hat (vgl. RGZ 139, 296).

V. Die Haftung des Staates im bürgerlich-rechtlichen Geschäftskreis.

1. Begeht ein Beamter im bürgerlich-rechtlichen Geschäftskreis eine Amtspflichtverletzung, so haftet er selbst auch nur nach § 839.

Sofern der Beamte nicht vorsätzlich gehandelt hat, wird auch hier wegen der meist bestehenden Staatshaftung (siehe 2) gem. § 839 Abs. 1 Satz 2 eine eigene Haftung des Beamten oft ausscheiden.

2. Der Staat haftet nach den allgemeinen Grundsätzen, d. h. für unerlaubte Handlungen des Beamten i. S. der §§ 823 ff. nach den §§ 30, 31, 89 oder nach § 831. Der Staat nimmt daher im fiskalischen Bereich keine Sonderstellung ein. Er kann sich hier nicht auf den für ihn gegebenenfalls günstigeren § 839 berufen (Verweisung auf anderweitige Ersatzmöglichkeit), sondern auch für ihn sind nur die allgemeinen Haftungstatbestände der §§ 823 ff. maßgeblich (vgl. RGZ 162, 161).

Beispiel: Ein Zusammenstoß zweier Schiffe im Nord-Ostsee-Kanal wird durch die Fahrlässigkeit eines beamteten Zwangslotsen verursacht. Staatshaftung nach §§ 831, 823 Abs. 1; Haftung des Lotsen nach § 839 Abs. 1 Satz 1, die aber gemäß Satz 2 entfällt, wenn der Staat den Entlastungsbeweis aus § 831 nicht führen kann (vgl. RGZ 74, 250; 155, 269).

§ 54

Die Haftung für andere und die Haftung von mehreren

Während die bisher behandelten Schadensfälle im wesentlichen ein Einstehen für eigenes Tun umfaßten, verlangt das Verkehrsbedürfnis auch in gewissen Fällen eine Haftung für das Verhalten anderer. Das BGB hat dem durch die Vorschriften über die Haftung für den Verrichtungsgehilfen (§ 831) und den Aufsichtsbedürftigen (§ 832) entsprochen.

Soweit mehrere gemeinschaftlich beteiligt sind, finden sich die maßgeblichen Vorschriften in § 830, die in § 840 für beide hier behandelten Gruppen ergänzt werden.

I. Haftung für Verrichtungsgehilfen (§ 831).

§ 831 begründet eine Haftung des Geschäftsherrn für Unrechtshandlungen seiner Hilfspersonen. Das Gesetz durchbricht dabei nicht das Verschuldensprinzip, sondern knüpft die Haftung an die schuldhafte Bestellung. Gleichzeitig stellt das Gesetz jedoch die Vermutung auf, daß ein solches Verschulden bei der Bestellung vorgelegen hat und für den eingetretenen Schaden ursächlich gewesen ist. Es ist dann Sache des Geschäftsherrn, den Entlastungsbeweis zu führen.

1. Im einzelnen setzt § 831 voraus:

a) Der Geschäftsherr muß einen anderen zu einer Verrichtung bestellt haben.

Die Verrichtungen können tatsächlicher oder rechtlicher, höherer oder niederer Art, entgeltlich oder unentgeltlich, dauernd oder vorübergehend sein, sich auf einen ganzen Geschäftskreis oder einzelne Tätigkeiten beziehen (vgl. RGZ 92, 345). Stets muß jedoch ein gewisses Abhängigkeits- und Unterordnungsverhältnis des Gehilfen vorliegen, das ihm gebietet, den Weisungen des Geschäftsherrn zu entsprechen, z. B. als Arbeiter oder Angestellter, auch als Rechtsanwalt (vgl. RGZ 96, 177), nicht aber als selbständiger Bauunternehmer (vgl. RGZ 170, 8).

b) Der Gehilfe muß einen Schaden in Ausführung der Verrichtung zufügen.

Aehnlich wie in § 278 darf der Schaden nicht nur bei Gelegenheit der Verrichtung zugefügt werden, sondern er muß mit der übertragenen Verrichtung, zumindest aber mit dem Geschäftskreis des Angestellten, in innerem Zusammenhang stehen (vgl. RGZ 104, 144).

c) Der Gehilfe muß den Schaden widerrechtlich zufügen.

Er muß den äußeren (objektiven) Tatbestand einer unerlaubten Handlung (§§ 823 ff.) verwirklichen; ein Verschulden des Gehilfen ist nicht erforderlich, da der Haftungsgrund des § 831 in dem vermuteten Verschulden des Geschäftsherrn liegt, jedoch wird die Schuldlosigkeit des Gehilfen häufig den Beweis erleichtern, daß der Geschäftsherr bei der Auswahl seine Sorgfaltspflicht nicht verletzt hat (vgl. RGZ 135, 155).

Trifft den Gehilfen aber auch ein Verschulden, so haftet er als Gesamtschuldner neben dem Geschäftsherrn (siehe III, § 840).

2. Die Haftung tritt nicht ein, wenn der Geschäftsherr den Entlastungsbeweis erfolgreich führt. Dazu muß er entweder nachweisen,

a) daß er bei der Auswahl der bestellten Person und, sofern er Vorrichtungen oder Gerätschaften zu beschaffen hatte oder die Ausführung der Verrichtung zu leiten hatte, bei der Beschaffung oder der Leitung die erforderliche Sorgfalt beobachtet hat,

Die an den Geschäftsherrn zu stellenden Anforderungen richten sich nach der Verkehrsauffassung und der Art der Verrichtung. Maßgeblich für die Befähigung des Angestellten ist die Zeit der Schadenszufügung, so daß der Geschäftsherr bei längerwährender Beschäftigung nicht nur die sorgfältige Auswahl bei der Einstellung, sondern auch die planmäßige und dauernde Ueberwachung, verbunden mit unvermuteten Kontrollen der einzelnen Tätigkeiten nachweisen muß. Die Ueberwachungspflicht wird sich häufig mit der allgemeinen Aufsichtspflicht der aus § 823 entwickelten Verkehrspflichten decken (vgl. RGZ 128, 153, vgl. auch oben S. 172).

Bei Großbetrieben muß der Geschäftsherr nachweisen, daß er die leitenden Angestellten ordnungsgemäß ausgesucht und überwacht hat und die getroffene Organisation eine ausreichende Geschäftsführung und Kontrolle gewährleistet (vgl. RGZ 87, 4; auch JW 31, 2236).

oder

b) daß der Schaden auch bei Anwendung der erforderlichen Sorgfalt entstanden sein würde.

Damit wird der ursächliche Zusammenhang zwischen dem vermuteten Verschulden und dem Schaden geleugnet. Es bedarf dazu des Nachweises, daß auch bei sorgfältiger Auswahl die Ungeeignetheit des Gehilfen nicht erkennbar gewesen wäre oder auch eine sorgfältig ausgewählte Person den Schaden angerichtet haben würde (vgl. RG JW 34, 2973).

3. Die gleiche Verantwortlichkeit wie den Geschäftsherrn trifft denjenigen, der durch Vertrag für ihn die Anstellung von Personal bzw. ein anderes der in § 831 Abs. 1 Satz 2 genannten Geschäfte übernommen hat, z. B. als Betriebsleiter, Bauführer (§ 831 Abs. 2).

4. Die Haftung aus § 831 trifft häufig mit der Haftung aus § 278 zusammen, wenn zwischen dem Geschäftsherrn und dem Geschädigten auch ein Vertragsverhältnis bestand und die widerrechtliche Schadenzufügung die Verletzung einer vertraglichen Verpflichtung enthält.

Beispiel: Der Elektro-Ingenieur, dessen Angestellter bei der Reparatur des Radioapparates die Vase des Kunden zerbricht, haftet sowohl auf Grund Vertrages (§ 278) wie unerlaubter Handlung (§§ 831, Abs. 1, 823).

Bei Verletzung eines Straßenbahnfahrgastes durch ein Verschulden des Straßenbahnfahrers haftet die Straßenbahngesellschaft aus dem Beförderungsvertrag (§ 278) sowie auf Grund unerlaubter Handlung (§§ 831, 823 Abs. 1).

Der wesentliche Vorteil der vertraglichen Haftung aus § 278 — einer Haftung für fremdes Verschulden — besteht gegenüber § 831 darin, daß die Möglichkeit eines Entlastungsbeweises ausgeschlossen ist; andererseits ist für § 831 ein Verschulden des Gehilfen nicht erforderlich, und der Geschädigte kann Schmerzensgeld (§ 847) beanspruchen. Durch den oft erfolgreichen Entlastungsbeweis ist aber der Anspruch aus § 831 sehr stark gefährdet, weshalb die Rechtsprechung dazu neigt, vertragsähnliche Rechtsverhältnisse anzunehmen und dann § 278 anzuwenden (vgl. RGZ 113, 296).

5. Keine Anwendung findet § 831 bei juristischen Personen für die Handlungen des Vorstandes oder anderer verfassungsmäßig berufener Vertreter

(Begriff vgl. RGZ 121, 385; 157, 234). Für sie haftet die juristische Person gemäß §§ 30, 31, 89 Abs. 1 ohne die Möglichkeit eines Entlastungsbeweises (vgl. RGZ 162, 166).

Den juristischen Personen hat die Rechtsprechung die offene Handelsgesellschaft und die Kommanditgesellschaft gleichgestellt (vgl. RGZ 76, 48), nicht dagegen die BGB-Gesellschaft und den nicht rechtsfähigen Verein (vgl. RGZ 143, 214).

Die Haftung der juristischen Person besteht dagegen nach § 831 für solche Personen, die ihren Dienstauftrag von den verfassungsmäßig berufenen Vertretern ableiten (vgl. RGZ 163, 30).

II. Haftung für Aufsichtsbedürftige (§ 832).

§ 832 begründet eine Haftung des Aufsichtspflichtigen für Unrechtshandlungen der seiner Aufsicht unterstehenden Personen. Auch § 832 enthält keine Durchbrechung des Verschuldensprinzipes, sondern knüpft in entsprechender Gestaltung wie § 831 die gesetzliche Schuldvermutung an die Verletzung der Aufsichtspflicht an, wobei die Möglichkeit eines Entlastungsbeweises besteht.

1. § 832 setzt voraus:

a) Eine gesetzliche (1) oder vertragliche (2) Aufsichtspflicht über eine Person, die wegen Minderjährigkeit oder wegen ihres geistigen oder körperlichen Zustandes der Beaufsichtigung bedarf;

Diese Aufsichtspflicht besteht u. a. (1) für die Eltern (§§ 1627, 1631, 1634), die uneheliche Mutter (§ 1707), den Vormund (§ 1793), den Pfleger (§§ 1901, 1915), den Lehrherrn (§§ 127a GewO, 76 HGB), (2) für den Erzieher und das Kindermädchen.

und

b) eine widerrechtliche Schadenszufügung des Aufsichtsbedürftigen. Wie in § 831 ist auch in § 832 nicht erforderlich, daß der Aufsichtsbedürftige schuldhaft handelt. Bei eigenem Verschulden des Aufsichtsbedürftigen haftet dieser selbst aus §§ 823 ff., und zwar neben dem Aufsichtspflichtigen als Gesamtschuldner (§ 840, siehe III, vgl. auch § 829 s. oben S. 168).

Der Aufsichtspflichtige haftet nicht aus § 832, wenn sich der Aufsichtsbedürftige selbst einen Schaden zufügt („einem Dritten").

2. Zu seiner Entlastung kann der Aufsichtspflichtige den Nachweis führen, daß er seiner Aufsichtspflicht genügt hat oder der Schaden auch bei gehöriger Aufsichtsführung entstanden sein würde (§ 832 Abs. 1 Satz 2).

Um den Nachweis als erfüllt anzusehen, ist insbesondere bei Aufsicht von Minderjährigen ein verständiger Maßstab anzulegen, der allgemeinen Erziehungsgrundsätzen gerecht wird (vgl. RGZ 98, 248).

III. Haftung mehrerer.

1. Haftung nach außen.

Eine Haftung mehrerer, die regelmäßig gesamtschuldnerisch ist (§ 840 Abs. 1), tritt ein, wenn

a) mehrere eine unerlaubte Handlung gemeinschaftlich begangen haben (§ 830 Abs. 1 Satz 1). Anstifter und Gehilfen stehen Mittätern gleich (§ 830 Abs. 2);

„Gemeinschaftliche Begehung" bedeutet bewußtes und gewolltes Zusammenwirken. Gleichgestellt werden die Fälle, bei denen mehrere durch selbständige Handlungen einen Schaden verursacht haben, z. B. Gesundheitsschädigung eines Hausbewohners durch laufenden übermäßigen Lautsprecherempfang zweier anderer, getrennt wohnender Mitmieter.

b) mehrere Personen sich ohne innere Verbindung an einem Vorfall beteiligt haben und nicht mehr zu ermitteln ist, wer der Urheber des Schadens war (§ 830 Abs. 1 Satz 2);

Beispiel: Mehrere haben an einer Schlägerei teilgenommen, von denen einer mit einem Messer gestochen hat. Der Täter ist nicht mehr zu ermitteln. Wer jedoch von den Beteiligten den Nachweis führen kann, daß er kein Messer bei sich hatte, ist von der Haftung frei (h. L.).

c) wenn der Verletzte Ansprüche aus mehreren Haftungsgründen hat.

Beispiel: Haftung des Geschäftsherrn (§ 831) und des Verrichtungsgehilfen (§ 823), des Aufsichtspflichtigen (§ 832) und des Aufsichtsbedürftigen (§§ 823, 828), des Tierhalters (§ 833) und des Tierhüters (§ 834).

2. Ausgleich nach innen.

Der Ausgleich im Innenverhältnis erfolgt nach § 426 zu gleichen Teilen, „sofern nicht ein anderes bestimmt ist" (siehe Teil I Seite 106). Eine solche Bestimmung treffen §§ 840 Abs. 2 und 3, sowie 841. Ihnen liegt der Gedanke zugrunde, denjenigen endgültig ersatzpflichtig zu machen, der durch sein Handeln den Schaden unmittelbar veranlaßt hat (Ausnahme für § 829 — § 840 Abs. 2 letzter Halbsatz).

Beispiel: Der Geschäftsherr, der nach § 831 in Anspruch genommen ist, kann bei dem Verrichtungsgehilfen Rückgriff nehmen, wenn dieser für die Tat nach §§ 823 ff. voll verantwortlich ist.

Eine ausdehnende Anwendung auf ähnliche Fälle wird von der Rechtsprechung abgelehnt (vgl. RGZ 159, 90), vgl. auch die Sonderbestimmungen §§ 9b HaftpflG, 17 KFG, 27 LVG.

§ 55

Inhalt und Umfang der Ersatzpflicht

Der Inhalt und Umfang des Schadensersatzes richtet sich nach den allgemeinen Grundsätzen (§§ 249 ff.), die durch folgende Sondervorschriften ergänzt werden:

I. Schadenersatz bei Personenschäden.

1. Allgemeiner Umfang des Schadenersatzes.

Die Ersatzpflicht erstreckt sich auch auf die Nachteile, welche die Handlung für den Erwerb oder das Fortkommen des Verletzten herbeiführt (§ 842).

Beispiel: Vermögensnachteile durch schlechtere Stellung (auch noch, wenn der Verletzte trotz Wiederherstellung keine gegenüber früher gleichwertige Stellung finden kann, vgl. RGZ 163, 44), durch Zwangsversteigerung, wenn der verletzte Grundeigentümer die Hypothekenzinsen nicht mehr aufbringen kann (vgl. RGZ 141, 172).

2. Geldrente und Kapitalabfindung.

Bei einer Verletzung des Körpers oder der Gesundheit ist die Entschädigung für eine dauernde Beeinträchtigung der Erwerbsfähigkeit oder Vermehrung der Bedürfnisse in Form einer Geldrente zu leisten (§ 843 Abs. 1).

a) Die Beeinträchtigung der Erwerbsfähigkeit muß für den Verletzten zu einem tatsächlichen Schaden geführt haben, die bloße abstrakte Minderung ist bedeutungslos.

Beispiel: Keine Erwerbseinbuße, wenn jemand aus den Zinsen seines Vermögens lebte, ohne einem Beruf nachzugehen oder trotz der Verletzung sein volles Gehalt weiter bezieht (vgl. RGZ 165, 240).

Auch die Höhe der Rente ist daher stets nach den tatsächlichen Verhältnissen des Einzelfalles zu ermitteln. Dabei ist in erster Linie auf den Erwerbsausfall abzustellen, wie er in Abweichung von der mutmaßlichen Entwicklung ohne den Unfall für die Zukunft anzunehmen ist.

Zur Minderung des Schadens wird dem Verletzten unter Umständen ein Berufswechsel zuzumuten sein (vgl. RGZ 160, 119).

Bei der Festsetzung der Dauer der Rente ist eine schematische Beurteilung, z. B. grundsätzlich Befristung auf das 65. Lebensjahr, unzulässig. Bei wesentlicher Veränderung des vorgesehenen Verlaufes kann eine Abänderungsklage aus § 323 ZPO erhoben werden (vgl. RG JW 1932, 2029; aber auch RGZ 145, 197).

Ueber die Anrechnung sonstiger Ansprüche, die dem Verletzten aus dem Unfall erwachsen, gelten die allgemeinen Grundsätze der Vorteilsausgleichung (vgl. Teil I Seite 21, Sondervorschrift § 1542 RVO).

b) Die Rente ist vierteljährlich im voraus zu zahlen (§§ 843 Abs. 2, 760 — vgl. oben Seite 132). Eine Kapitalabfindung kann bei Vorliegen eines wichtigen Grundes verlangt werden (§ 843 Abs. 3).

c) Der Rentenanspruch wird nicht dadurch ausgeschlossen, daß ein anderer dem Verletzten Unterhalt zu gewähren hat (§ 843 Abs. 4).

Beispiel: Ein verletztes Kind kann die erforderlichen Aufwendungen auch von dem Schädiger ersetzt verlangen, obwohl seine Eltern zum Ersatz verpflichtet sind oder sogar bereits Ersatz geleistet haben (vgl. RGZ 92, 57; für Heilungskosten RGZ 132, 223).

3. Ersatzansprüche der mittelbar Geschädigten.

In Abweichung von der allgemeinen Regel, daß nur der unmittelbar Geschädigte einen Ersatzanspruch hat, geben die §§ 844, 845 auch dem mittelbar Geschädigten Ansprüche.

Diese Ansprüche stehen den dritten Personen kraft eigenen Rechtes zu; sie gelangen aber nur insoweit zur Entstehung, wie der Verletzte selbst einen Anspruch haben würde, daher Ausschluß bei Verzicht (vgl. RGZ 128, 233), Beschränkung bei Mitverschulden des Verletzten (§ 846).

Folgende Ansprüche sind gegeben:

a) Im Falle der Tötung hat der Ersatzpflichtige

aa) die Kosten einer (standesgemäßen) Beerdigung demjenigen zu ersetzen, der diese zu tragen hat (§ 844 Abs. 1).

Die Verpflichtung zur Beerdigung kann auf Gesetz (§ 1968) oder auf Vertrag beruhen;

bb) durch Entrichtung einer Geldrente Schadenersatz an die Unterhaltsberechtigten zu leisten, denen infolge der Tötung das Recht auf den Unterhalt entzogen ist (§ 844 Abs. 2).

Beispiel: Ansprüche ehelicher Kinder wegen Tötung ihrer Eltern, des unehelichen Kindes wegen Tötung seines Vaters, der Ehefrau wegen Tötung ihres Ehemannes.

Für die Höhe und Dauer der Geldrente ist der Unterhalt zugrunde zu legen, zu dessen Gewährung der Getötete während der mutmaßlichen Dauer seines Lebens verpflichtet gewesen wäre, nicht der, den er tatsächlich geleistet hat.

Ein Unterhaltsverlust tritt insoweit nicht ein, als Einkünfte aus dem ererbten Vermögen den sonst zu fordernden Unterhalt decken (vgl. RG JW 36, 2306).

b) Im Falle der Tötung, der Verletzung des Körpers oder der Gesundheit sowie im Falle der Freiheitsentziehung hat der Ersatzpflichtige durch Entrichtung einer Geldrente demjenigen Ersatz zu leisten, dem die vom Verletzten kraft Gesetzes im Hauswesen oder Gewerbe geschuldeten Dienstleistungen entgehen (§ 845).

Diese Ansprüche bestehen namentlich für Eltern bei Verletzung ihrer Kinder (§ 1617, vgl. RGZ 162, 116), für den Ehemann bei Verletzung der Ehefrau (§ 1356).

4. Ersatz nichtvermögensrechtlichen Schadens (sog. Schmerzensgeld).

Im Falle der Verletzung des Körpers oder der Gesundheit sowie im Falle der Freiheitsentziehung hat der Verletzte auch wegen des nichtvermögensrechtlichen Schadens Anspruch auf eine billige Entschädigung in Geld. Der gleiche Anspruch steht einer Frau zu, an der ein Sittlichkeitsverbrechen oder -vergehen verübt ist oder wenn der Tatbestand des § 825 (siehe oben Seite 176) vorliegt (§ 847).

Die Ehre gehört nicht zu den durch § 847 geschützten Rechtsgütern (vgl. RGZ 142, 123).

a) Der Anspruch umfaßt eine Entschädigung nicht nur für körperliche Schmerzen, sondern auch für sonstige nachteilige Folgen körperlicher oder seelischer Art. Bei seiner ziffernmäßiger Festsetzung sind daher neben den körperlichen die seelischen Schmerzen und die Auswirkung der Verletzung (Entstellung), aber auch das Verschulden des Schädigers, sowie die Vermögensverhältnisse beider Parteien zu berücksichtigen.

b) Der Anspruch ist höchstpersönlich. Er ist daher nicht übertragbar und nicht vererblich, solange er nicht durch Vertrag anerkannt oder rechtshängig geworden ist (§ 847 Abs. 1 Satz 2).

Der Anspruch ist daher insoweit auch weder pfändbar (§ 851 ZPO), noch verpfändbar (§ 1274 Abs. 2), unterliegt nicht der Aufrechnung (§ 394), noch fällt er in die Konkursmasse (§ 1 KO).

Beachte: Dieselben Beschränkungen gelten auch für die Ansprüche aus §§ 843 und 844, soweit sie nicht gepfändet werden können (vgl. § 4 LohnpfVO).

II. Schadenersatz bei Sachschäden.

Die Schadenshaftung für Entziehung oder Beschädigung von Sachen ist durch folgende Sondervorschriften ergänzt:

1. Der Rückgabepflichtige haftet — wie der im Verzug befindliche Schuldner (§ 287) — für eine zufällige Unmöglichkeit der Herausgabe oder Verschlechterung, sofern er nicht den Nachweis führen kann, daß der Schaden auch ohne die Entziehung eingetreten sein würde (§ 848). Auch die Verzinsungspflicht bei Wertersatz (§ 849) ist dem Schuldnerverzug nachgebildet (§ 290).

2. Macht der Rückgabepflichtige Verwendungen auf die Sache, so kann er deren Erstattung nach Maßgabe der Vorschriften über das Verhältnis zwischen Eigentümer und Besitzer (§§ 994—1003) verlangen (§ 850, vgl. § 292).

3. Ist dem Ersatzpflichtigen der wirkliche Ersatzberechtigte weder bekannt noch infolge grober Fahrlässigkeit unbekannt, so wird er von seiner Leistungspflicht frei, wenn er die Ersatzleistung an denjenigen erbringt, der sich zur Zeit der Entziehung oder Beschädigung der Sache in ihrem Besitz befunden hat (§ 851).

Damit wird der gutgläubige Ersatzpflichtige vor einer doppelten Inanspruchnahme geschützt.

III. Verjährung.

1. Der Anspruch auf Ersatz des Schadens einer unerlaubten Handlung verjährt in drei Jahren von dem Zeitpunkt an, in dem der Verletzte von dem Schaden und der Person des Ersatzpflichtigen Kenntnis hat (§ 852 Abs. 1).

Diese Kenntnis ist schon vorhanden, wenn der Geschädigte auf Grund der ihm bekannten Tatsachen eine Schadenersatzklage gegen eine bestimmte Person und sei es auch nur als Feststellungsklage mit einigermaßen Aussicht auf Erfolg erheben kann. Maßgebend ist dabei der Zeitpunkt, in dem der Verletzte zuerst vernünftigerweise die Voraussetzungen des Schadenersatzanspruches für gegeben halten mußte (St. R. — vgl. RGZ 168, 219). Auch nachträglich auftretende Schadensfolgen, die in diesem Zeitpunkt als möglich voraussehbar sind, gelten als bekannt, nicht aber solche, die noch unvorhersehbar sind.

Beispiel: Der bei einem Unfall Verletzte hat 1903 ein Bein verloren. Durch das Tragen einer Prothese war eine geringere Standfestigkeit eingetreten, die 1925 einen Sturz mit neuem Schaden hervorrief. Diese ist zwar noch eine Folge des früheren Unfalls, war jedoch 1903 nicht vorhersehbar, so daß 1925 eine neue Verjährungsfrist begann (vgl. RGZ 119, 207).

2. Ohne Rücksicht auf die Kenntnis des Schadens oder des Täters verjährt der Anspruch in 30 Jahren von der Begehung der Tat an (§ 852 Abs. 1).

3. Hat der Ersatzpflichtige durch die unerlaubte Handlung etwas erlangt, so ist er auch nach Vollendung der Verjährung nach den Vorschriften über die Herausgabe einer ungerechtfertigten Bereicherung herausgabepflichtig (§ 852 Abs. 2).

Beispiel: Ein Schauspieler hat seine Gage von einer (Einmann)-Theater-G. m. b. H. zu beanspruchen. Um die Ansprüche des Schauspielers zu vereiteln, übernimmt der einzige Gesellschafter der G. m. b. H. den Theaterbetrieb selbst. Er verhindert dadurch sittenwidrig, daß der Schauspieler in die laufenden Betriebseinnahmen vollstrecken kann. Aus dem durch die Vereitelung der Vollstreckung Erlangten kann der Schauspieler seine Befriedigung verlangen, auch wenn bereits die dreijährige Verjährungsfrist verstrichen ist (vgl. RG JW 1935, 512).

4. Hat der Verletzer durch die unerlaubte Handlung eine Forderung gegen den Verletzten erhalten, so kann der Verletzte die Erfüllung der Forderung auch dann verweigern, wenn der Anspruch auf Aufhebung der Forderung bereits verjährt ist (§ 853).

Entsprechend kann der Betrogene die Erfüllung der Forderung des Betrügers verweigern, wenn er die Anfechtungsfrist (§§ 123, 124) versäumt hat (vgl. RGZ 79, 197).

§ 56

Die Unterlassungsklage

Ein besonderer Unterlassungsanspruch als Rechtsfolge einer unerlaubten Handlung ist dem BGB unbekannt. Das Gesetz kennt jedoch eine

Reihe einzelner Unterlassungsansprüche, aus denen die Rechtsprechung im Wege der Rechtsanalogie sehr umfassende allgemeine Unterlassungsklagen abgeleitet hat. Obwohl eine klare Abgrenzung fehlt, läßt sich folgende Abstufung unterscheiden:

I. Die Unterlassungsklage aus absoluten Rechten (Negatorienklage).

In Erweiterung der für einzelne absolute Rechte geschaffenen Unterlassungsansprüche (z. B. §§ 12, 862, 1004, 1227) ist der Unterlassungsanspruch zunächst auf alle anderen absoluten Rechte (sonstige Rechte i. S. von § 823 Abs. 1) erstreckt worden, wozu auch das Recht am eingerichteten und ausgeübten Gewerbebetrieb gehört.

Voraussetzung für den Anspruch ist, daß ein objektiv widerrechtlicher Eingriff vorgenommen ist und weitere Eingriffe ernstlich zu befürchten sind. Ein Verschulden des Täters ist nicht erforderlich.

Beispiel: Gegen die Veröffentlichung von Manuskripten aus einem Nachlaß, die irrtümlich dem Verstorbenen zugeschrieben werden, kann deren wirklicher Verfasser die Unterlassungklage erheben.

II. Die vorbeugende Unterlassungsklage (quasinegatorische Klage).

Später hat die Rechtsprechung nicht nur bei absoluten Rechten, sondern bei jedem objektiv rechtswidrigen Eingriff in ein vom Gesetz geschütztes Rechtsgut, die sog. vorbeugende Unterlassungsklage gewährt, eine Ausdehnung, die schon im gewerblichen Rechtsschutz (UWG) ihre Anwendung gefunden hatte. Auch hierbei ist die objektive Widerrechtlichkeit ausreichend, ein Verschulden des Handelnden braucht ebenfalls nicht vorzuliegen.

Geschützte Rechtsgüter sind insbesondere Leben, Körper, Gesundheit, Freiheit (§ 823 Abs. 1), aber auch die Ehre (§§ 823 Abs. 2 BGB, 185—187 StGB) und Kredit, Erwerb und Fortkommen (§ 824). Dabei wird eine Unterlassungsklage nicht dadurch ausgeschlossen, daß die Möglichkeit der strafrechtlichen Verfolgung besteht (jetzt h. L. vgl. RGZ 116, 151).

Beispiel: Widerrechtliche Ehrverletzung der Verlobten durch ihren Verlobten, wenn er nach Auflösung des Verlöbnisses sie mit Blumen, Karten, Briefen und Telegrammen geradezu überschwemmt und dabei in unangemessener Form an die Vergangenheit erinnert. Die Verlobte kann auf Unterlassung klagen (vgl. RGZ 166, 150).

III. Die wiederherstellende Unterlassungsklage (Beseitigungsanspruch).

Die wiederherstellende Unterlassungsklage bezweckt die Beseitigung von fortwirkenden störenden Beeinträchtigungen, die sich aus einem rechtswidrigen Eingriff ergeben.

1. Der Anspruch kann sich als Teil einer Schadensersatzklage darstellen und die Wiederherstellung des früheren Zustandes (§ 249) be-

zwecken. Dann müssen alle Voraussetzungen einer unerlaubten Handlung vorliegen, insbesondere ist also Verschulden des Schädigers erforderlich.

Beispiel: Entfernung der (fahrlässigen) Bezeichnung eines Arztes als Naturheilkundigen in einem Aerztekalender (vgl. RGZ 57, 159), Widerruf einer öffentlichen Ehrenkränkung (vgl. RGZ 88, 133).

2. Der Anspruch kann sich aber auch in entsprechender Anwendung von § 1004 ergeben, und zwar ohne Rücksicht auf die Schuldfrage, lediglich aus der objektiven Rechtsverletzung. Daraus folgt insbesondere die Verpflichtung zum Widerruf von solchen Behauptungen, die eine stetig neu fließende Quelle der Schädigung und Ehrverletzung darstellen (sog. Beseitigungsanspruch, vgl. RGZ 148, 123).

Beispiel: Gutgläubige Aufstellung von objektiv unrichtigen Behauptungen über einen Berufskollegen in einer Fachzeitschrift, durch welche dieser in seiner persönlichen oder wirtschaftlichen Stellung beeinträchtigt wird (vgl. RGZ 140, 402).

Hierhin gehören auch die Behauptungen der Mitgliedschaft oder das Tragen des Abzeichens der ehemaligen NSDAP. Die Zulässigkeit des Rechtsweges und die Verurteilung zum Widerruf bei erwiesener objektiver Unrichtigkeit ist streitig (dafür OLG Neustadt DRZ 1947, 380, Löschhorn SJZ 1946, 111, a. A. OLG Dresden, „Neue Justiz" 47, 65).

§ 57

Die Gefährdungshaftung nach Sondergesetzen

Außerhalb des BGB besteht eine Gefährdungshaftung vor allem auf Grund des Reichshaftpflichtgesetzes (HaftpflG) und seiner Nebengesetze sowie des Kraftfahrzeug- (KFG) und des Luftverkehrsgesetzes (LVG). Diese Gesetze bezwecken es, den Verkehr vor den eigentümlichen Gefahren bestimmter Betriebe oder Tätigkeiten zu schützen, ohne Rücksicht auf ein Verschulden des Verletzers. Sie haben, soweit erforderlich, zwingenden Charakter (§§ 5 HaftpflG, 8 Abs. 2 Satz 2 KFG, 29 f LVG). Im einzelnen bestehen zwischen den Gesetzen sehr erhebliche Unterschiede, die nur teilweise durch die Art des Betriebes und Gegenstandes oder durch die Weiterentwicklung des Rechts bedingt sind. Dem Grundsatz der Gefährdungshaftung wird in allen Gesetzen *die ziffernmäßige Begrenzung der Haftung auf bestimmte Höchstbeträge* gegenübergestellt (§§ 7a und b HaftpflG, 4 SachschadenG, 12 KFG, 23, 29c LVG).

Ebenso ist bei allen Gesetzen die Verjährung abgekürzt (2 Jahre), und außer nach dem Reichshaftpflichtgesetz muß der Verletzte meist auch binnen einer Ausschlußfrist Anzeige erstatten. Der Geschädigte kann nie Schmerzensgeld verlangen und muß sich stets sein Mitverschulden (§ 254) anrechnen lassen. — Einander entsprechende Vorschriften über den Ausgleich unter mehreren, die nach Gefährdungsrecht haften, enthalten die §§ 9b HaftpflG, 8 SachschadenG, 17 KFG und 27 LVG.

Der Umfang des Schadenersatzes ist in den einzelnen Sondergesetzen erschöpfend geregelt, jedoch werden dadurch weitergehende Ansprüche auf Grund Vertrages oder unerlaubter Handlung (§§ 823 ff., 831) nicht ausgeschlossen (Ausnahme: § 29 e LVG).

I. Das Reichshaftpflichtgesetz[1]) und seine Nebengesetze.

1. Haftung des Betriebsunternehmers einer Eisenbahn.

Der Betriebsunternehmer einer Eisenbahn haftet ohne Rücksicht auf ein Verschulden für die bei Betriebsunfällen eintretenden Personen- und Sachschäden (§§ 1 HaftpflG, 1 SachschadenG).

Die Haftung für Sachschäden ist in dem Gesetz über die Haftpflicht der Eisenbahnen und Straßenbahnen für Sachschaden vom 29. 4. 1940 (SachschadenG — RGBl I, 691) geregelt worden (vgl. auch VO v. 6. 5. 41 — RGBl. I, 252, betr. Beschädigung einer Sache, die ein Fahrgast an sich trägt oder mit sich führt). Auch dieses Gesetz, das dem HaftpflG nachgebildet ist, stellt ein reines Unfallgesetz dar (Hauptanwendungsgebiet: Ersatz von Schäden bei Zusammenstößen der Bahn mit anderen Verkehrsteilnehmern oder bei sonstigen Unfällen). Es gilt nicht für solche Sachen, welche die Eisenbahn zur Beförderung oder Aufbewahrung angenommen hat (§ 10). Hierfür haftet die Bahn, soweit nicht die Haftung aus unerlaubter Handlung in Frage kommt, auf Grund des Vertrages, die Eisenbahn also in der Regel nach der Eisenbahnverkehrsordnung.

a) Der Unfall muß sich beim Betrieb einer Eisenbahn ereignet haben.

Ueber die „Eisenbahn", wozu auch Straßenbahnen, Schwebebahnen und Zahnradbahnen gehören, vgl. die berühmt gewordene Begriffsbestimmung des RG in RGZ 1, 249.

„Beim Betrieb" ist ein Unfall nach der Rechtspr. bereits dann eingetreten, wenn ein (äußerer) örtlicher und zeitlicher Zusammenhang mit einem bestimmten Betriebsvorgang oder mit einer bestimmten Betriebseinrichtung vorliegt. Nur wenn es daran fehlt, ist der Nachweis erforderlich, daß der Unfall in einem inneren Zusammenhang mit einer dem Eisenbahnbetrieb eigentümlichen Gefahr steht (vgl. RGZ 144, 208).

Beispiel: Unfälle beim Oeffnen und Schließen der Türen und Fenster (vgl. RGZ 144, 210), Herausfallen während der Fahrt (vgl. RGZ 114, 292), beim Einsteigen oder Aussteigen (vgl. RGZ 126, 139), nicht aber auf der Bahnhofstreppe (vgl. RGZ 121, 383).

b) Der Unfall darf nicht durch höhere Gewalt oder (nur) durch ein Verschulden des Verletzten verursacht sein.

Unter höherer Gewalt fällt ein Ereignis, dessen Ursachen außerhalb des Betriebskreises der Eisenbahn und ihrer Einrichtungen liegt

---

[1]) Gesetz betr. die Verbindlichkeit zum Schadenersatz für die bei dem Betriebe von Eisenbahnen, Bergwerken, Fabriken, Steinbrüchen und Gräbereien herbeigeführten Tötungen und Körperverletzungen vom 7. 6. 1871 (RGBl. 207), in neuester Zeit geändert: Ges. v. 8. 12. 39 — RGBl I, 2391 — § 7a (feste Haftungsgrenzen), Ges. v. 15. 8. 43 — RGBl I, 489 — Haftung für Elektrizitäts- und Gasanlagen eingeführt.

und dessen Eintritt auch bei Anwendung aller der Eisenbahn zuzumutenden Sorgfalt nicht zu verhindern ist und auch nicht wegen seiner Häufigkeit in Kauf genommen und vertreten werden muß (vgl. RG JW 31, 866).

Auch bei Personenschäden nach dem Reichshaftpfl.G ist ein eigenes Verschulden des Verletzten gegen die Betriebsgefahr nach § 254 abzuwägen (kein Ausschluß schlechthin wie scheinbar nach dem Wortlaut von § 1 HaftpflG, vgl. auch § 3 SachschadenG).

c) Der Anspruch richtet sich gegen den Betriebsunternehmer. Das ist derjenige, der die Eisenbahn auf seine Rechnung betreibt und dem die Verfügung über den Betrieb zusteht, z. B. die Reichsbahngesellschaft, nicht aber eine Schlafwagen- oder Speisewagengesellschaft.

2. Haftung des Inhabers von Elektrizitäts- und Gasanlagen (§ 1 a HaftpflG).

Der Inhaber einer Anlage zur Fortleitung oder Abgabe von Elektrizität oder Gas haftet ohne Rücksicht auf ein Verschulden für Personen- und Sachschäden, die auf die Wirkungen der Elektrizität oder des Gases zurückzuführen sind. Ebenso besteht die Haftung, wenn der Schaden, ohne auf den Wirkungen der Elektrizität oder des Gases zu beruhen, von der Anlage als solcher ausgeht, außer wenn der Inhaber den Nachweis führt, daß die Anlage den anerkannten Regeln der Technik entsprochen hat und unversehrt war.

Die Haftung besteht nicht für Fernmeldeanlagen. Sie ist ausgeschlossen, wenn der Schaden innerhalb eines Gebäudes durch eine darin befindliche Anlage, durch ein Energieverbrauchsgerät oder durch höhere Gewalt verursacht wird. Nicht als höhere Gewalt gilt es, wenn der Schaden auf das Herabfallen von Leitungsdrähten zurückzuführen ist, z. B. wenn Pferde auf herabgefallene Starkstromleitungen treten und dadurch getötet werden.

3. Haftung der Unternehmer von Bergwerken, Steinbrüchen, Gräbereien (Gruben) oder Fabriken (§ 2 HaftpflG).

Diese Unternehmer haften für Personenschäden, die durch ein Verschulden eines Bevollmächtigten oder einer Aufsichtsperson in Ausführung der Dienstverrichtungen eingetreten sind.

Haftung für fremdes Verschulden, daher kein Entlastungsbeweis möglich.

Zu 1 bis 3: Ansprüche der Werktätigen in den gefährdeten Betrieben. Der Unfallschutz der Werktätigen in den gefährdeten Betrieben wird in erster Linie durch die Sozialversicherungen gewährleistet, sodaß der Unternehmer auf Grund der Haftpflichtgesetze unbeschränkt nur betriebsfremden Personen haftet. Die unmittelbare Haftung des Unternehmers gegenüber seinen Arbeitern und Angestellten greift gem. § 898 RVO nur hilfsweise und unter Anrechnung der von den Sozialversicherungen geleisteten Beträgen ein, wenn strafgerichtlich festgestellt ist, daß der Unternehmer den Unfall vorsätzlich herbeigeführt hat. In der sowjetischen Besatzungszone bestehen diese Ansprüche schon dann, wenn der Unternehmer den Unfall oder eine Berufskrankheit vorsätzlich oder durch Nichterfüllung einer Arbeitsschutzbestimmung hervorgerufen hat (§ 40 VO über die Sozialpflichtversicherung v. 28. 1. 47)[1]). Abgesehen hiervon können unter Anrechnung der Versicherungsleistungen ganz allgemein weitergehende Ansprüche bei Dienst- und Arbeitsunfällen erhoben werden, die bei der Teilnahme am öffentlichen Verkehr eintreten (Ges. über die erweiterte Zulassung von Schadenersatzansprüchen bei Dienst- und Arbeitsunfällen vom 7. 12. 43 — RGBl. I, 674).

Beispiel: Ein Straßenbahnschaffner wird von einem Straßenbahnwagen überfahren. Er kann den durch die Sozialversicherung nicht gedeckten Schaden von der Straßenbahngesellschaft verlangen.

II. Das Kraftfahrzeuggesetz[2]).

Der Halter eines Kraftfahrzeuges haftet für die beim Betrieb des Fahrzeugs eintretenden Personen- und Sachschäden (§§ 7 ff. KFG).

Auch die Haftung des Kraftfahrzeughalters ist als Gefährdungshaftung von seinem Verschulden unabhängig.

1. Voraussetzungen der Haftung.

a) Tötung, Körper- oder Gesundheitsverletzung eines Menschen oder eine Sachbeschädigung.

b) Der Unfall muß beim Betrieb eines Kraftfahrzeuges eingetreten sein.

„Kraftfahrzeuge" sind Landfahrzeuge, die durch Maschinenkraft bewegt werden, ohne an Bahngleise gebunden zu sein (§ 1 Abs. 2 KFG). Dazu gehören nicht Kleinkrafträder, d. h. Krafträder bis zu 250 ccm Hubraum (§§ 28 KFG, 67 a StVZO).

„Beim Betrieb" bedeutet in ursächlichem Zusammenhang mit den besonderen Gefahren des Kraftfahrzeugbetriebes. Dies ist auch noch der Fall, wenn bei einem stehenden Fahrzeug der Benzintank explodiert (vgl. RGZ 132, 262), nicht aber wenn die Mutter auf die Nachricht, daß ihr Kind überfahren ist, einen Nervenzusammenbruch erleidet (vgl. RGZ 133, 274).

---

1) Abgedruckt in „Arbeits- und Sozialfürsorge" 1947 S 97.

2) Gesetz über den Verkehr mit Kraftfahrzeugen vom 3. Mai 1909 (RGBl. I, 437), letzte wesentliche Aenderung durch Ges. vom 7. November 1939 (RGBl. I, 2223).

c) Die Haftung trifft den Halter, d. h. denjenigen, der das Fahrzeug für eigene Rechnung in Gebrauch hat und die Verfügungsgewalt besitzt, die ein solcher Gebrauch voraussetzt (vgl. RGZ 170, 182).

Neben dem Halter haftet auch der Wagenführer, falls er nicht seine Schuldlosigkeit nachweist (§ 18 KFG).

2. Haftung bei Schwarzfahrten.

Der Halter haftet immer für Schwarzfahrten (Benutzung des Fahrzeugs ohne sein Wissen und Willen) seines Fahrers und solcher Personen, denen er das Fahrzeug zur Benutzung überlassen hat. Ein sonstiger unberechtigter Benutzer haftet an Stelle des Halters; der Halter selbst haftet hier nur, wenn er die Benutzung des Fahrzeugs schuldhafterweise ermöglicht hat (§ 7 Abs. 3 KFG).

3. Haftung für beförderte Personen und Sachen.

Wurde der Verletzte oder die beschädigte Sache zur Zeit des Unfalls von einem Kraftfahrzeug befördert, so haftet der Halter dieses Fahrzeuges nach § 7 KFG nur, wenn es sich um eine entgeltliche Beförderung durch ein dem öffentlichen Verkehr dienendes Fahrzeug handelt (§ 8 Abs. 2 Satz 1 KFG).

Unberührt bleibt selbstverständlich eine Haftung aus §§ 823 ff. und 831, sofern sie nicht (stillschweigend) ausgeschlossen ist (z. B. bei Gefälligkeitsfahrten vgl. Teil I S 35).

4. Ausschluß der Haftung.

Die Haftung ist ausgeschlossen,

a) wenn der Unfall auf einem unabwendbaren Ereignis beruht, das nicht durch technische Mängel des Fahrzeugs verursacht worden ist;

Als unabwendbar gelten insbesondere solche Ereignisse, die auf das Verhalten des Verletzten oder eines nicht bei dem Betrieb beschäftigten Dritten oder eines Tieres zurückzuführen sind und sowohl der Halter als der Führer des Fahrzeuges jede nach den Umständen des Falles gebotene Sorgfalt beobachtet hat (§ 7 Abs. 2 KFG).

b) wenn der Verletzte beim Betrieb des Fahrzeugs tätig war (§ 8 Abs. 1 KFG);

c) wenn das Fahrzeug eine Geschwindigkeit von 20 Stundenkilometern auf ebener Bahn nicht überschreiten kann (§ 8 Abs. 1 KFG).

III. Das Luftverkehrsgesetz[1]).

Der Halter eines Luftfahrzeuges haftet für Personen- und Sachschäden, die bei dem Betriebe eines Luftfahrzeuges durch einen Unfall eintreten (§ 19 LVG). Seine Haftung ähnelt der des Kraftfahrzeughalters.

Gem. Abschnitt VIII Ziff. 30 der Proklamation Nr. 2 des Alliierten Kontrollrates ist Deutschen der Betrieb von Flugzeugen aller Art verboten.

Im Gegensatz zu den anderen Haftungsgesetzen macht das LVG den Halter auch für höhere Gewalt haftbar, er kann sich aber bei beförderten Personen, deren Sachen und Gepäck, sowie bei Frachtgut durch den Nachweis entlasten, daß er und seine Leute alle erforderlichen Maßnahmen zur Verhütung des Schadens getroffen haben, oder daß sie diese Maßnahmen nicht treffen konnten (§§ 29 a und b LVG). Dafür hat aber der Fluggast einen zusätzlichen Schutz durch die vom Halter für ihn abzuschließende Unfallversicherung (§ 29 g LVG). Für beförderte Personen und Sachen ist auch die ziffernmäßige Beschränkung der Haftung eine andere als in den übrigen Fällen (vgl. §§ 23, 29 c LVG). Neben dem Beförderungsvertrag dürfen weitergehende Ansprüche aus sonstigen Rechtsgründen bei nur leichter Fahrlässigkeit nicht erhoben werden (§ 29 e LVG). Die Haftung für Schwarzflüge ist dem KFG nachgebildet (§ 19 Abs. 2 LVG).

---

1) Gesetz vom 1. 8. 1922, in neuer Fassung durch Bekanntmachung vom 21. 8. 1936 — RGBl. I, 653 — veröffentlicht worden. Aenderungen in neuerer Zeit durch Gesetz vom 27. 9. 1938 — RGBl I, 1246 — und vom 26. 1. 1943 — RGBl. I, 69.

Sachverzeichnis

(Die Zahlen bezeichnen die Seiten.)

Abhängigkeitsverhältnis, Mißbrauch 176.
Ablösung von Gebäudeteilen 176.
Abnahmepflicht beim Kauf 12; beim Werkvertrag 95.
Abrechnung 145.
Abstrakte Verträge 143.
Abwachsung 127.
Abzahlungsgeschäft 39.
Akzessorietät der Bürgschaft 135.
Amtspflichtverletzung 180.
Anspruchskonkurrenz 169.
Anstandsschenkung 46.
Anstifter 188.
Anwachsung 126.
Anweisung 145.
Arbeitsschutzvorschriften 197.
Arbeitsvermittlung 99.
Arglistiges Verhalten bei Kauf 19, 26, 30; bei Schenkung 44; bei Leihe 80.
Aufgebot von Wertpapieren 153.
Aufhebung der Gemeinschaft 130.
Aufhebungsklage (Miete) 69.
Auflage bei der Schenkung 47.
Auflösung der Gesellschaft 124.
Aufsichtspflichtiger 168, 187.
Auftrag 103 ff.
Aufwendungen 106, 110, 112, 121.
Ausfallbürgschaft 138.
Auskunft 91, 105, 108, 121.
Auslobung 102.
Ausscheiden eines Gesellschafters 126.
Ausspielung 133.
Ausübung öffentlicher Gewalt 183.
Ausweispapier 155.

Banknoten 154.
Barkauf 8.
Barschenkung 42.
Baugeldforderungen 97.
Beamtenhaftung 180.
Bedürftigkeit des Schenkers 45.
Beerdigungskosten 190.
Befreiungsanspruch des Bürgen 139.
Begebungsvertrag 151.
Beherbergungsvertrag 114.
Beitragspflicht der Gesellschafter 119.
Belohnung, Versprechen einer 102.
Bereicherung, ungerechtfertigte 157.
Bereicherungseinrede 165.
Beseitigungsanspruch 193.
Besichtigungsvertrag 84.
Bestellers, Haftung des 95 ff.
Betriebsunfall 89, 196.
Beweispapiere 156.
Bewußtlosigkeit 168.
Billigkeitshaftung 168.
Bonität 17.
Bürgschaft 135.

Darlehn 81.
Darlehnsversprechen 83.
Deckungsverhältnis 148.
Deklaratorisches Anerkenntnis 144.
Deliktsfähigkeit 168.
Dienstvertrag 85.
Differenzgeschäft 134.
Dringender Eigenbedarf 70.

Ehemäklerlohn 102.
Ehewohnung 67.
Ehrenschutz 170, 191.
Eigentumsvorbehalt 37 ff.
Einbringung von Sachen 62, 114.
Einsturzschaden 176.
Eintritt eines Gesellschafters 127
Einwendungen 144, 147, 150, 152.
Einwirkungsverordnung 67.

Eisenbahnfahrkarte 155.
Eisenbahnhaftpflicht 195.
Eisernviehvertrag 75.
Elektrizität 9, -sanlage 196.
Emissionstheorie 151.
Empfehlung 185.
emptio spei 9.
emptio rei speratae 9.
Entfernung von Sachen des Mieters 62.
Entlastungsbeweis 185.
Erfassung von Wohnraum 49, 52.
Erfüllungsort 14 ff.
Erhebliche Belästigung 69.
Erneuerungsscheine 155.
Erwerbsunfähigkeit 189.

Fabrik, Haftung des Unternehmers 196.
Fehler der Kaufsache 20 ff.; der Mietsache 55 ff.; des Werkes 93 ff.
Fernkauf 15.
Fernsprechvertrag 49.
Freiheitsentziehung 170.
Friedensmiete 51.
Forderungskauf 17.
Fürsorgepflicht 89.

Garantieübernahme 22 ff., 29, 94.
Garderobenmarke 156.
Gasanlage 196.
Gastwirtshaftung 114.
Gattungskauf 29.
Gebäudeeinsturz 176.
Gefährdungshaftung 166, 194 ff.
Gefahrübergang beim Kauf 13; beim Werkvertrag 97.
Gemeinschaft nach Bruchteilen 127; zur gesamten Hand 117.
Gemischte Schenkung 47.
Gepäckschein 156.
Geschäftsbesorgung 103, 107.
Geschäftsführung der Gesellschafter 120.
Geschäftsführung ohne Auftrag 108 ff.
Geschlechtsehre, Schutz der 175 ff.
Gesellschaft 116; -schulden 123; -vermögen 122.
Gesetzliche Miete 51.
Gesetzliches Pfandrecht Gastwirt 115; Pächter 76; Unternehmer 97; Vermieter 62; Verpächter 77.
Gesundheitsbeschädigung 170.
Gewährleistungsansprüche beim Kauf 17 ff.; Miete 55 ff.; Schenkung 44; Werkvertrag 93 ff.
Gewinnanteilschein 154.
Glücksspiel, verbotenes 133.
Grundlose Bereicherung 157.
Grundstückspacht 75 ff.

Haftpflichtgesetz 194 ff.
Halter von Kraftfahrzeugen 197; Luftfahrzeugen 199; Tieren 178.
Handkauf 8.
Handschenkung 42.
Hauptmängel beim Viehkauf 31.
Hausgarten 70.
Hausratsverordnung 67.
Haustier 178.
Heiratsvermittlung 102.
Herstellungstheorie 24.
Hinterlegungsdarlehn 113.
Hoffnungskauf 9.
Höhere Dienste 90.
Höhere Gewalt 115, 195 ff, 199.

Inhaberpapiere 150; unvollkommene 155.
Inhaberklausel 131.
Inhaberzeichen 155.
Innengesellschaft 122.
Instandhaltungspflicht des Vermieters 53 ff.; des Verleihers 80.
Interesse, berechtigtes 175.
Inventar (bei der Pacht) 75.

Jagdschaden 179.
Jugendlicher 168.
Juristische Person 117.

Kauf 8 ff.; -abschluß 10; -gegenstand 9, 12; -preis 10; Gefahrübergang 13 ff.; Nutzungen und Lasten 16; Verwendungen und Kosten 16; Sachmängel 20 ff.; Rechtsmängel 17 ff.
Kauf auf, nach, zur Probe 33 ff.; auf Umtausch 34.
Kleingartenlandordnung 78.

Konsensualvertrag 79.
Kontr.Gesetz Nr. 18 S. 48, 52; Nr. 45 S. 76.
Körperverletzung 170.
Kostenanschlag 98.
Kraftfahrzeuggesetz 197.
Kraftloserklärung 18, 153.
Krankheit des Dienstpflichtigen 88.
Kreationstheorie 151.
Kreditauftrag 140.
Kreditbürgschaft 136.
Kreditgefährdung 175.
Kreditkauf 13.
Kündigung, Allgemeines 65; bei der Miete 65; beim Dienstvertrag 90 ff.; beim Werkvertrag 98.
Kündigungsschutzverordnung für Kleingärten 78.

Landgut 77.
Legitimationspapiere 155.
Leibrente 131.
Leihe 79.
Leistung an einen Nichtberechtigten 122.
Leistung einer Nichtschuld 160.
Leitungspflicht 172, 186.
Liquidation der Gesellschaft 125.
Lotterie 134.
Luftverkehrsgesetz 199.

Mäklervertrag 99.
Mängelhaftung beim Kauf 17 ff., 20 ff.; Miete 55 ff.; Schenkung 44; Werkvertrag 93 ff.
Miete 48 ff.; -abschluß 48; -aufhebungsklage 69; beendigung 64 ff.; Pfandrecht des Vermieters 62 ff.; Sach- und Rechtsmängel 55 ff.; Veräußerung der Mietsache 71.
Mieterschutzgesetz 68.
Minderung beim Kauf 25; Miete 56; Werkvertrag 94.
Mitbürgschaft 136.
Mittäter 188.
Mitwirkung beim Werkvertrag 96.
Muster, Kauf nach 33.

Nachbesserung beim Kauf 23 ff., beim Werkvertrag 94.
Nachbürgschaft 136.
Nachweismäkler 100.
Nämlichkeitsmangel 21.
Namenspapiere 154.
Naturalobligation 102, 133.
Nebenverpflichtungen beim Kauf 11 ff.; beim Dienstvertrag 87.
Negatorienklage 193.
Nichtberechtigter, Verfügung des 161.
Nichteintritt des Erfolges 160.
Nichtschuld, Leistung einer 160.
Notbedarfs, Einrede des 45.
Nutztiere 179.

Pacht 73 ff.
Pachtschutz 77.
Pächterpfandrecht 76.
Partiarisches Rechtsverhältnis 117.
Pfandrecht des Gastwirts 115; Pächters 76; Unternehmers 97; Vermieters 62; Verpächters 77.
Pflichtschenkungen 46.
Postanweisung 146.
Preisausschreiben 103.
Preisvorschriften 10, 51, 163.
Prozeßvergleich 140.
Probe, Kauf auf, nach, zur 33 ff.

Qualifizierte Legitimationspapiere 156.
Quasinegatorische Klage 193.
Quantitätsmangel 21.

Ratenzahlung 39.
Raterteilung 108.
Räumungsfrist 70.
Realvertrag 79, 82, 112.
Rechnungslegung 105.
Recht, absolutes 171, 193.
Rechtshängigkeit 165.
Rechtsmängel beim Kauf 17 ff.; Schenkung 44; Miete 55 ff.
Rechtsscheintheorie 151.
Rechtswidrigkeit 167.
Reichshaftpflichtgesetz 195.
Reichsleistungsgesetz 51 ff.
Reichsmietengesetz 51.
Reichspachtschutzordnung 197.
Rennwetten 134.
Rückbürgschaft 136.

Rückforderungsrecht bei der Schenkung 45.
Rückgriff des Bürgen 138.
Ruhegehalt 43, 132.
Ruineneinsturz 177.

Sachmängelhaftung bei Kauf 20 ff.; Miete 55 ff.; Schenkung 44.
Saldolehre 165.
Schaden, ideeller 176.
Schenkung 41 ff.; gemischte 47; unter einer Auflage 47; -versprechen 42 ff.; von Todeswegen 43.
Schiedsrichtervertrag 7.
Schmerzensgeld 190.
Schuldanerkenntnis 143.
Schuldverschreibung auf den Inhaber 150.
Schuldversprechen 143.
Schutzgesetz 172.
Schwarzfahrt 198.
Schwarzflug 199.
Selbsthilferecht des Vermieters 64.
Selbstschuldnerische Bürgschaft 138.
Sicherungshypothek 97.
Sittenverstoß 173.
Sittlichkeitsverbrechen 176, 190.
Sonstiges Recht 171.
Sparkassenbuch 156.
Spiel 133.
Spruchrichter 182.
Staatshaftung 183.
Strafgesetz, Verstoß gegen 172.
Straßenbahn, Haftung der 195.
Störung der Geistestätigkeit 168.
Stundung des Kaufpreises 13.

Talon 155.
Tausch 40.
Teilnehmers, Haftung des 188.
Teilpacht 74.
Teilung der Gemeinschaft 130.
Theaterkarte 155.
Tierhalter 178.
Tierhüter 179.
Tötung, Haftung für 170, 190.
Transportgefahr 15.
Trennungstheorie bei der Schenkung 48.
Trödelvertrag 7.

Undank, grober 45.
Unechte Geschäftsführung ohne Auftrag 111.
Unerlaubte Handlung 166 ff.
Unfallhaftung für Eisenbahn 195; Fabrikbetriebe 196; Kraftfahrzeuge 197; Luftfahrzeuge 199; Tiere 178; Verkehrssicherheit 171.
Ungerechtfertigte Bereicherung 157 ff.; Grundtatbestand 157 ff.; Sondertatbestände 160 ff.; Gegenstand u. Umfang 163 ff.
Unregelmäßige Verwahrung 113.
Unsittliche Schadenszufügung 173.
Unterlassungklage 192 ff.; vorbeugende 193; wiederherstellende 193 ff.
Untermiete 60, 69.

Valutaverhältnis 149.
Verantwortlichkeit 168.
Veräußerung der Mietsache 71.
Veräußerungsverträge, entgeltliche 40.
Verbreitung unwahrer Tatsachen 175.
Vereinbarungsdarlehn 82.
Verfallklausel 40.
Verfügung durch einen Nichtberechtigten 161.
Vergleich 140; -sirrtum 142.
Verität 17.
Verkehrspflichten 171.
Verletzung der Amtspflicht 180.
Vermieterpfandrecht 62 ff.
Vermittlungsmäkler 100.
Vermögensschaden 171, 172.
Vermögensverschiebung bei der Bereicherung 158.
Verpächterpfandrecht 77.
Verpfändungsvertrag 7.
Verrichtungsgehilfe 184.
Versendungskauf 14 ff.
Vertrags- u. Deliktshaftung 169.
Vertragsstrafe 39.
Vertragstheorie 24.
Vertretung der Gesellschaft 122.
Verwahrung 111.
Verwaltung der Gemeinschaft 129; — der Gesellschaft 120.
Verwerflicher Empfang 162.
Verwirkungsklausel 39.

Viehkauf 30.
Vorausklage, Einrede der 137.
Vorbeugende Unterlassungsklage 193.
Vorkauf 35 ff.
Vorlegung von Sachen 84.
Vollmacht u. Auftrag 104.

Wandelung bei Kauf 24, 31; Werkvertrag 94.
Wegfall der Bereicherung 164.
Werklieferungsvertrag 98.
Werkvertrag 92; Abnahme 95; Gefahrtragung 97; Mängelhaftung 93; Mitwirkung 97; Unternehmer-Pfandrecht 97, verspätete Herstellung 95.
Wertpapiere 18, 150.
Wettbewerb, unlauterer 193.
Wette 133.
Widerruf der Schenkung 45.
Wildschadenersatz 180.
Wiederkauf 34.
Wohnungsgesetz 52.
Wohnungstausch 41.
Wucherisches Darlehn 82.

Zahlungssperre 154.
Zahlungsverzug des Käufers 13; des Mieters 59, 69.
Zeugnis 92.
Zinsscheine 154.
Zurechnungsfähigkeit 168.
Zusicherung von Eigenschaften bei Kauf 22; Miete 55; Werkvertrag 93.
Zuweisung von Wohnraum 49, 52.
Zuwendung, unentgeltliche 41.
Zwangsmietverträge 52.
Zwangspachtverträge 76.
Zwangsvergleich 137.

FSC
www.fsc.org
MIX
Papier | Fördert gute Waldnutzung
FSC® C083411

Kolibri 360 GmbH
Ferdinand-Jühlke-Straße 7
99095 Erfurt, Deutschland
produktsicherheit@kolibri360.de